电工基础

主　编　刘　越　董小琼
副主编　王　军

北京理工大学出版社
BEIJING INSTITUTE OF TECHNOLOGY PRESS

内容提要

教材分为6个项目，主要内容分别为电路的基本概念、直流电路的分析、正弦交流电路的分析、三相交流电路、磁路及变压器、动态电路的暂态分析。在教材的编写过程中，注意反映新知识、新技术、新工艺和新方法，体现科学性、实用性、先进性和代表性，正确处理了理论知识与技能的关系，注重培养学生的自学能力、分析能力、实践能力、综合应用能力和创新能力。书中各章附有丰富的思考题和习题，便于学生练习、掌握和巩固所学知识。本教材适用于高职高专相关专业教学使用。

版权专有　侵权必究

图书在版编目（CIP）数据

电工基础/刘越，董小琼主编．—北京：北京理工大学出版社，2017.8（2023.9重印）
ISBN 978 – 7 – 5682 – 4709 – 2

Ⅰ.①电… Ⅱ.①刘… ②董… Ⅲ.①电工学 – 高等职业教育 – 教材 Ⅳ.①TM1

中国版本图书馆 CIP 数据核字（2017）第 203708 号

出版发行 / 北京理工大学出版社有限责任公司
社　　址 / 北京市海淀区中关村南大街5号
邮　　编 / 100081
电　　话 /（010）68914775（总编室）
　　　　　（010）82562903（教材售后服务热线）
　　　　　（010）68944723（其他图书服务热线）
网　　址 / http://www.bitpress.com.cn
经　　销 / 全国各地新华书店
印　　刷 / 北京虎彩文化传播有限公司
开　　本 / 787毫米 × 1092毫米　1/16
印　　张 / 16
字　　数 / 370千字
版　　次 / 2017年8月第1版　2023年9月第6次印刷
定　　价 / 45.00元

责任编辑 / 王艳丽
文案编辑 / 王艳丽
责任校对 / 周瑞红
责任印制 / 李志强

图书出现印装质量问题，请拨打售后服务热线，本社负责调换

前　　言

　　本教材以"必需、够用、实用、好用"为原则，克服理论课内容偏深、偏难的弊端，根据高等职业教育教学改革的目的和要求，针对高职高专生源的特点而编写。本教材的编写指导思想是：贯彻党的教育方针，依据《职业教育法》的规定和《国家职业标准》的要求，更新教学内容，突出技能培训，强化创新能力的培养，以培养具备较宽理论基础和复合型技能的人才为目标。其宗旨是：促职业教育改革，助技能人才培养。

　　在教材的编写过程中，注意反映新知识、新技术、新工艺和新方法，体现科学性、实用性、先进性和代表性，正确处理了理论知识与技能的关系，注重培养学生的自学能力、分析能力、实践能力、综合应用能力和创新能力。书中各章附有丰富的思考题和习题，便于学生练习、掌握和巩固所学知识。教材的价值在于兼顾了学生学习理论知识与通过职业技能鉴定考试两种要求。

　　教材分为 6 个项目，主要内容分别为电路的基本概念、直流电路的分析、正弦交流电路的分析、三相交流电路、磁路及变压器、动态电路的暂态分析。

　　本教材由湖北水利水电职业技术学院刘越、董小琼主编，随州职业技术学院王军副主编。在教材编写出版过程中，查阅和参考了众多文献资料，得到了许多教益和启发，在此向参考文献的作者的学校一并表示衷心的感谢。

　　虽然在主观上力求谨慎从事，但限于时间和编者的学识、经验，疏漏之处，仍恐难免，恳请广大同行和读者不吝赐教，以便今后修改提高。

编　者

目录

项目一　电路的基础概念 ·· 1
  1.1　电路和电路模型 ·· 1
    1.1.1　电路及其功能 ·· 1
    1.1.2　电路模型 ·· 2
  1.2　电路的基本物理量 ·· 3
    1.2.1　电流 ·· 3
    1.2.2　电压 ·· 4
    1.2.3　电位 ·· 5
    1.2.4　电能、电功率 ·· 5
  1.3　电路的基本元件 ·· 8
    1.3.1　无源元件 ·· 8
    1.3.2　电源元件 ·· 13
    1.3.3　电压源和电流源的等效互换 ·· 16
  1.4　电路的三种状态及电气设备的额定值 ·· 20
    1.4.1　电路的三种状态 ·· 20
    1.4.2　电气设备的额定值 ·· 22
  1.5　基尔霍夫定律 ·· 22
    1.5.1　基尔霍夫电流定律（KCL） ·· 23
    1.5.2　基尔霍夫电压定律（KVL） ·· 24

项目二　直流电路的分析及测量 ·· 45
  2.1　电阻的连接 ·· 45
    2.1.1　电阻的串联 ·· 45
    2.1.2　电阻的并联 ·· 46
    2.1.3　电阻的混联 ·· 48
    2.1.4　电阻三角形与星形连接的等效变换 ·· 49
  2.2　支路电流法 ·· 52
  2.3　网孔电流法 ·· 54

  2.4 节点电压法 ····································· 56
  2.5 叠加定理及应用 ····································· 59
  2.6 戴维南定理及应用 ····································· 65
    2.6.1 戴维南定理 ····································· 65
    2.6.2 最大功率输出条件 ····································· 67

项目三 正弦交流电路的分析 ····································· 76

  3.1 正弦交流电的基本概念 ····································· 76
    3.1.1 正弦交流电的三要素 ····································· 77
    3.1.2 相位差 ····································· 79
  3.2 正弦量的相量表示法 ····································· 82
    3.2.1 用旋转矢量表示正弦量 ····································· 83
    3.2.2 相量 ····································· 83
    3.2.3 同频率正弦量的运算规则 ····································· 85
  3.3 正弦交流电路中的电阻、电感、电容元件伏安关系 ····································· 87
    3.3.1 纯电阻电路 ····································· 87
    3.3.2 纯电感电路 ····································· 89
    3.3.3 纯电容电路 ····································· 91
  3.4 *RLC* 串联电路和复阻抗 ····································· 99
    3.4.1 *RLC* 串联电路的阻抗 ····································· 99
    3.4.2 *RLC* 串联电路的电压与电流 ····································· 100
    3.4.3 *RLC* 串联电路的功率 ····································· 104
  3.5 *RLC* 并联电路与复导纳 ····································· 108
    3.5.1 *RLC* 并联电路的导纳 ····································· 109
    3.5.2 *RLC* 并联电路的电压和电流 ····································· 109
    3.5.3 *RLC* 并联电路的功率 ····································· 110
    3.5.4 阻抗的串、并联 ····································· 111
  3.6 谐振电路 ····································· 113
    3.6.1 串联谐振 ····································· 113
    3.6.2 电感线圈和电容器的并联谐振电路 ····································· 117
  3.7 功率因数的提高 ····································· 121
    3.7.1 提高功率因数的意义 ····································· 121
    3.7.2 提高功率因数的措施 ····································· 122
  3.8 非正弦周期信号电路分析 ····································· 126

项目四 三相交流电路 ····································· 135

  4.1 三相交流电源 ····································· 136

  4.1.1 三相交流电源的产生 …………………………………………… 136
  4.1.2 三相电源的连接 ………………………………………………… 138
 4.2 三相负载的星形(Y)连接 …………………………………………………… 145
  4.2.1 电路结构 ………………………………………………………… 145
  4.2.2 三相负载星形(Y)连接的电路计算 ……………………………… 149
 4.3 三相负载的三角形(△)连接 ……………………………………………… 159
  4.3.1 电路结构 ………………………………………………………… 159
  4.3.2 电压、电流的关系 ……………………………………………… 160
  4.3.3 三相负载三角形(△)连接的电路计算 ………………………… 162
 4.4 三相电路的功率 …………………………………………………………… 167
  4.4.1 三相电路的功率关系 …………………………………………… 167
  4.4.2 三相功率的测量 ………………………………………………… 171

项目五 磁路及变压器 ……………………………………………………………… 185

 5.1 磁场的基本物理量 ………………………………………………………… 185
  5.1.1 磁场的基本物理量 ……………………………………………… 185
  5.1.2 磁通连续性原理和全电流定律 ………………………………… 187
 5.2 铁磁材料的性质 …………………………………………………………… 190
  5.2.1 铁磁材料的磁化 ………………………………………………… 190
  5.2.2 铁磁材料的磁性能 ……………………………………………… 192
  5.2.3 磁性材料的分类 ………………………………………………… 193
 5.3 磁路及磁路基本定律 ……………………………………………………… 195
  5.3.1 磁路的概念 ……………………………………………………… 195
  5.3.2 磁路欧姆定律 …………………………………………………… 195
  5.3.3 磁路基尔霍夫定律 ……………………………………………… 197
  5.3.4 简单磁路的分析计算 …………………………………………… 198
 5.4 电磁铁 ……………………………………………………………………… 201
  5.4.1 直流电磁铁 ……………………………………………………… 201
  5.4.2 交流电磁铁 ……………………………………………………… 202
  5.4.3 铁芯中的功率损耗 ……………………………………………… 204
 5.5 变压器 ……………………………………………………………………… 207
  5.5.1 变压器的基本结构和工作原理 ………………………………… 208
  5.5.2 变压器的铭牌和技术数据 ……………………………………… 211
  5.5.3 变压器的外特性和效率 ………………………………………… 212
  5.5.4 变压器绕组的同名端及其确定 ………………………………… 213

项目六 动态电路的暂态分析 227

6.1 一阶电路的基本概念 227
6.1.1 暂态过程 228
6.1.2 换路定律 230
6.1.3 初始值 231
6.2 一阶电路的零输入响应 233
6.2.1 一阶电路零输入响应的分析 233
6.2.2 一阶电路零输入响应的应用 236
6.3 一阶电路的零状态响应 238
6.3.1 一阶电路零状态响应分析 238
6.3.2 一阶电路零状态响应的应用 240
6.4 一阶电路的全响应 240
6.5 一阶电路的三要素法 241

项目一

电路的基础概念

【知识目标】

1. 掌握电路和电路模型的概念;
2. 掌握电流、电压、电位、电功率、电能等基本物理量;
3. 掌握电压、电流的参考方向和电路元件的伏安特性;
4. 掌握欧姆定律和基尔霍夫定律。

【技能目标】

1. 能够识别色环电阻的参数,正确使用万用表测量电阻的阻值,判断电阻器的质量;
2. 熟练使用万用表测量电压、电位及电流;
3. 正确读出各种数据,分析数据,判断电路的工作情况。

【相关知识】

1.1 电路和电路模型

1.1.1 电路及其功能

电在日常生活、生产和科研工作中得到了广泛应用。在收音机、音响设备、计算机、通信系统和电力网络中可以看到各种各样的电路,这些电路的特性和作用各不相同。电路,通俗地讲就是电流的路径,是各种电气器件按一定方式连接起来组成的总体。

按工作任务划分,电路的主要功能有两种,一种作用是实现电能的转换、传输和分配。例如,电力网络将电能从各发电工厂输送到各工厂、农村和千家万户,供各种电气设备使用,如图1-1所示。在这些电路中,将其他能量转变为电能的设备称为电源;将电能转变为其他能量的设备叫作负载;在电源和负载之间的输电线、变压器、控制电器等是进行传输和分配的器件。电路的另一种作用是实现电信号的传输、处理和存储。例如,电视接收天线将含有声音和图像信息的高频电视信号通过高频传输线送到电视机中,这些信号经过选择、变频、放大和检波等处理,恢复出原来的声音和图像信息,在扬声器中发出声音并在显像管屏幕上呈现图像,如图1-2所示。

图1-1 电力网络

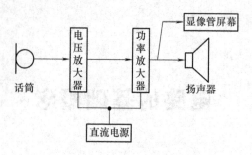

图1-2 电视接收系统

1.1.2 电路模型

实际电路由各种作用不同的电路元件或器件所组成,电路元件种类繁多,电磁性质复杂。为了便于对实际复杂问题进行研究,常常采用一种"理想化"的科学抽象方法,即把实际元件看作是电阻、电感、电容、电源等几种理想的电路元件。忽略一些次要因素,突出主要矛盾。常见理想元件的符号如表1-1所示。

表1-1 常见理想元件的符号

名称	符号	名称	符号	名称	符号
导线	——	传声器		电阻器	
连接的导线		扬声器		可变电阻器	
接地		二极管		电容器	
接机壳		稳压二极管		线圈,绕组	
开关		隧道二极管		变压器	
熔断器		晶体管		铁芯变压器	
灯		运算放大器		直流发电机	
电压表		电池		直流电动机	

用理想电路元件构成的电路叫作电路模型,用特定的符号代表元件连接成的图形叫电路图,如图1-3所示就是照明电路的电路图。

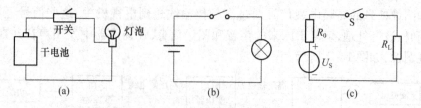

图1-3 照明电路的电路图

1.2 电路的基本物理量

电路的特性是由电流、电压和电功率等物理量描述的。电路分析的基本任务是计算电路中的电流、电压和电功率。

1.2.1 电流

带电粒子的定向移动形成电流，习惯上规定正电荷运动的方向为电流的方向。表征电流强弱的物理量叫电流强度，在数值上等于单位时间内通过导体横截面的电荷量。设在 dt 时间内通过导体横截面的电荷为 dq，则通过该截面的电流为：

$$i = \frac{dq}{dt} \tag{1-1}$$

在一般情况下电流是随时间而变的，如果电流不随时间而变，即 $dq/dt=$ 常量，则这种电流就称为恒定电流或直流电流，用大写字母 I 表示，它所通过的路径就是直流电路。在直流电路中，式(1-1)可写成：

$$I = \frac{Q}{t} \tag{1-2}$$

式中，Q 是在时间 t 内通过导体截面的电荷量。

电流的 SI 单位是安[培](A)。除安培外，常用的电流单位还有 kA（千安）、mA（毫安）和 μA（微安）。

电流在导线中或一个电路元件中流动的实际方向只有两种可能，见图 1-4。当有正电荷的净流量从 A 端流入并从 B 端流出时，习惯上就认为电流是从 A 端流向 B 端，反之，则认为电流是从 B 端流向 A 端。电路分析中，有时对某一段电路中电流实际流动方向很难立即判断出来，有时电流的实际方向还在不断地改变，因此很难在电路中标明电流的实际方向。由于这些原因，引入了电流"参考方向"的概念。

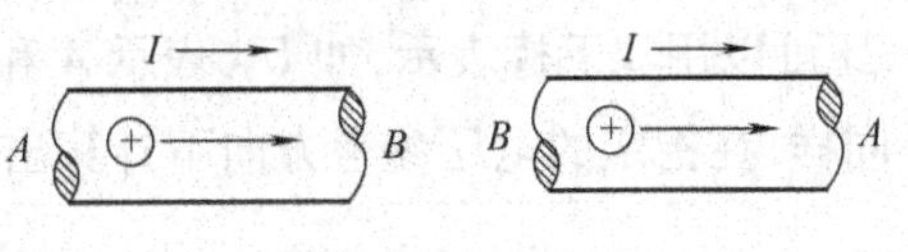

图 1-4 电流方向

在图 1-4 中先选定其中某一个方向作为电流的方向，这个方向叫作电流的参考方向。当然所选的电流方向并不一定就是电流实际的方向。把电流看成代数量，若电流的参考方向与它的实际方向一致，则电流为正值($I>0$)；若电流的参考方向与它的实际方向相反，则电流为负值($I<0$)，如图 1-5 所示。于是，在指定的电流参考方向下，电流值的正和负，就可以反映出电流的实际方向。因此，在参考方向选定之后，电流值才有正负之分，在未选定参考方向之前，电流的正负值是毫无意义的。

电流的参考方向是任意指定的，在电路中一般用箭头表示。也有用双下标表示的，如 I_{ab}，其参考方向是由 a 指向 b。

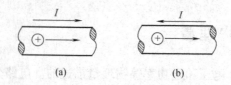

图1-5 电流参考方向与它的实际方向间的关系
(a)方向相同时,$I>0$;(b)方向相反时,$I<0$

1.2.2 电压

在如图1-6所示电源的两个极板 a 和 b 上分别带有正、负电荷,这两个极板间就存在一个电场,其方向是由 a 指向 b。当用导线和负载将电源的正负极连接成为一个闭合电路时,正电荷在电场力的作用下由正极 a 经导线和负载流向负极 b(实际上是自由电子由负极经负载流向正极),从而形成电流。电压是衡量电场力做功能力的物理量。我们定义:a 点至 b 点间的电压 U_{ab} 在数值上等于电场力把单位正电荷由 a 点经外电路移到 b 点所做的功。

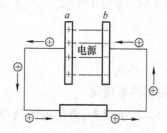

图1-6 电场力对电荷做功

当电荷的单位为 C(库仑),功的单位为 J(焦耳)时,电压的单位为伏特,简称 V(伏)。在工程中还可用 kV(千伏)、mV(毫伏)和 μV(微伏)为计量单位。

电压的实际方向定义为正电荷在电场中受电场力作用(电场力做正功时)移动的方向。与电流一样,电压也有自己的参考方向,电压的参考方向也是任意指定的。在电路中,电压的参考方向可以用一个箭头来表示,也可以用正(+)、负(-)极性来表示,正极指向负极的方向就是电压的参考方向;还可以用双下标表示,如 U_{AB} 表示 A 和 B 之间的电压的参考方向由 A 指向 B(见图1-7)。同样,在指定的电压参考方向下计算出的电压值的正和负,就可以反映出电压的实际方向。

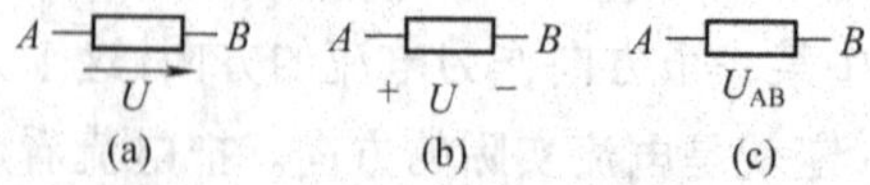

图1-7 电压的参考方向表示法

"参考方向"在电路分析中起着十分重要的作用。

对一段电路或一个元件上,电压的参考方向和电流的参考方向可以独立地加以任意指定。如果指定电流从电压"+"极性的一端流入,并从标以"-"极性的另一端流出,即电流的参考方向与电压的参考方向一致,则把电流和电压的这种参考方向称为关联参考方向。反之,为非关联参考方向。

1.2.3 电位

在电路中任选一点为参考点,则某点到参考点的电压就叫作这一点(相对于参考点)的电位。在电路中,参考点的电位设为零,又称为零电位点,在电路图中用符号"⊥"表示,如图 1-8 所示。电位用符号 V 表示,A 点电位记做 V_A。

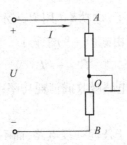

图 1-8　电位示意图

如当选择 O 点为参考点时,则:

$$V_A = U_{AO} \tag{1-3}$$

如果 A 点、B 点的电位分别为 V_A 与 V_B,则:

$$U_{AB} = U_{AO} + U_{OB} = U_{AO} - U_{BO} = V_A - V_B \tag{1-4}$$

所以,两点间的电压就是该两点电位之差,电压的实际方向是由高电位点指向低电位点,有时也将电压称为电压降。

注意:电路中各点的电位值与参考点的选择有关,当所选的参考点变动时,各点的电位值将随之变动,因此,参考点一经选定,在电路分析和计算过程中,不能随意更改。

1.2.4 电能、电功率

正电荷从电路元件的电压"+"极,经元件移到电压的"-"极,是电场力对电荷做功的结果,这时元件吸取能量。相反地,正电荷从电路元件的电压的"-"极经元件移到电压"+"极,元件向外释放能量。对于直流电能量:

$$W = UIt \tag{1-5}$$

在实际应用中,电能的另一个常用单位是千瓦时(kW·h),1 千瓦时就是常说的 1 度电。

$$1 \text{ 度} = 1 \text{ kW·h} = 3.6 \times 10^6 (\text{J}) \tag{1-6}$$

式中　W——电路所消耗的电能,单位为焦耳(J);
　　　U——电路两端的电压,单位为伏特(V);
　　　I——通过电路的电流,单位为安培(A);
　　　t——所用的时间,单位为秒(s)。

电功率表征电路元件或一段电路中能量变换的速度,其值等于单位时间(秒)内元件所发出或接收的电能。功率为:

$$P = \frac{W}{t} = \frac{UIt}{t} = UI \tag{1-7}$$

式中 P——电路吸收的功率,单位为瓦特(W)。

常用的电功率单位还有千瓦(kW)、毫瓦(mW),它们之间的换算关系为:

$$1\ kW = 10^3\ W = 10^6\ mW$$

在电压和电流为关联参考方向下,电功率(用 P 表示)可用式(1-7)求得;在电压和电流为非关联参考方向下电功率 P 可由式(1-8)求得:

$$P = -UI \tag{1-8}$$

若计算得出 $P>0$,表示该部分电路吸收或消耗功率;若计算得出 $P<0$,表示该部分电路发出或提供功率。

以上有关功率的讨论同样适用于任何一段电路,而不局限于一个元件。

例 1-1 一空调器正常工作时的功率为 1 214 W,设其每天工作 4 小时,若每月按 30 天计算,试问一个月该空调器耗电多少度? 若每度电费 0.80 元,那么使用该空调器一个月应缴电费多少元?

解:空调器正常工作时的功率为:

$$1\ 214\ W = 1.214\ kW$$

一个月该空调器耗电:

$$W = Pt = 1.214\ kW \times 4\ h \times 30 = 145.68\ kW \cdot h$$

使用该空调器一个月应缴电费:

$$145.68 \times 0.80 \approx 116.54(元)$$

例 1-2 试求图 1-9 所示元件的功率,并说明是吸收功率还是发出功率。

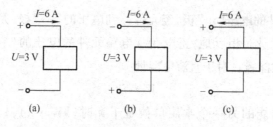

图 1-9

解:图 1-9(a)中,电压与电流为关联参考方向,$P = UI = 3 \times 6 = 18(W)$。因为 $P>0$,该元件吸收功率。

图 1-9(b)中,电压与电流为非关联参考方向,$P = -UI = -3 \times 6 = -18(W)$。因为 $P<0$,该元件发出功率。

图 1-9(c)中,电压与电流为非关联参考方向,$P = -UI = -3 \times 6 = -18(W)$。因为 $P<0$,该元件发出功率。

【应用测试】

知识训练：

1. 在图 1-10 中，已知各支路的电流、电阻和电压源电压，试写出各支路电压 U 的表达式。

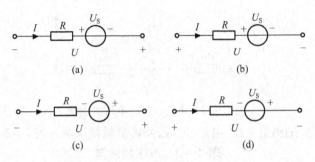

图 1-10　习题 1 的图

2. 分别求图 1-11 中各电路元件的功率，并指出它们是吸收功率还是发出功率。

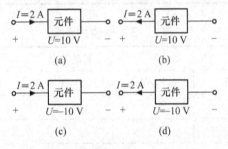

图 1-11　习题 2 的图

3. 图 1-12 所示电路，若以 B 点为参考点。求 A、C、D 三点的电位及 U_{AC}、U_{AD}、U_{CD}。若改 C 点为参考点，再求 A、C、D 点的电位及 U_{AC}、U_{AD}、U_{CD}。

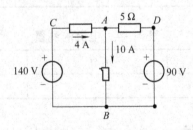

图 1-12　习题 3 的图

4. 今有 220 V、40 W 和 220 V、100 W 的灯泡各一只，将它们并联在 220 V 的电源上，哪个亮？为什么？若串联后再接到 220 V 电源上，哪个亮？为什么？

技能训练：

任务：电阻的识别及电压、电位、电流的测量

1. 电阻的识别

（1）认识电阻，读出电阻的阻值，判断电阻的质量。

(2)用万用表分别测量3个电阻。

2. 电压、电位、电流的测量

(1)按原理图1-13连接电路。

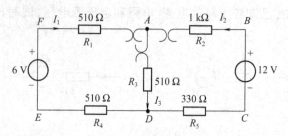

图1-13 电压、电流、电位的测量

(2)接通电源,分别测量电压、电流、电位,并将测量结果填入表1-2~表1-4中。

表1-2 电压的测量

U_{AE}/V	U_{AB}/V	U_{BE}/V	U_{EF}/V	U_{DE}/V

表1-3 电位的测量

参考点	测量结果				
	V_A/V	V_B/V	V_D/V	V_E/V	V_F/V
A					
B					
D					
E					
F					

表1-4 电流的测量

I_1/A	I_2/A	I_3/A

1.3 电路的基本元件

在电路理论中,经过科学的抽象后,把实际电路元件用足以反映其主要电磁性质的一些理想元件替代,简称为电路元件。下面,我们讨论的常用的无源理想电路元件有:电阻元件、电容元件和电感元件;电源的理想元件有:电压源和电流源。

1.3.1 无源元件

(一)电阻元件

电阻元件是反映消耗电能这一物理现象的一个二端电路元件,分为线性电阻元件和非线性电阻元件。在任何时刻,对于线性电阻元件,它两端的电压与其电流的关系服从欧姆定律,图形符号见图1-14。

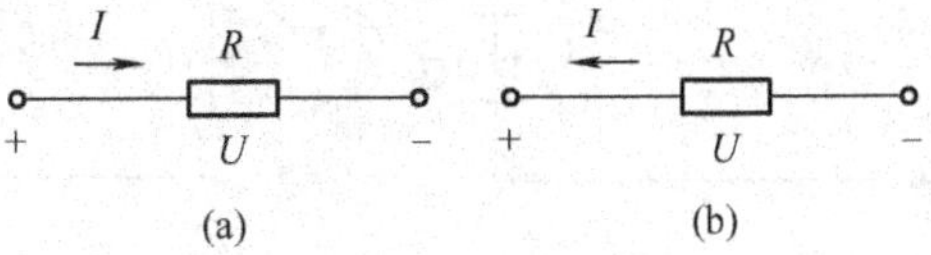

图1-14 电压电流参考方向的关系
(a)关联参考方向;(b)非关联参考方向

当电压与电流为关联参考方向时:
$$U = IR \tag{1-9}$$

当电压与电流为非关联参考方向时:
$$U = -IR \tag{1-10}$$

令 $G = \dfrac{1}{R}$,定义为电阻元件的电导,则式(1-9)变成 $I = GU$。

电阻的单位为欧姆(Ω),简称欧;电导的单位为西门子(S)。

在电压和电流的关联参考方向下,任何时刻线性电阻元件吸取的电功率为:
$$P = UI = RI^2 = \dfrac{U^2}{R} \tag{1-11}$$

电阻 R 是一个与电压 U、电流 I 无关的正实常数,故功率 P 恒为非负值。这说明线性电阻元件($R>0$)不仅是无源元件,并且还是耗能元件。

(二)电容元件

电容器通常简称其为电容,用字母 C 表示。顾名思义,电容器就是"储存电荷的容器"。尽管电容器品种繁多,但它们的基本结构和原理是相同的。两片相距很近的金属中间被某物质(固体、气体或液体)所隔开,就构成了电容器。两片金属称为电容的极板,中间的物质叫作绝缘介质。

电容器按介质不同,可分为空气介质电容器、纸介电容器、有机薄膜电容器、瓷介电容器、玻璃釉电容器、云母电容器、电解电容器等;按结构不同,可分为固定电容器、半可变电容器、可变电容器等,其电路符号如图1-15所示。

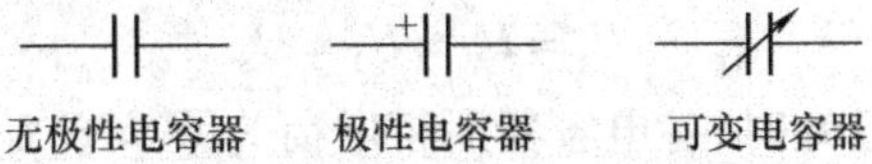

无极性电容器　极性电容器　可变电容器

图1-15 电容器的符号

不同的电容器储存电荷的能力也不相同。规定把电容器外加1 V直流电压时所储存的电荷量称为该电容器的电容量,即 $C = \dfrac{Q}{U}$。电容的基本单位为法拉(F)。常用单位有微法(μF)、纳法(nF)、皮法(pF)等,它们的关系是:

$$1\text{ F} = 1 \times 10^6 \text{ }\mu\text{F}, \quad 1\text{ }\mu\text{F} = 1 \times 10^3 \text{ nF} = 1 \times 10^6 \text{ pF}$$

1. 电容器的串联

三个电容串联接在电压为 U_S 的电源上,如图1-16所示。

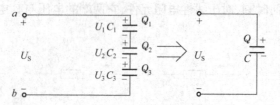

图 1-16 电容串联

C_1 上与电源正极连接的极板带正电荷 Q,与电源正极同电位 V_a。电容 C_3 与电源负极连接的极板带等量的负电荷 Q,与负极同电位 V_b。C_1 的另一极板与 C_2 的一个极板连在一起,电位相等,都为 V_b,在电场作用下,这连在一体的导体中负电荷(自由电子)分布在 C_1 的下板上,正电荷分布在 C_2 的上板上,依此类推,因此当几个电容串联时,每个电容上所带电荷相等,即:

$$Q_1 = Q_2 = Q_3 = Q$$

而每个电容器上电压之和等于外加电压:

$$U_1 + U_2 + U_3 = U_S$$

因为 $C = Q/U$,或 $U = Q/C$,故:

$$\frac{Q_1}{C_1} + \frac{Q_2}{C_2} + \frac{Q_3}{C_3} = U = \frac{Q}{C}$$

上式中,C 是电容串联之后的等效电容,因各电容上电荷相等,于是:

$$\frac{1}{C} = \frac{1}{C_1} + \frac{1}{C_2} + \frac{1}{C_3} \tag{1-12}$$

推广到几个电容串联可用一个等效电容替代,等效电容的倒数等于各个电容倒数之和。

当选用电容器时,如果标称电压低于外加电压,则采用电容串联的方法,但要注意,电容器串联之后电容量变小了,另一方面,电容器的电压 U 与电容量 C 成反比,电容量小的承受的电压高,应该考虑标称电压是否大于其承受的电压。一般选电容量相等、耐压也相等的电容串联,则每只电容承受的电压是外加电压的 $1/n$,而每只电容器的电容应为所需电容的 n 倍。

2. 电容器的并联

如图 1-17 所示是三个电容器并联的电路,很明显每个电容器上的电压都等于电源电压,即:

$$U_1 = U_2 = U_3 = U_S$$

当各电容器电容量为已知时,各电容器所带电荷为 $Q_1 = C_1 U_1$,$Q_2 = C_2 U_2$ 等。

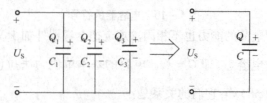

图 1-17 电容并联

这三个电容并联可以用一个等效电容 C 替代,加在 C 上的电压为 U_S,所带电荷为 $Q = CU_S$,Q 是各个电容器所带电荷之和,即:

$$Q = Q_1 + Q_2 + Q_3$$

因各电容器上电压相等,故:

$$C = C_1 + C_2 + C_3 \tag{1-13}$$

推广到几个电容并联,等效电容等于各个电容之和。

当电路所需较大电容时,可以选用几只电容并联。

如需要时,电容也可以进行串并混联。

例 1-3 已知三个电容 $C_1 = 100\ \mu\text{F}, C_2 = 50\ \mu\text{F}, C_3 = 40\ \mu\text{F}$。(1) 如 C_1 与 C_2 并联再与 C_3 串联,求等效电容;(2) 如 C_1 与 C_2 先串联,再与 C_3 并联,求等效电容。

解:(1) $C = \dfrac{(C_1 + C_2) \times C_3}{(C_1 + C_2) + C_3} = \dfrac{150 \times 40}{150 + 40} = \dfrac{6\ 000}{190} = 31.6\ (\mu\text{F})$

(2) $C = \dfrac{C_1 C_2}{C_1 + C_2} + C_3 = \dfrac{100 \times 50}{150} + 40 = 73.3\ (\mu\text{F})$

3. 电容器的充放电

当电容器接在直流电路中时,如图 1-18 所示,当 S 闭合后,由于电容器中间是绝缘物,不会有电流通过($i = 0$),而上下极板与电源正负极分别相连,所以电容器上电压 $U_C = U_S$。而电荷 $Q = CU_C$。

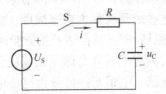

图 1-18 电容充电

但在开关合上之前,电容器是不带电的,$Q = 0, U_C = 0$,当开关合上瞬间,电荷开始由电源向电容器移动,使电容器上电荷逐渐由 0 增加到 Q 为止,电压由 0 上升到 $U_C = U_S$,这一现象称为电容器的充电。充电是要时间的,在这过程中,电荷不断移动形成电流 $i = \dfrac{\mathrm{d}Q}{\mathrm{d}t} = \dfrac{U_S - u_C}{R}$,在开始,$u_C = 0, i = U_S/R$ 最大;最后 $u_C = U_S, i = 0$,这一过程称为充电过程。充电所需的时间一般不长,与 R 和 C 有关。

用万用表电阻挡检测电容器时,可以看到电表指针立刻到达某一数值,然后慢慢下降到零,就是充电电流的变化过程。

将充好电的电容器从电路上断开后,电压 U_C 和 Q 保持不变,如电压很高时(例如电视机内的高压电容),仍不能直接接触,必须进行放电。

所谓放电,是将带有电荷的电容器与电阻 R 相连接,如图 1-19 所示,当开关接通后,正电荷将通过电阻与负极的负电荷中和,开始电流较大,$i = u_C/R$,随着电容器上电荷减少,电压 u_C 降低,电流也逐渐减小。最后电荷放完($Q = 0$),电压 $u_C = 0$。电流为零,放电完毕。放电过程也要经历一段时间。

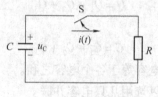

图1-19 电容放电

4.电容器的能量

电容器放电过程中,电流流过电阻时,将电能转换为热能,在电阻上消耗掉。这能量是电容器供给的,说明有能量储存在电容里,而充电过程,正是能量(由电源供给)储存的过程。

在充电过程中,dt 时间内,电容器上电荷增加了 dQ,则电源供给电容器的能量为:

$$dW = u_C i dt = u_C dQ = C u_C du_C \tag{1-14}$$

整个充电过程,储存的能量为:

$$W_C(t) = \int_0^{U_C} C u_C du_C = \frac{1}{2} C U_C^2(t) \tag{1-15}$$

因此,电容器是储能元件。

(三)电感元件

在电子技术和电力工程中,经常用到一种由导线绕制而成的线圈,如收音机中的高频扼流圈、日光灯电路的镇流器等,这些线圈统称为电感线圈。如果电感线圈通以电流,由于电流的磁效应,在线圈周围将存在磁场,即线圈存储了磁场能量。实际的电感线圈是有一定电阻的,若忽略电感线圈的电阻值,只考虑其具有储存磁场能量的特性,这样的电感线圈可抽象为一种理想的电路元件——电感。电感元件可分为空心电感线圈和铁芯电感线圈,绕在非铁磁性材料做成的骨架上的线圈叫空心电感线圈;在空心电感线圈内放置铁磁材料制成的铁芯,叫作铁芯电感线圈,它们的电路图形符号如图1-20所示。

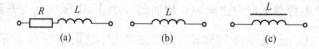

图1-20 电感的符号

电感器和电容器一样,也是一种储能元件,它能把电能转变为磁场能,并在磁场中储存能量。电感器用符号 L 表示,它的基本单位是亨利(H),常用单位毫亨(mH)。它经常和电容器一起工作,构成 LC 滤波器、LC 振荡器等。另外,人们还利用电感的特性,制造了阻流圈、变压器、继电器等。

电感器的特性恰恰与电容的特性相反,它具有阻止交流电通过而让直流电通过的特性。小小的收音机上就有不少电感线圈,几乎都是用漆包线绕成的空心线圈或在骨架磁芯、铁芯上绕制而成的,有天线线圈(它是用漆包线在磁棒上绕制而成的)、中频变压器(俗称中周)、输入输出变压器等。

在电感元件中电流 i 随时间变化时,根据楞次定律,感应电压为:

$$u_L = \frac{d\phi_L}{dt} = L \frac{di_L}{dt} \tag{1-16}$$

式中,L 称为该元件的自感或电感。

在 SI 单位制中,磁通和磁通链的单位是韦伯(Wb),自感的单位是亨利(H),简称亨。有时还采用毫亨(mH)和微亨(μH)作为自感的单位。其换算关系为:

$$1\ H = 10^3\ mH = 10^6\ \mu H$$

由式(1-16)可知:任何时刻,线性电感元件上的电压与该时刻电流的变化率成正比。对于直流电,电流不随时间变化,则感应电压为零,这时电感元件相当于导线。

电感元件是一种无源的储能元件,电感元件在任何时刻 t 所储存的磁场能量 $W_L(t)$ 将等于它所吸收的能量,可写为:

$$W_L(t) = \frac{1}{2}Li_L^2(t) \tag{1-17}$$

1.3.2 电源元件

把其他形式的能转换成电能的装置称为电源元件,电源元件经常可以采用两种模型表示,即电压源模型和电流源模型。

(一)电压源

1. 理想电压源

输出电压不受外电路影响,只依照自己固有的随时间变化的规律变化的电源,称为理想电压源。图 1-21(a)是理想电压源的一般表示符号,符号"+""-"号是其参考极性。如电压源的电压为常数,就称为直流电压源,其电压一般用 U_S 来表示,图(b)表示理想直流电压源。有时涉及的直流电压源是电池,在这种情况下还可以用图(c)的符号,其中长线段表示电压源的高电位端,短线段表示电压源的低电位端。理想直流电压源伏安特性曲线如图 1-22 所示,它是一条平行于横轴的直线,表明其端电压与电流的大小及方向无关。

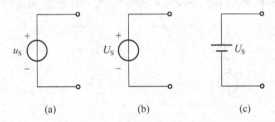

图 1-21 理想电压源的图形符号
(a)一般表示;(b)理想直流电压源;(c)电池

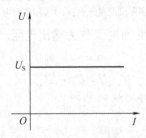

图 1-22 理想电压源的伏安特性

理想电压源具有以下几个性质:
(1)理想电压源的端电压是常数 U_S,或是时间的函数 $u(t)$,与输出电流无关。
(2)理想电压源的输出电流和输出功率取决于与它连接的外电路。

图 1-23 示出了电压源的两个特点,图(a)表示电压源没有接外电路,电流 $i=0$,这种情况称为"开路",而图(b)的两个外电路 1、2 是不同的,因此这两种情况下的电流 i_1 和 i_2 也将是不同的。

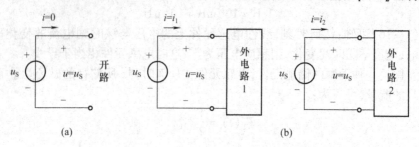

图 1-23 同一个电压源接于不同外电路
(a)不接外电路(开路);(b)接外电路

根据所连接的外电路,电压源中电流的实际方向既可以从电压的高电位处流向低电位处,也可以从低电位处流至高电位处。如果电流从电压源的低电位处流向高电位处,那么电压源释放能量,这是因为正电荷逆着电场方向由低电位处移至高电位处,外力必须对它做功的缘故。这时,电压源起电源的作用,发出功率。反之,电流从电压源的高电位处流向低电位处,电压源吸收功率,这时电压源将作为负载出现。

2. 实际电压源

理想电压源是从实际电源中抽象出来的理想化元件,在实际中是不存在的。像发电机、干电池等实际电源,由于电源内部存在损耗,其端电压都随着电流变化而变化,例如当电池接上负载后,其电压就会降低,这是由于电池内部有电阻的缘故。所以,可以采用如图 1-24 所示的方法来表示这种实际的直流电源,即可以用一个理想电压源和一个电阻串联来模拟,此模型称为实际电压源模型,如图 1-25(a)所示。图(b)是实际直流电压源模型。

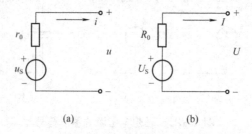

图 1-24 实际的电源模型
(a)实际交流电压源;(b)实际直流电压源

电阻 r_0 和 R_0 叫作电源的内阻,有时又称为输出电阻。实际电压源的端电压为:

$$u = u_S - ir_0$$
$$U = U_S - IR_0 \tag{1-18}$$

图 1-25 是实际直流电压源伏安特性曲线。

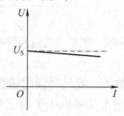

图 1-25 实际直流电压源的伏安特性曲线

(二) 电流源

1. 理想电流源

理想电流源也是一个二端理想元件。与电压源相反,通过理想电流源的电流与电压无关,不受外电路影响,只依照自己固有的随时间变化的规律而变化,这样的电流源称为理想电流源。图1-26(a)是理想电流源的一般表示符号,其中 i_S 表示电流源的电流,箭头表示理想电流源的参考方向。图(b)表示理想直流电流源,其伏安特性曲线如图(c)所示,它是一条平行于纵轴的直线,表明其输出电流与端电压的大小无关。

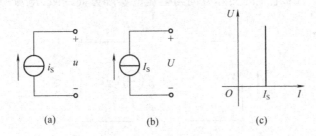

图1-26 理想电流源的图形符号和伏安特性
(a)理想电流源;(b)理想直流电流源;(c)伏安特性

理想电流源具有以下几个性质:

(1)理想电流源的输出电流是常数 I_S,或是时间的函数 $i(t)$,不会因为所连接的外电路的不同而改变,与理想电流源的端电压无关。

(2)理想电流源的端电压和输出功率取决于它所连接的外电路。

2. 实际电流源模型

理想电流源是从实际电源中抽象出来的理想化元件,在实际中也是不存在的。像光电池这类实际电源,由于其内部存在损耗,接通负载后输出电流降低。这样的实际电源,可以用一个理想电流源和一个电阻并联来模拟,此模型称为实际电流源模型,如图1-27(a)所示。图(b)是实际直流电流源模型。电阻 r_i(或 R_i)叫作电源的内阻,有时也称为输出电阻。实际直流电流源输出电流为:

$$I = I_S - \frac{U}{R_i} \tag{1-19}$$

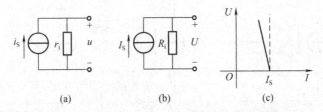

图1-27 实际电流源的图形符号和伏安特性
(a)实际电流源;(b)实际直流电流源;(c)伏安特性

例1-4 试求图1-28(a)所示电压源的电流与图(b)中电流源的电压。

解:图1-28(a)中流过电压源的电流也是流过5Ω电阻的电流,所以流过电压源的电流为:

$$I = \frac{U_S}{R} = \frac{10}{5} = 2(\text{A})$$

图1-28(b)中电流源两端的电压也是加在5Ω电阻两端的电压,所以电流源的电压为:

$$U = I_S R = 2 \times 5 = 10(\text{V})$$

电流源中,电流是给定的,但电压的实际极性和大小与外电路有关。如果电压的实际方向与电流实际方向相反,正电荷从电流源的低电位处流至高电位处。这时,电流源发出功率,起电源的作用。如果电压的实际方向与电流的实际方向一致,电流源吸收功率,这时电流源将作为负载。

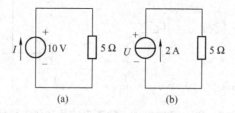

图1-28 例1-4的图

1.3.3 电压源和电流源的等效互换

(一)电压源、电流源的串联和并联

当n个电压源串联时,可以用一个电压源等效替代。这个等效的电压源的电压(见图1-29(a))为:

$$U_S = U_{S1} + U_{S2} + \cdots + U_{Sn} = \sum_{k=1}^{n} U_{Sk} \qquad (1-20)$$

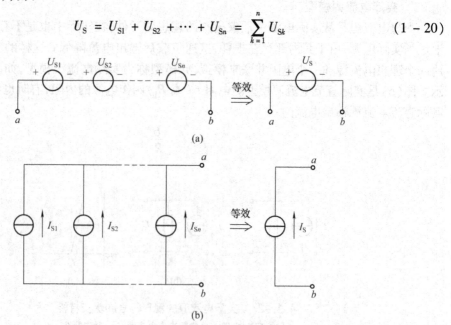

图1-29 电压源的串联和电流源并联

当n个电流源并联时,则可以用一个电流源等效替代。这个等效的电流源的电流(见图1-29(b))为:

$$I_S = I_{S1} + I_{S2} + \cdots + I_{Sn} = \sum_{k=1}^{n} I_{Sk} \quad (1-21)$$

只有电压相等的电压源才允许并联,只有电流相等的电流源才允许串联。

从外部性能等效的角度来看,任何一条支路与电压源 U_S 并联后,总可以用一个等效电压源替代,等效电压源的电压为 U_S,等效电压源中的电流不等于替代前的电压源的电流而等于外部电流 I,见图 1–30(a)。同理,任何一条支路与电流源 I_S 串联后,总可以用一个等效电流源替代,等效电流源的电流为 I_S,等效电流源的电压不等于替代前的电流源的电压而等于外部电压 U,见图 1–30(b)。

因此,这种替代对外电路是等效的,但对于被替代的看成是内部的支路来说由于结构的改变是不等效的。

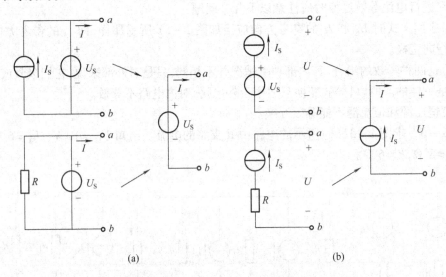

图 1–30 电源与支路的串联和并联

(二)电压源与电流源的等效变换

电路计算中,有时要求用电流源与电阻的并联组合来等效替代电压源与电阻的串联组合或者用电压源与电阻的串联组合来等效替代电流源与电阻的并联组合。

图 1–31 示出了这两种组合。如果它们等效,就要求当与外部相连的端钮 1、2 之间具有相同的电压 U 时,端钮上的电流必须相等,即 $I = I'$。

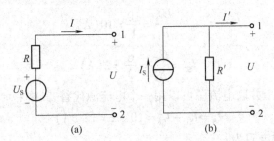

图 1–31 电压源与电流源的等效变换

在电压源与电阻串联组合中:

$$I = \frac{U_s - U}{R} = \frac{U_s}{R} - \frac{U}{R}$$

而在电流源与电阻并联组合中：

$$I' = I_s - \frac{U}{R'}$$

根据等效变换的要求，$I = I'$，上面两个式子中对应项该相等，于是得：

$$I_s = \frac{U_s}{R} \qquad R = R' \tag{1-22}$$

这就是这两种电源等效变换时所必须满足的条件。

利用本节中的等效变换知识，我们就可以求解由电压源、电流源和电阻所组成的串并联电路。在进行电源等效变换时应注意以下几个问题：

(1)应用上式时 U_s 和 I_s 的参考方向应当如图 1-31 所示那样，即 I_s 的参考方向由 U_s 的负极指向正极。

(2)这两种等效的组合，其内部功率情况并不相同，只是对外部来说，它们吸收或放出的功率总是一样的。所以，等效变换只适用于外电路，对内电路不等效。

(3)恒压源和恒流源不能等效互换。

例 1-5 求图 1-32(a)所示的电路中 R 支路的电流。已知 $U_{S1} = 10$ V，$U_{S2} = 6$ V，$R_1 = 1\ \Omega$，$R_2 = 3\ \Omega$，$R = 6\ \Omega$。

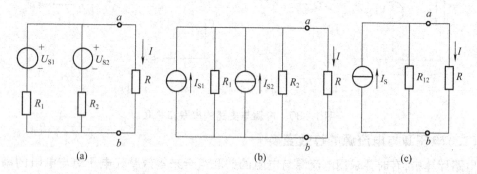

图 1-32 例 1-5 的图

解：先把每个电压源电阻串联支路变换为电流源电阻并联支路。电路变换从图 1-32 (a)到(b)所示，其中：

$$I_{S1} = \frac{U_{S1}}{R_1} = \frac{10}{1} = 10\ (\text{A})$$

$$I_{S2} = \frac{U_{S2}}{R_2} = \frac{6}{3} = 2\ (\text{A})$$

图 1-32(b)中两个并联电流源可以用一个电流源代替，其中：

$$I_s = I_{S1} + I_{S2} = 10 + 2 = 12\ (\text{A})$$

R_1、R_2 的并联等效电阻为：

$$R_{12} = \frac{R_1 R_2}{R_1 + R_2} = \frac{1 \times 3}{1 + 3} = \frac{3}{4}\ (\Omega)$$

电路简化如图 1-32(c)所示。

对图 1-32(c)电路,根据分流关系求得 R 的电流 I 为:

$$I = \frac{R_{12}}{R_{12}+R} \times I_S = \frac{\frac{3}{4}}{\frac{3}{4}+6} \times 12 = \frac{4}{3} = 1.333 \text{ (A)}$$

注意:用电源变换法分析电路时,待求支路保持不变。

【应用测试】

知识训练:
1. 线性电阻元件的伏安关系如何?
2. 线性电感元件的伏安关系如何?
3. 线性电容元件的伏安关系如何?
4. 一个电感元件两端的电压为零,其储能是否一定等于零?一个电容元件中的电流为零,其储能是否也一定等于零?
5. 理想电压源的输出电流是怎样变化的?
6. 理想电流源的端电压是怎样变化的?
7. 如图 1-33 所示,用一个等效电源替代下列各电路。

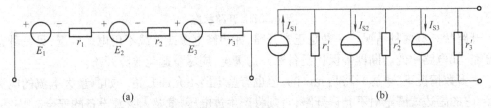

图 1-33 习题 7 的图

8. 将图 1-34 所示电路画成等值电流源电路。

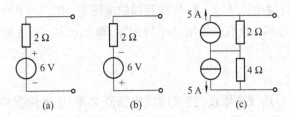

图 1-34 习题 8 的图

9. 将图 1-35 所示电路画成等值电压源电路。

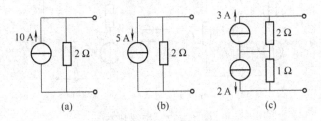

图 1-35 习题 9 的图

1.4 电路的三种状态及电气设备的额定值

1.4.1 电路的三种状态

实际用电过程中,根据不同的需要和不同的负载情况,电路可分为3种不同的状态。了解并掌握使电路处于不同状态的条件和特点,是正确用电和安全用电的前提。

(一)开路状态

开路又称为断路,是电源和负载未接通时的状态。典型的开路状态如图1-36所示,当开关S断开时,电源与负载断开(外电路的电阻无穷大),未构成闭合回路,电路中无电流,电源不能输出电能,电路的功率等于零。

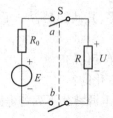

图1-36 开路状态

开路状态有两种情况。一种是正常开路,如检修电源或负载不用电的情况;另一种是故障开路,如电路中的熔断器等保护设备断开的情况,应尽量避免故障开路。

大多数情况下,电源开路是允许的,但也有些电路不允许开路。如测量大电流的电流互感器,它的副边线圈绝对不允许开路,否则将产生过电压,危及人身及设备的安全。

电源开路时的电路特征如下:

(1)电路中的电流 $I=0$。

(2)电源两端的开路电压 $U_{OC}=E$,负载两端的电压 $U=0$。

(3)电源产生的功率与负载转换的功率均为零,即 $P_E=P=0$,这种电路状态又称为电源的空载状态。

(二)短路状态

电路中任何一部分负载被短接,使该两端电压降为零,这种情况称电路处于短路状态。如图1-37(a)所示电路是电源被短接的情况,其等效电路如图1-37(b)所示。

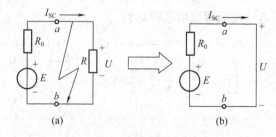

图1-37 短路状态

短路状态有两种情况。一种是将电路的某一部分或某一元件的两端用导线连接,称为局部短路。有些局部短路是允许的,称为工作短路,常称为"短接",如电焊机工作时焊条与工件的短接及电流表完成测量时的短接等。另一种短路是故障短路,如电源被短路或一部分负载被短路。最严重的情况是电源被短路,其短路电流用 I_{SC} 表示。因为电源内阻很小,I_{SC} 很大,是正常工作电流的很多倍。短路时外电路电阻为零,电源和负载的端电压均为零,故电源输出功率及负载取用的功率均为零。

电源短路状态的特征如下:

(1) $I = I_{SC} = \dfrac{E}{R_0}$。

(2) 电源的端电压 $U = 0$。

(3) 电源发出及负载转换的功率均为零,即 $P = 0$;电源产生的功率全消耗在内阻上,即 $P_E = I^2 R_0$。

当 $R_0 = 0$ 时,$I_{SC} = \infty$,将烧毁电源,因此短路是一种严重的事故状态,它会使电源或其他电气设备因为严重发热而烧毁,用电操作中应注意避免。电压源不允许短路!

造成电源短路的原因主要是绝缘损坏或接线不当。因此,工作中要经常检查电器设备和线路的绝缘情况,正确连接电路。

电源短路的保护措施是,在电源侧接入熔断器和自动断路器,当发生短路时,能迅速切断故障电路,防止电气设备的进一步损坏。

(三) 有载工作状态

图 1-38(a)所示电路中,开关 S 闭合后,电源与负载接通构成回路,电路中产生了电流,并向负载输出电功率,即电路中开始了正常的功率转换,电路的这种工作状态称为有载工作状态。

电路有载工作状态的特征如下:

(1) 电路中的电流:$I = \dfrac{E}{R + R_0}$。

(2) 负载端电压:$U = IR = E - IR_0$,当 $R \gg R_0$ 时,$U \approx E$。

电源的外特性曲线如图 1-38(b)所示。

(3) 功率平衡关系:$P = P_E - \Delta P$;

电源输出的功率:$P = UI = I^2 R$;

电源产生的功率:$P_E = EI$;

内阻消耗的功率:$\Delta P = I^2 R_0$。

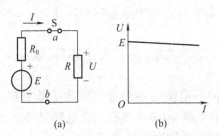

图 1-38 有载工作状态

(a)有载工作状态;(b)电源的外特性曲线

1.4.2 电气设备的额定值

任何电气元件或设备所能承受的电压或电流都有一定的限额。当电流过大时,将使导体发热、温升过高,导致烧坏导体。当电压过高时,可能超过设备内部绝缘强度,影响设备寿命,甚至发生击穿现象,造成设备及人身安全事故。为了使电气设备能长期安全、可靠地运行,必须给它规定一些必要的数值。

(一)额定值

电气设备在给定的工作条件下正常运行而规定的容许值称为额定值。电气设备的额定值一般包括额定电压 U_N,额定电流 I_N 和额定功率 P_N(对电源而言称为额定容量 S_N)。

(1)额定电流:电气设备在一定的环境温度条件下长期连续工作所容许通过的最大安全电流。

(2)额定电压:电气设备正常工作时的端电压。

(3)额定功率:电气设备正常工作时的输出功率或输入功率。

电阻类负载的额定值因为与电阻 R 之间有确定的关系,一般给出其中的两个即可。

电气设备的额定值一般都标注在设备的铭牌上或列入产品说明书中。电气设备实际运行时应严格遵守额定值的规定。电源输出的功率和电流由负载决定。

(二)额定工作状态

若电气设备正好在额定值下运行,这种在额定情况下的有载工作状态称为额定工作状态。这是一种使设备得到充分利用的经济、合理的工作状态。

电气设备工作在非额定状态时,有以下两种情况。

(1)欠载:若电气设备在低于额定值的状态下运行称为欠载。这种状态下设备不能被充分利用,还有可能使设备工作不正常,甚至损坏设备。

(2)过载:电气设备在高于额定值(超负荷)下运行称为过载。若超过额定值不多,且持续时间不长,一般不会造成明显的事故;若电气设备长期过载运行,必将影响设备的使用寿命,甚至损坏设备,造成电火灾等事故。一般不允许电气设备长时间过载工作。

1.5 基尔霍夫定律

对于电路中的某一个元件来说,元件上的端电压和电流关系服从欧姆定律,而对于整个电路来说,电路中的各个电流和电压要服从基尔霍夫定律。基尔霍夫定律包括电流定律(KCL)和电压定律(KVL),是电路理论中最基本的定律之一,不仅适用于求解简单电路,也适用于求解复杂电路。

现在,在学习基尔霍夫定律之前,为了便于理解,就图 1-39 所示的电路,介绍几个名词:

(1)支路:电路中流过同一电流的一个分支称为一条支路。在图 1-39 所示电路中,baf、be 和 bcd 都是支路,其中支路 baf、bcd 各有两个电路元件。支路 baf、bcd 中有电源,称为含源支路;支路 be 中没有电源,则称为无源支路。

(2)节点:电路中三条和三条以上支路的连接点称为节点。这样,图 1-39 的电路只有两个节点,即节点 b 和节点 e。

(3)回路:由若干支路组成的任一闭合路径。如图 1-39 中 abefa、bcdeb 和 abcdefa 都是回路,这个电路共有三个回路。

(4)网孔:网孔是回路的一种。将电路画在平面上,在回路内部不另含有支路的回路称为网孔。如图 1-39 中 abefa、bcdeb 是网孔,abcdefa 回路内部含有支路 eb,因而不是网孔,所以这个电路共有两个网孔。

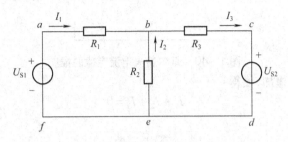

图 1-39 电路名词说明图

1.5.1 基尔霍夫电流定律(KCL)

基尔霍夫电流定律简称 KCL,是用来确定电路中连接在同一个节点上的各条支路电流间的关系的。基本内容是:任何时刻,对于电路中的任一节点,流进流出节点所有支路电流的代数和恒等于零。

其数学表达式如下:

$$\sum I = 0 \quad (1-23)$$

式(1-23)中,流出节点的电流前面取"+"号,流入节点的电流前面取"-"号。

例如,对图 1-39 中节点 b,应用 KCL,在这些支路电流的参考方向下,有:

$$-I_1 - I_2 + I_3 = 0$$

即:

$$\sum I = 0$$

上式可以改写成:

$$I_1 + I_2 = I_3$$

即:

$$\sum I_入 = \sum I_出 \quad (1-24)$$

上式表明:任何时刻,流入任一节点的支路电流之和必定等于流出该节点的支路电流之和。

这里,首先应当指出,KCL 中电流的流向本来是指它们的实际方向,但由于采用了参考方向,所以式(1-24)中是按电流的参考方向来判断电流是流出节点还是流入节点的。其次,式中的正、负号仅由电流是流出节点还是流入节点来决定的,与电流本身的正、负无关。

KCL 通常用于节点,但对包围几个节点的闭合面也是适用的,如图 1-40 所示的电路中,闭合面 S 内有三个节点 A、B、C。在这些节点处,分别有(电流的方向都是参考方向):

$$I_1 = I_{AB} - I_{CA}$$
$$I_2 = I_{BC} - I_{AB}$$
$$I_3 = I_{CA} - I_{BC}$$

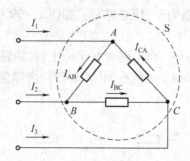

图1-40 基尔霍夫电流定律的推广

将上面三个式子相加,便得:

$$I_1 + I_2 + I_3 = 0$$

或

$$\sum I = 0$$

可见,在任一瞬间,通过任一闭合面的电流的代数和也总是等于零,或者说,流出闭合面的电流等于流入该闭合面的电流,这称为电流连续性。所以,基尔霍夫电流定律是电流连续性的体现。

1.5.2 基尔霍夫电压定律(KVL)

基尔霍夫电流定律是对电路中任意节点而言的,而基尔霍夫电压定律是对电路中任意回路而言的。

基尔霍夫电压定律简称KVL,是用来确定回路中各部分电压之间的关系的。基本内容是:任何时刻,沿任一回路内所有支路或元件电压的代数和恒等于零。即:

$$\sum U = 0 \qquad (1-25)$$

在写上式时,首先需要指定一个绕行回路的方向。凡电压的参考方向与回路绕行方向一致者,在式中该电压前面取"+"号;电压参考方向与回路绕行方向相反者,则前面取"-"号。

同理,KVL中电压的方向本应指它的实际方向,但由于采用了参考方向,所以式(1-25)中的代数和是按电压的参考方向来判断的。

以图1-41的电路为例,沿回路1和回路2绕行一周,有:

回路1:

$$I_1 R_1 + I_3 R_3 - U_{S1} = 0 \text{ 或 } I_1 R_1 + I_3 R_3 = U_{S1}$$

回路2:

$$I_2 R_2 + I_3 R_3 - U_{S2} = 0 \text{ 或 } I_2 R_2 + I_3 R_3 = U_{S2}$$

即KVL也可以写为:

$$\sum R_k I_k = \sum U_{Sk} \qquad (1-26)$$

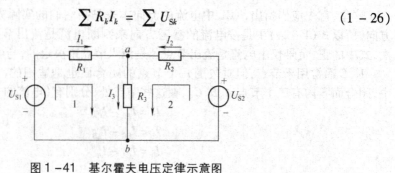

图1-41 基尔霍夫电压定律示意图

式(1-26)指出:沿任一回路绕行一圈,电阻上电压的代数和等于电压源电压的代数和。其中,在关联参考方向下,电流参考方向与回路绕行方向一致者,R_kI_k前取"+"号,相反者,R_kI_k前取"-"号;电压源电压U_{Sk}的参考极性与回路绕行方向一致者,U_{Sk}前取"-"号,相反者,U_{Sk}前取"+"号。

KVL通常用于闭合回路,但也可推广应用到任一不闭合的电路上。图1-42虽然不是闭合回路,但当假设开口处的电压为U_{ab}时,可以将电路想象成一个虚拟的回路,用KVL列写方程为:

$$U_{ab} + U_{S3} + I_3R_3 - I_2R_2 - U_{S2} - I_1R_1 - U_{S1} = 0$$

KCL规定了电路中任一节点处电流必须服从的约束关系,而KVL则规定了电路中任一回路内电压必须服从的约束关系。这两个定律仅与元件的连接有关,而与元件本身无关。不论元件是线性的还是非线性的,时变的还是非时变的,KCL和KVL总是成立的。

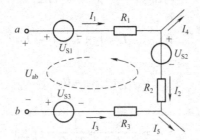

图1-42 基尔霍夫电压定律的推广

例1-6 图1-43所示电路,已知$U_1 = 5$ V,$U_3 = 3$ V,$I = 2$ A,求U_2、I_2、R_1、R_2和U_S。

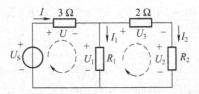

图1-43 例1-6的图

解:(1)已知2 Ω电阻两端电压$U_3 = 3$(V),故:

$$I_2 = \frac{U_3}{2} = \frac{3}{2} = 1.5(A)$$

(2)在由R_2、R_1和2 Ω电阻组成的闭合回路中,根据KVL得:

$$U_3 + U_2 - U_1 = 0$$

即:

$$U_2 = U_1 - U_3 = 5 - 3 = 2(V)$$

(3)由欧姆定律得:

$$R_2 = \frac{U_2}{I_2} = \frac{2}{1.5} = 1.33(\Omega)$$

由KCL得:

$$I_1 = I - I_2 = 2 - 1.5 = 0.5(A)$$

$$R_1 = \frac{U_1}{I_1} = \frac{5}{0.5} = 10(\Omega)$$

(4)在由 U_S、R_1 和 3 Ω 电阻组成的闭合回路中,根据 KVL 得:
$$U_S = U + U_1 = 2 \times 3 + 5 = 11(V)$$

例 1-7 图 1-44 所示电路,已知 $U_{S1} = 12\ V$,$U_{S2} = 3\ V$,$R_1 = 3\ \Omega$,$R_2 = 9\ \Omega$,$R_3 = 10\ \Omega$,求 U_{ab}。

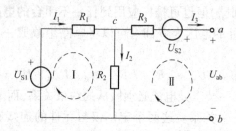

图 1-44 例 1-7 的图

解:(1)由 KCL 得:
$$I_3 = 0, \quad I_1 = I_2 + I_3 = I_2 + 0 = I_2$$
由 KVL 在回路 Ⅰ 中有:
$$I_1 R_1 + I_2 R_2 = U_{S1}$$
解得:
$$I_1 = I_2 = \frac{U_{S1}}{R_1 + R_2} = \frac{12}{3+9} = 1(A)$$

(2)在回路 Ⅱ 中根据 KVL 得:
$$U_{ab} - I_2 R_2 + I_3 R_3 - U_{S2} = 0$$
$$U_{ab} = I_2 R_2 - I_3 R_3 + U_{S2} = 1 \times 9 - 0 \times 10 + 3 = 12(V)$$

【应用测试】

知识训练:

1. 某电路的部分电路如图 1-45 所示,流过节点 A 的电流 $I_1 = 1.5\ A$,$I_2 = -2.5\ A$,$I_3 = 3\ A$,求电流 I_4。

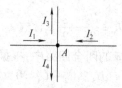

图 1-45 习题 1 的图

2. 某电路的一部分如图 1-46 所示,已知 $I_1 = 4\ A$,$I_2 = -3.5\ A$,$I_3 = 1\ A$,$I_4 = -8\ A$,求电阻 R 上流过的电流及流过节点 B 的另一条支路的电流。

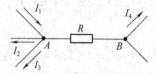

图 1-46 习题 2 的图

3. 指出图1-47中电路的支路数、节点数、回路数、网孔数,列出中间网孔的回路电压方程。

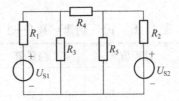

图1-47 习题3的图

4. 应用KVL求图1-48中的电压U_{ab}。

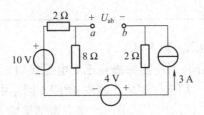

图1-48 习题4的图

技能训练:

任务:完成基尔霍夫电流定律和电压定律的验证

一、技能训练目标

(1)通过实验验证基尔霍夫电流定律和电压定律,巩固所学理论知识。
(2)加深对参考方向概念的理解。

二、器材

(1)亚龙DS系列电学通用实验台电源箱上的双路直流稳压电源。
(2)MF47型磁电式万用电表。
(3)DS-C-28实验板。
(4)导线若干。

三、技能训练内容及步骤

1. 验证基尔霍夫电流定律

本实验在直流电路单元板(KCL DS-C-28)上进行,按图1-49接好线路,图中X_1、X_2、X_3、X_4、X_5、X_6为节点B的三条支路电流测量接口。

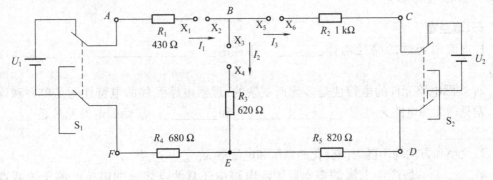

图1-49 实验电路

测量某支路电流时,将电流表的两支表笔接在该支路接口上,并将另两个接口用线短路。将测量结果填入表1-5。

表1-5 记录测量结果(一)

	计算值	测量值	误差
I_1/mA			
I_2/mA			
I_3/mA			
$\sum I =$			

2.验证基尔霍夫回路电压定律(KVL)

验证电路与图1-49相同,用连接导线将三个电源接口短路,取两个验证回路,回路1为 *ABEFA*,回路2为 *BCDEB*。用电压表依次测取 *ABEFA* 回路中各支路电压 U_{AB}、U_{BE}、U_{EF} 和 U_{FA},*BCDEB* 回路中支路电压 U_{BC}、U_{CD}、U_{DE}、U_{EB},将测量结果填入表1-6中。

表1-6 记录测量结果(二)　　　　　　　　　　　　　V

	U_{AB}	U_{BE}	U_{EF}	U_{FA}	回路$\sum U$	U_{BC}	U_{CD}	U_{DE}	U_{EB}	回路$\sum U$
计算值										
测量值										
误差										

四、思考题

(1)根据实验数据,验证KCL的正确性。
(2)根据实验数据,验证KVL的正确性。

五、实验要求及注意事项

(1)注意安全用电,必须经教师检查确认无误后方可通电。
(2)注意接线工艺,认真记录,并能处理电路故障。
(3)正确使用仪器仪表。
(4)完成实验报告及实验结果分析。

【本项目思考与练习】

一、填空题

1.电流所经过的路径叫作_____,通常由_____、_____和_____三部分组成。

2. 实际电路元件的电特性是多元而复杂的,理想电路元件的电特性则是单一和确切的。常见的无源电路元件有_____、_____和_____。常见的电源元件是_____和_____。

3.大小和方向均不随时间变化的电压和电流称为_____电。

4._____是产生电流的根本原因。电路中任意两点之间的电位差等于这两点间的_____。

5.电流所做的功称为_____,其基本单位是_____;单位时间内电流所做的功称为_____,其基本单位是_____。

6.理想电压源输出的_____值恒定,输出的_____由它本身和外电路共同决定;理想电流源输出的_____值恒定,输出的_____由它本身和外电路共同决定。

二、判断题

1.电路分析中描述的电路都是实际中的应用电路。( )
2.电源内部的电流方向总是由电源负极流向电源正极。( )
3.大负载是指在一定电压下向电源吸取电流很大的设备。( )
4.实际电压源和电流源的内阻为零时,即为理想电压源和电流源。( )
5.电路分析中某支路电流为负值,说明它的实际方向与假设方向相反。( )
6.线路上的负载并联得越多,其等效电阻越小,因此取用的电流也越大。( )
7.负载上获得最大功率时,电源的利用率最高。( )
8.电路中两点的电位都很高,这两点之间的电压也一定很大。( )

三、选择题

1.当电路中电流的参考方向与电流的真实方向相反时,该电流( )。
A. 一定为正值　　　　B. 一定为负值　　　　C. 不能肯定是正值或负值

2.已知空间有 a、b 两点,电压 $U_{ab}=10$ V,a 点电位为 $V_a=4$ V,则 b 点电位 V_b 为( )。
A. 6 V　　　　　　　B. -6 V　　　　　　C. 14 V

3.电阻 R 上的 u、i 参考方向不一致,令 $u=-10$ V,消耗功率为 0.5 W,则电阻 R 为( )。
A. -200 Ω　　　　B. 200 Ω　　　　　C. 100 Ω

4.两个电阻串联,$R_1:R_2=1:2$,总电压为 60 V,则 U_1 的大小为( )。
A. 10 V　　　　　　B. 40 V　　　　　　C. 20 V

5.电阻是_____元件,电感是_____元件,电容是_____元件。
A. 储存电场能量　　B. 储存磁场能量　　C. 耗能

6.当电流源开路时,该恒流源内部_____。
A. 有电流、有功率损耗　B. 无电流、无功率损耗　C. 有电流、无功率损耗

四、计算题

1.电路如图 1-50 所示,各段电压、电流的参考方向已在图中标出。已知 $I_1=1.5$ A,$I_2=2.5$ A,$I_3=1$ A,$U_1=1$ V,$U_2=U_3=3$ V,$U_4=-2$ V。试确定各段电压的实际方向,指出哪段电压、电流是关联参考方向,哪些是非关联参考方向。

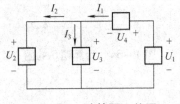

图 1-50　计算题 1 的图

2. 计算图 1-51 中各段电路的功率,并说明是吸收还是发出功率。

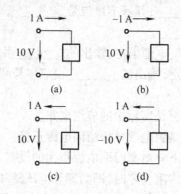

图 1-51 计算题 2 的图

3. 计算图 1-52 所示电路中的电压。

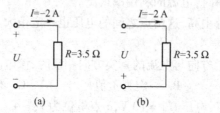

图 1-52 计算题 3 的图

4. 电路如图 1-53 所示,开关 S 置"1"时,电压表读数为 10 V;S 置"2"时,电流表读数为 10 mA,问开关 S 置"3"时,电压表、电流表的读数各为多少?

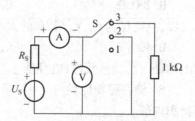

图 1-53 计算题 4 的图

5. 计算 S 打开与闭合时图 1-54 所示电路中 A、B 两点的电位。

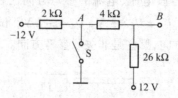

图 1-54 计算题 5 的图

6. 图1-55所示电路,A、C点的电位和B、D两点间的电压各为多少?

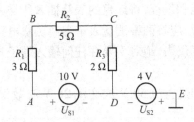

图1-55 计算题6的图

【本项目综合实训】

万用电表的使用

任务:学习常用万用电表的使用方法,培养电工基本技能

一、实验目的

(1)学习常用磁电式及数字万用电表的使用方法。
(2)掌握使用常用万用电表测量电流、电压及电阻的基本方法。

二、实验器材

(1)亚龙 DS 系列电学通用实验台。
(2)MF47 型磁电式万用电表。
(3)DT92 型数字万用电表。
(4)DS-C-28 实验板。
(5)导线若干。

三、实验内容及步骤

(一)常用万用电表的使用

记录表盘符号、转换开关、表笔,说明如何选项、调挡、测量及注意事项。

1. DT92 型数字万用电表

1)概述

本系列数字万用表是一种结构坚固、性能稳定、电池供电型的数显仪表。可用于测量直流和交流的电压、直流和交流电流、电阻、二极管、三极管 h_{FE} 参数、蜂鸣器的通断情况,另外有一些仪表还具有电容测量、频率测量、温度测量、逻辑电平测量等功能。仪表各部分描述如图1-56所示。

该系列仪表整机电路设计以大规模集成电路双积分 A/D 转换器为核心,具有电容测量自动回零、极性指示、超载显示、电池低电压显示、自动关机等功能,并配有全功能超载保护电路。

2)测量前的准备与注意事项

(1)确认已将电池装在表里适当的位置,并与电源线正确连接。
(2)检视测表笔有无被损坏的绝缘或裸漏的金属,检查表笔的连续性,损坏的表笔一定要更换掉。

(3)选择适于测量的功能和量程,将红色的表笔插入所需的适合于该功能量程的端子。

(4)当改变功能或量程时,应将两根测量表笔移离测量电路。

(5)为了避免电击或损坏仪表,绝对不要在任何输入端子与大地之间加上超过 500 V 的电压。

(6)当输入的电压信号超过直流 60 V 或交流 25 V 有效值时,请谨慎操作,因为这样的电压有被电击的危险。

(7)虽然本系列仪表都有设计自动关机的功能,但是我们还是建议您测量完毕后关掉电源。另外,长时间未使用本仪表时,请取出里面的电池,以防止电池漏液。

(8)请勿随意更改仪表内的线路,以避免不必要的意外发生。

(9)请不要在阳光直射、高温或潮湿的地方使用或储存仪表。

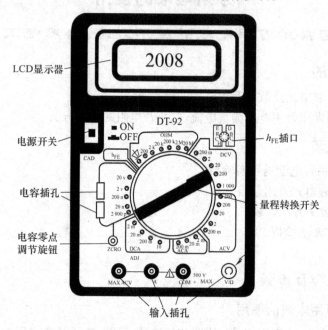

图 1-56　DT-92 型数字万用表面板结构图

3)测量方法

(1)直流电压与交流电压的测量。

①将功能旋钮拨到所需要的电压量程位置。

②把黑表笔接在仪表的"COM"端子,红表笔接在仪表的"V/Ω"端子。

③将测试笔连接到待测电压或电源上,便可读出显示值,红色表笔所接端的极性将同时显示于液晶显示器上(交流电压时无极性显示)。

注意:

①如果待测电压信号在测量之前是未知的,请把功能旋钮拨到最高量程挡位,然后逐挡往下拨,直到显示的数字适当为止。

②当液晶显示器只显示"1"时,它的指示量程超载了,请更换大的量程,以显示准确的数值。

③绝对不允许测量 1 000 V 以上的电压,虽然可能显示正确的数值,但是这样会损坏仪表。

(2)直流电流与交流电流的测量。

①将功能旋钮拨到所需要的电流量程的位置。

②把黑表笔接在仪表的"COM"端子,红表笔接在仪表的"mA"端子,该端子最大输入电流为 200 mA(01A 型的为 2 A)。

③把测量表笔串入待测线路以读取数值,红色表笔的极性也可同时读出。

注意:

①如果待测电流信号在待测之前是未知的,请把功能旋钮拨到最高量程挡位,然后逐挡往下拨,直到显示的数字适当为止。

②当液晶显示器只显示"1"时,它指示量程超载了,请更换大量程,以显示准确的数值。

③当"mA"端子熔断丝损坏时,请更换相同型号的熔断丝。

④10 A 挡没有安装熔断丝,连续测量时,最大输入电流为 10 A,大电流的测量时间必须少于 15 秒,并且间隔 3 分钟。

(3)电阻的测量。

①将功能旋钮拨到所需要的电阻量程位置。

②把黑表笔接在仪表的"COM"端子,红表笔接在仪表的"V/Ω"端子。

③把测量表笔连接到待测电阻的两端,并读出数值。

注意:

①红色表笔的极性是"+"。

②当输入端没有连接时,例如开路状态时,液晶显示器将显示"1",表示超量程。

③如果正在测量的电阻阻值大于所在的量程,仪表将显示"1",这时请拨到更高的量程,以显示正确的数值。

④对于 200 MΩ 挡,表笔短路时约有 10 个字(1 MΩ),应从测量结果中减去,例如测量 100 MΩ 的电阻时,显示 101.0,应从中减去 1.0 使其显示 100.0,此为正确的数值。

(4)电容的测量。

①把功能旋钮拨到所需要的电容挡位置,测量电容前,仪表将慢慢地自动回零。

②把黑表笔接在仪表的"COM"端子,红表笔接在仪表的"mA"端子。

③把测量表笔连接到待测电容的两端,并读出显示值。

注意:

测量电容之前,请一定要把电容器上的电能释放掉。绝对不要在"mA"端子上输入电压,否则将引起严重后果。测量电容值较低的电容时,应尽量使用最短的导线,以减少分散电容。

(5)二极管与蜂鸣连续性测试。

①设置功能旋钮拨到所需要的"→▶—"位置。

②把黑表笔接在仪表的"COM"端子,红表笔接在仪表的"V/Ω"端子(注意:红表笔是正极性"+")。

③当测试小于(50±20)Ω 的电阻或线路时,内置蜂鸣器将发声。

④把测试表笔接在待测二极管或线路的两端,读取数值。

注意：

①当输入没有连接时，例如开路状态，将只显示"1"。

②测试条件：正向电流大约 1 mA，反向直流电压约 3 V。

③仪表显示正向压降，当二极管反接时，仪表显示"1"。

(6) 晶体三极管 h_{FE} 测试。

①设置功能量程选择开关到所需要的"h_{FE}"位置。

②确认晶体管是"NPN"还是"PNP"型三极管。

③将三极管的发射极、基极、集电极分别对应仪表 h_{FE} 插座相应的 E、B、C 插座。

④显示的读数就是晶体管 h_{FE} 的参考值。

注意：

测试条件：基极电流大约为 10 μA，U_{CE} 大约为 3 V。

4）数据保持功能

按下仪表上的数据保持开关（HOLD），显示的数据就会保持在显示器上，即使输入信号变化或消除，数值也不会改变。

5）电池及熔断丝的更换

(1) 当液晶显示器显示"▭"符号时，请尽快更换电池。

(2) 在测试工作完成，并且所有的测试表笔离开被测物体，电源已关闭后，才能更换电池及熔断丝。用合适的螺丝刀拧松后盖电池仓的螺丝，并移去电池仓。

(3) 该仪表是由一节 9 V 叠层电池（IEC6F22，NEDA1604，JIS006P）供电。更换电池时，请用相同型号的更换，接好电池扣，并妥当地将电池安装好。

(4) 本系列万用表的电流挡用一个 0.5 A/250 V（01 A 型的为 2 A/250 V）的熔断丝保护，尺寸为 φ5×20 mm。10 A 挡无保护，请谨慎使用。

(5) 重新放置好后盖并锁上螺丝，当仪表的后盖没有完全合上时，请不要操作该仪表。

2. MF47 型磁电式万用电表

1）概述

MF47 型磁电式万用电表是设计新颖的磁电式整流式便携式多量程万用电表。可供测量直流电流、交直流电压、直流电阻等，具有 26 个基本量程和电平、电容、电感、晶体管直流参数等 7 个附加参考量程，是量程多、分挡细、灵敏度高、体积轻巧、性能稳定、过载保护可靠、读数清晰、使用方便，适合于电子仪器、电工、工厂、实验室等广泛使用的万能电表。仪表各部分描述如图 1-57 和图 1-58 所示。

2）使用方法

在使用前应检查指针是否指在机械零位置上，如不指在零位时，可旋转表盖上的调零器使指针指示在零位上。

将测试棒红黑插头分别插入"+""-"插座中，如测量交、直流 2 500 V 或直流 5 A 时，红插头则应分别插到标有"2 500 V"或"5 A"的插座中。

(1) 直流电流的测量。

测量 0.05~500 mA 时，转动开关至所需电流挡，测量 5 A 时转动开关可放在 500 mA 直流电流量程上而后将测试棒串接于被测电路中。

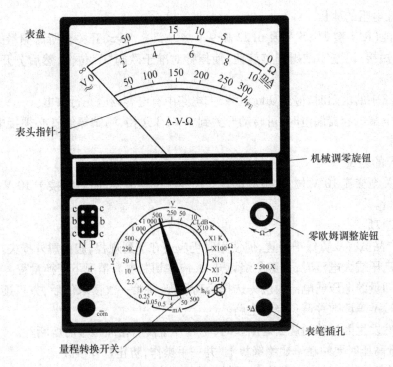

图1-57 MF47型万用表板结构

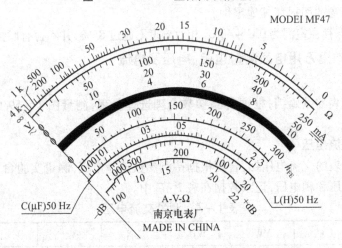

图1-58 MF47型万用表的表盘示意图

(2)交直流电压的测量。

测量交流10~1 000 V或直流0.25~1 000 V时转动开关至所需电压挡。测量交直流2 500 V时开关应分别旋至交流1 000 V或直流1 000 V位置上,而后将测试棒跨接于被测电路两端。

若配以本厂高压探头则可测量电视机≤25 kV的高压,量程开关应放在50 μA的位置上,高压探头的红黑插头分别插入"+""-"插座中,将接地夹与电视机金属底板连接,而后握住探头进行测量。

(3)线性电阻的测量。

装上电池(R14型2″1.5 V及6F22型9 V各一只)。转动开关至所需测量的电阻挡,将测试棒两端短接,调整零欧姆调整旋钮,使指针对准于欧姆"0"位上,然后分开测试棒进行测量。

测量电路中的电阻时,应先切断电源,如电路中有电容则应先行放电。

当检查电解电容器漏电时,可转动开关到 $R\times 1\ k\Omega$ 档,测试棒红杆必须接电容负极,黑杆接电容正极。

(4)电容的测量。

转动开关至交流10 V位置,被测电容与任一测试棒串接,而后跨接于10 V交流电压电路中进行测量。

3)注意事项

(1)本产品虽有双重保护装置,但使用时仍应遵守下列规程,避免意外损失。

①测量高压或大电流时,为避免烧坏开关,应在切断电源情况下变换量程。

②测未知量的电压或电流时应先选择最高量程,待第一次读取值后,方可逐渐转至适当位置以取得较准确读数并避免烧坏电路。

③如偶然发生因过载而烧断熔断丝时,可打开盒换上相同型号的熔断丝。

(2)测量高压时要站在干燥绝缘板上,并一手操作,防止意外事故。

(3)电阻各挡用电池应定期检查、更换,以保证测量精度。如长期不用,应取出电池,以防止电池液溢出腐蚀而损坏其他零件。

(4)仪表应保存在室温为0℃~40℃、相对湿度不超过85%,并不含有腐蚀性气体的场所。

(二)使用常用万用电表测量电阻、电压及电流

1. 测量电阻

选用万用电表的欧姆挡,根据待测参数合理选择量程,测量图1-59中给定电阻的阻值,记录数据。

2. 测量交直流电压

选用万用电表的交流电压挡,合理根据待测参数选择量程,测量实验台上三相交流电源输出端的各线电压和相电压,记录数据在表1-7中。

表1-7 测量交流电压

项目	UV	VW	WU	UN	VN	WN
电压/V						

选用万用电表的直流电压挡,根据待测参数合理选择量程,测量实验台上可调直流电压源的输出电压,记录数据在表1-8中。

表1-8 测量直流电压

项目(给定电压)					
测量电压/V					

3. 测量直流电流

选用万用电表的直流电流挡,根据待测参数合理选择量程,测量图1-59电路中的电

流,记录数据在表1-9中。

表1-9 测量直流电流

给定电压/V					
测量电流/mA					

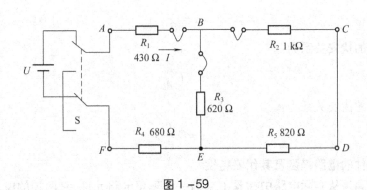

图1-59

四、思考题

(1)使用万用电表时应注意哪些问题?

(2)使用指针式万用电表测量时指针反偏怎么办?

(3)测电阻时手能否同时碰及黑红表笔?为什么?如何读取电阻数值?

五、实验要求及注意事项

(1)注意安全用电,必须经教师检查确认无误后方可通电。

(2)注意接线工艺,认真记录,并能处理电路故障。

(3)正确使用仪器仪表。

(4)完成实验报告及实验结果分析。

【本项目小结】

本项目是电路分析所必须具备的基础知识,主要介绍了以下内容。

1.电路的组成及电路的作用

电流所经过的路径叫作电路,电路通常由电源、负载和中间环节三部分组成。

电路的主要功能:实现电能的传送、分配与转换,实现信号的传递和处理。

2.电路元件及电路模型

理想电路元件简称电路元件,无源二端元件分为电阻元件、电感元件和电容元件,电源元件分为电压源和电流源。

用理想电路元件及其组合来模拟实际电路中的各个元器件,再用理想导线将各个理想电路元件进行连接所组成的电路称为实际电路的电路模型。

电路模型的构建过程就是电路元件及其组合来表示实体电路的过程。

3.电压、电流的参考方向

为了分析计算电路方便,预先假定的电流(或电压)方向称为电流(或电压)的参考方向。当参考方向与实际方向一致时,其值为正值;当参考方向与实际方向相反时,其值为负值。

当一段电路或一个元件的电流、电压参考方向关联时，$p=ui$，直流时，$P=UI$。

当一段电路或一个元件的电流、电压参考方向非关联时，$p=-ui$，直流时，$P=-UI$。

4. 线性电阻元件、电感元件、电容元件的电路模型及其伏安关系

电阻元件的伏安关系为：

$$i=\frac{u}{R}$$

电感元件的伏安关系为：

$$u=L\frac{di}{dt}$$

电容元件的伏安关系为：

$$i=C\frac{du}{dt}$$

5. 电源元件的电路模型及其伏安特性

理想电压源是从实际电路中抽象出来的一种理想电路元件，它两端的电压是一定时间的函数或是一个定值。实际电压源的伏安关系为：

$$U=E-IR_0$$

理想电流源是从实际电路中抽象出来的一种理想电路元件，其输出电流是一定时间的函数或是一个定值。实际电流源的伏安关系为：

$$I=I_S-\frac{U}{R_S}$$

6. 电路的工作状态及电气设备的额定值

电路的3种状态为：开路状态、短路状态、通路状态。

电气设备在给定的工作条件下正常运行而规定的容许值称为额定值。电气设备的额定值一般包括额定电压 U_N、额定电流 I_N 和额定功率 P_N（对电源而言称为额定容量 S_N）。

7. 基尔霍夫定律

基尔霍夫电流定律反映了节点上各电流之间的约束关系，其表达式为：

$$\sum I_入 = \sum I_出$$

基尔霍夫电压定律反映了回路中各元件电压之间的约束关系，其表达式为：

$$\sum U = 0$$

【知识拓展】

<h2 style="text-align:center">电工仪表的基本知识</h2>

一、电工仪表的分类

电工仪表的种类繁多，根据其在进行测量时得到被测量数值的方式不同可分为指示仪表、比较仪表和数字仪表3类。

1. 指示仪表

指示仪表是先将被测量数值转换为可动部分的角位移，从而使指针发生偏转，通过指针偏转角度大小来确定待测量数值的大小,如各种指针式电流表、电压表等。指示仪表目前应用仍然十分广泛。

(1)指示仪表按测量对象可分为电流表(包括微安表、毫安表、安培表等)、电压表(包括伏特表和毫伏表等)、功率表、电能表、功率因数表、频率表、相位表、欧姆表、绝缘电阻表(兆欧表或摇表)及万用表等。

(2)指示仪表按工作电流性质可分为直流表、交流表及交、直流两用表。

(3)指示仪表按使用方式可分为安装式(配电盘式)和便携式等。

(4)指示仪表按工作原理可分为磁电系、电磁系、电动系、感应系、静电系、整流系等。

(5)指示仪表按使用环境条件可分为 A、A1、B、B1、C 五个组。其中 C 组环境条件最差,各组的具体使用条件在国际 GB 776—1976 中都有详细的说明。例如,A 组的使用条件是环境温度应为 0 ℃ ~40 ℃,在 25 ℃时的相对湿度为 95%。

(6)指示仪表按防御外界电磁场的能力可分为 Ⅰ、Ⅱ、Ⅲ、Ⅳ 四个等级。Ⅰ级仪表在外磁场或外电场的影响下,允许其指示值改变 ±0.5%,Ⅱ级仪表允许改变 ±1.0%,Ⅲ级仪表允许改变 ±2.5%,Ⅳ级仪表允许改变 ±5.0%。

(7)指示仪表按准确度等级可分为 0.1、0.2、0.5、1.0、1.5、2.5、5.0 共七级。数字越小,仪表的准确度等级越高。

2. 比较仪表

比较仪表是指在进行测量时,通过被测量与同类标准量进行比较,然后根据比较结果确定被测量的大小。它包括直流比较仪表和交流比较仪表两类。例如,直流电桥、电位差计都是直流比较仪表,而交流电桥属于交流比较仪表。比较仪表的测量准确度比较高,但操作过程复杂,测量速度较慢。

3. 数字仪表

数字式仪表是指在显示器上能用数字直接显示被测量值的仪表。它采用大规模集成电路,把模拟信号转换为数字信号,并通过液晶屏显示测量结果。它有速度快、准确度高、读表方便、容易实现自动测量等优点,是未来测量仪表的主要发展方向。

二、电工仪表常用面板符号

为了便于正确选择和使用电工仪表,通常将仪表的类型、测量对象的种类及单位、准确度等级等以文字或图形符号的形式标注在仪表的面板上,作为仪表的表面标志。根据国家标准规定,每个仪表都必须有表示该仪表的型号、被测量的单位、准确度等级、正常工作位置、防御外磁场的等级、绝缘强度等标记。常用的仪表表面标志和电工测量符号见表 1-10 和表 1-11。

表 1-10 常用的电工仪表表面标志

分类	符号	名称	被测量的种类
电量种类	−	直流电表	直流电流、电压
	~	交流电表	交流电流、电压、功率
	≈	交直流两用表	直流电量或交流电量
	≋ 或3~	三相交流电表	三相交流电流、电压、功率

续表

分类	符号	名称	被测量的种类
测量对象	Ⓐ mA μA	安培表、毫安表、微安表	电流
	Ⓥ kV	伏特表、千伏表	电压
	Ⓦ kW	瓦特表、千瓦表	功率
	kW·h	千瓦时表	电能量
	φ	相位表	相位差
	f	频率表	频率
	Ω MΩ	欧姆表、兆欧表	电阻、绝缘电阻

表 1-11 常用的电工测量符号

分类	符号	名称	被测量的种类
工作原理	 (磁电式符号)	磁电式仪表	电流、电压、电阻
	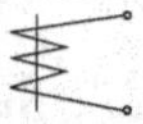 (电磁式符号)	电磁式仪表	电流、电压
	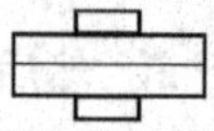 (电动式符号)	电动式仪表	电流、电压、电功率、功率因数、电能量
	 (整流式符号)	整流式仪表	电流、电压
	 (感应式符号)	感应式仪表	电功率、电能量
准确度等级	1.0	1.0 级电表	以标尺量限的百分数表示
	1.5	1.5 级电表	以指示值的百分数表示
绝缘等级	 ⚡2 kV	绝缘强度试验电压	表示仪表绝缘经过 2 kV 的耐压试验
工作位置	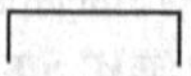 ⊓	仪表水平放置	
	⊥	仪表垂直放置	
	∠60°	仪表倾斜 60 ℃放置	
端钮	+	正端钮	
	-	负端钮	
	± 或 ✳	公共端钮	
	⊥ 或 ⏚	接地端钮	

三、电工仪表的误差及准确度

1. 仪表误差的分类

在任何测量中,由于各种原因,仪表的读数和真值之间总是存在着一定的差值,这个差值就称为误差。根据引起误差的原因,可将误差分为基本误差和附加误差两种。仪表在正常工作条件下进行测量时,由于内部结构和制作不完善所引起的误差称为基本误差。仪表偏离正常工作条件而产生的除上述基本误差外的误差称为附加误差。

仪表的正常工作条件是指指针调零、位置正确、无外来电磁场、环境温度适合,以及频率、波形满足要求等。

2. 误差的几种表示方法

1)绝对误差

测量值 A 与被测量的真值 A_0 之间的差值称为测量的绝对误差,用 ΔA 表示,即:

$$\Delta A = A - A_0$$

2)相对误差

绝对误差 ΔA 与被测量的真值 A_0 之比称为相对误差,通常以百分数 γ 表示,即:

$$\gamma = \frac{\Delta A}{A_0} \times 100\%$$

因为 A_0 难以测得,事先又不知道,就用 A 代替 A_0,则:

$$\gamma = \frac{\Delta A}{A} \times 100\%$$

3)引用误差

引用误差用仪表的绝对误差 ΔA 与测量仪表量程 A_m 之比的百分数表示,即:

$$\gamma_m = \frac{\Delta A}{A_m} \times 100\%$$

3. 仪表的准确度

仪表的准确度说明仪表的读数与被测量的真值相符合的程度,误差越小,准确度越高。一般按最大引用误差来表示仪表的准确度等级,其定义是:

仪表的最大绝对误差 ΔA_m 与仪表最大读数 A_m 比值的百分数,叫作仪表的准确度($\pm K\%$),准确度用百分数表示,即:

$$\pm K\% = \frac{\Delta A_m}{A_m} \times 100\%$$

最大引用误差愈小,仪表的基本误差也愈小,准确度就愈高。计算仪表误差便于在众多仪表中选择误差最小的仪表进行测量。

根据国家标准规定,我国生产的电工仪表的准确度共分为7级,各等级的仪表在正常工作条件下使用时,其基本误差不得超过表1-12和表1-13中的规定。

表1-12 仪表的准确度等级及基本误差

准确度等级	0.1	0.2	0.5	1.0	1.5	2.5	5.0
基本误差/%	±0.1	±0.2	±0.5	±1.0	±1.5	±2.5	±5.0

表 1-13　电磁式电压表量程及准确度等级

电压表	量程/V	准确度等级
1	250	1.0
2	150	2.5
3	300	1.5
4	600	0.5

四、常用电工仪表的选择

电工测量中要提高测量精度，就必须明确测量的具体要求，并且根据这些要求合理选择测量方法、测量线路及测量仪表。

1. 仪表类型的选择

根据被测量是直流或交流，可分别选用直流或交流类型的仪表。测量直流电量采用磁电式仪表；测量交流电量一般采用磁电式或电动式仪表，以便测量正弦交流电量的有效值。此外，电磁式和电动式电流、电压表还可做到测交流、直流电量两用。

2. 仪表准确度的选择

从提高测量精度的观点出发，测量仪表的准确度越高越好，但高准确度仪表的造价高，并且对外界使用条件要求高，所以仪表准确度的选择还是要从测量的实际出发，既要满足测量的要求，又要本着合理的原则。

通常将 0.1 级、0.2 级及以上仪表作为标准仪表进行精密测量，0.5 级和 1.0 级作为实验室进行检修与试验用的测量仪表，1.5 级及以下仪表作为一般工程的测量及安装式仪表使用。另外，与仪表配合试验的附加装置，如分流器、附加电阻器、电流互感器、电压互感器等，其准确度等级应比仪表本身的准确度等级高 2~3 挡，才能保证测量结果的准确度。

3. 仪表量程的选择

选择仪表量程时，首先应根据被测量的值的大小，使所选量程大于被测量的值。在不能确定被测量的值的大小时，应先选用较大的量程测试，再换成适当的量程。其次，为了提高测量精度，应力求避免使用标尺的前 1/4 段量程，尽量使被测量范围在标尺全长的 2/3 以上。

在选择电工仪表时，为了提高读数的准确性，还应选择有良好的读数装置和阻尼程度的仪表。为了保证测量时的安全，还必须选择有足够绝缘强度及过载能力的仪表。

电工测量的基本知识

一、电工测量的主要对象

电工测量就是借助于测量设备，把未知的电量或磁量与作为测量单位的同类标准电量或标准磁量进行比较，从而确定这个未知电量或磁量（包括数值和单位）的过程。

电工测量的主要对象是反映电和磁特征的物理量，如电流 I、电压 V、电功率 P、电能 W 以及磁感应强度 B 等；反映电路特征的物理量，如电阻 R、电容 C、电感 L 等；反映电和磁变化规律的非电量，如频率 f、相位 φ、功率因数 $\cos\varphi$ 等。

二、电工测量的特点

电工测量是以电工测量仪器和设备为手段,以电量或非电量(可转化为电量)为对象的一种测量技术。电工测量的特点如下。

(1)测量仪器的准确度、灵敏度更高,测量范围更宽。

电工测量的量值范围很宽。例如,一只普通万用表的测量范围为几伏至几百伏,约2个数量级,而毫伏表的测量范围可从毫伏至几百伏,达5个数量级,数字电压表可达7个数量级。

(2)电工测量技术向着快速测量、小型化、数字化、多功能、高准确度、高灵敏度、高可靠性等方面发展。

电工测量的精度与测量方法、测试技术及所选用的仪器等因素有关。单就电工仪器的精度而言,目前已经可达到相当高的水平,测量精度有了飞跃的提高。

(3)实现了遥测遥控、连续测量、自动检测及非电量的电测等。

三、电工测量方法

在电工测量中,由于不同的场合、不同的仪器仪表、不同的测量精度要求等因素的影响,因而出现了多种测量方法。测量方法是获得测量结果的手段或途径,测量方法可分为以下3类。

1. 直接测量法

从测量仪器上直接得到被测量值的测量方法叫作直接测量法。此法简单方便,测量目的与测量对象一致。例如,用欧姆表测量电阻、电压表测量电压和用电流表测量电流等都属于直接测量。

由于仪表接入电路后,会使电路工作状态发生变化,所以测量的精度受到一定影响。

2. 间接测量法

间接测量时,根据被测量和其他量的函数关系,先测得其他量的值,然后按函数式把被测量计算出来的方法叫作间接测量法。例如,测量导体的电阻系数时,可以通过直接测出该导体的电阻 R、长度 L 和截面 S 之值,然后按电阻与长度、截面的关系式 $R=\rho\dfrac{L}{S}$,求出电阻率 ρ。

3. 比较测量法

将被测量与同种类标准量进行比较后才能得出被测量的数值,这样的测量方法称为比较测量法。常用的比较测量法分为以下3种。

1)零值法

在测量过程中,通过改变标准量使它和被测量相等,当两者差值为零时,确定出被测量数值的测量方法叫作零值法。例如,电桥测量电阻采用的就是零值法。用电桥测量电阻时,调节已知电阻值使电桥平衡,得到被测电阻值。

2)差值法

在测量过程中,通过测出被测量与已知量的差值,从而确定被测量数值的测量方法叫作差值法,例如用不平衡电桥测量电阻。

3)替代法

在测量过程中,将测出被测量与已知的标准量分别接入同一测量装置,若维持仪表读数不变,这时被测量即等于已知标准量。这种测量方法叫作替代法。

比较测量法的测量准确度高,但也存在测量设备复杂、操作麻烦的特点,一般只用于对精度要求较高的测量。

采用什么样的测量方法,要根据测量条件、被测量的特性及对准确度的要求等进行选择,目的是得到合乎要求的科学、可靠的实验结果。

四、测量误差及消除

在实际测量中,总会受到各种因素的影响,使得测量结果不可能是被测量的真值,只能是其近似值。由于被测量的真值通常是难以获得的,所以在测量技术中常常把标准仪表的读数当作真值,而把测得的实际值称为测量结果,被测量的测量结果与真值之间的差值叫作测量误差。

1. 测量误差的分类

不论用什么测量方法,也不论怎样进行测量,测量的结果与被测量的实际数值总存在差别,测量结果与被测量真值之差称为测量误差。

根据误差的性质,测量误差分为3类:系统误差、偶然误差和疏失误差。

1)系统误差

在相同的测量条件下,多次测量同一个量时,测量结果向一个方向偏离,其数值恒定或按一定规律变化,这种误差称为系统误差。它的来源有以下4种:

①仪器误差:这是由于仪器本身的缺陷而造成的误差。

②附加误差:没有按规定条件使用仪器而造成的误差。

③理论(方法)误差:由于测量方法、测量所依据的理论公式的近似,或实验条件不能达到理论公式所规定的要求等而引起的误差。

④个人误差:由于测试人员的自身生理或心理特点造成的误差。

2)偶然误差

由于人的感官灵敏度和仪器精密度有限,周围环境的干扰以及随测量而来的其他不可预测的偶然因素造成的误差。

3)疏失误差

疏失误差由测量中的疏失所引起,是一种明显地歪曲测量结果的误差。

2. 测量误差的消除方法

1)系统误差的消除

对测量仪器仪表进行修正。

采用合理的测量方法和配置适当的测量仪表,改善仪表安装质量和配线方式。

其采用以下特殊的测量方法:

①正负消去法。正负消去法就是对同一量反复测量两次,如果其中一次误差为正,另一次误差为负,求取它们的平均值,就可以消除这种系统误差。

②替代法。将被测量用已知量代替,替代时使用仪表的工作状态不变。这样,仪表本身的不完善和外界因素的影响对测量结果不发生作用,从而消除了系统误差。

2)偶然误差的消除

通常采用增加重复测量次数的方法来消除偶然误差对测量结果的影响。测量次数越多,其算术平均值就越接近于实际值。

3)疏失误差的消除

疏失误差严重歪曲了测量结果,因此包含有疏失误差的测量结果应该抛弃。

项目二

直流电路的分析及测量

【知识目标】

1. 掌握支路电流法分析复杂电路的分析方法;
2. 掌握网孔电流法分析复杂电路的分析方法;
3. 掌握节点电压法分析复杂电路的分析方法;
4. 掌握将多电源作用电路,转化成多个单电源作用的方法,理解叠加定理的重要性;
5. 掌握线性含源二端网络等效电路,加深理解戴维南定理的重要性。

【技能目标】

1. 能够按要求正确连接电路;
2. 能够熟练使用示波器、万用表、各种电压和电流的测量仪表;
3. 能够熟练分析计算电路中各点的电位、电位差和各支路电流并能测量;
4. 能够熟练地对测量数据做出分析并能判断、排除电路故障。

【相关知识】

由线性电阻和直流电源组成的直流线性电阻电路,其基本分析方法有两类:一类是等效法;另一类是方程求解法,通过求解电路方程来获取电压、电流和功率值。本项目所研究的一些电路的基本概念和定理不但适用于直流线性电阻电路,以后还可以推广到交流线性电路的分析中去,因此本项目是电路分析的基础。

2.1 电阻的连接

2.1.1 电阻的串联

凡是流过同一个电流的多个电阻,它们的连接方式为电阻的串联。

图 2-1 所示为电阻串联电路。

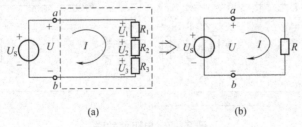

图 2-1 电阻的串联

其特点为:
(1)根据基尔霍夫电流定律(KCL),通过各电阻的电流为同一电流。
$$I = I_1 = I_2 = I_3 \cdots = I_n \tag{2-1}$$
(2)根据基尔霍夫电压定律(KVL),外加电压等于各个电阻上电压降之和,因此电阻串联具有分压作用。
$$U = U_1 + U_2 + U_3 + \cdots + U_n = R_1I_1 + R_2I_2 + R_3I_3 + \cdots + R_nI_n$$
$$= (R_1 + R_2 + R_3 + \cdots + R_n)I = RI \tag{2-2}$$
其中:
$$R = R_1 + R_2 + R_3 + \cdots + R_n \tag{2-3}$$

式(2-3)说明几个电阻串联的电路,可以用一个等效电阻 R 替代,等效电阻之值等于各个串联电阻值之和。

在电路分析中,"等效"是一个很重要的概念。它要求替代前后端口上的伏安特性完全一致。图2-1(a)所示的电路中,虚线方框内的这部分电路可用一个等效电阻替代。这样,原电路就可以化简为图2-1(b)所示的电路。替代之后,虚线方框外部的工作状态(即电压、电流、功率)和替代之前完全相同。

图2-1所示虚线方框部分是整个电路的一部分,有两个端钮与其余部分连接,这一部分电路称为二端网络。如果二端网络只由电阻组成,不含电源,称为无源二端网络。各电阻上的电压为:
$$U_1 = R_1 I = \frac{R_1}{R}U$$
$$U_2 = R_2 I = \frac{R_2}{R}U$$
$$U_3 = \frac{R_3}{R}U \tag{2-4}$$

式(2-4)被称为分压公式。
(3)各个电阻上消耗的功率之和等于等效电阻吸收的功率,即:
$$P = UI = U_1I + U_2I + U_3I = R_1I^2 + R_2I^2 + R_3I^2 = RI^2 \tag{2-5}$$

2.1.2 电阻的并联

凡是电阻两端是同一个电压的多个电阻,它们的连接方式为电阻的并联。
图2-2所示的电阻并联电路有以下特点。

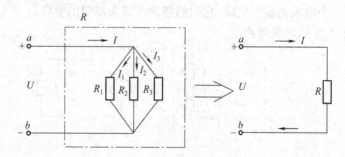

图2-2 电阻的并联

(1)各电阻上的电压是相同的。
(2)根据 KCL,干路电流等于各支路电流之和。电阻并联具有分流作用:

$$I = I_1 + I_2 + I_3 = \frac{U}{R_1} + \frac{U}{R_2} + \frac{U}{R_3}$$

$$= U\left(\frac{1}{R_1} + \frac{1}{R_2} + \frac{1}{R_3}\right) = U\frac{1}{R} \qquad (2-6)$$

(3)电源供给的功率等于各电阻上消耗的功率之和。

$$P = UI = UI_1 + UI_2 + UI_3 = \frac{U^2}{R_1} + \frac{U^2}{R_2} + \frac{U^2}{R_3} = \frac{U^2}{R} \qquad (2-7)$$

几个电阻的并联也是一个无源二端网络,可用一个等效电阻 R 来代替,根据式(2-6)可得:

$$\frac{1}{R} = \frac{1}{R_1} + \frac{1}{R_2} + \frac{1}{R_3} \qquad (2-8)$$

或等效电导:

$$G = G_1 + G_2 + G_3 \qquad (2-9)$$

即几个电阻并联时,其等效电导等于各个电导之和。

通过各个电阻的电流为:

$$\begin{cases} I_1 = \frac{G_1}{G}I = \frac{R}{R_1}I \\ I_2 = \frac{G_1}{G}I = \frac{R}{R_2}I \\ I_3 = \frac{G_1}{G}I = \frac{R}{R_3}I \end{cases} \qquad (2-10)$$

式(2-10)说明并联电阻电路各支路电流正比于该支路的电导或反比于该支路的电阻,这称为并联电阻电路的分流公式。

在电工技术中,电阻并联是经常用到的,例如各种负载(电炉、电灯、电烙铁等)都是并联在电网上的。因为电导是电阻的倒数,所以等效电阻比并联的各个电阻中任何一个电阻都小,并联电阻数目越多,其等效电阻越小。所谓负载增加,意思是并联电阻数目多了(例如多并联了几盏灯),等效负载电阻减小,电源供给的电流和功率增加了。

例 2-1 有三盏电灯并联接在 110 V 电源上,其额定值分别为 110 V、100 W,110 V、60 W,110 V、40 W,试求总功率 P、总电流 I、通过各灯泡的电流、等效电阻、各灯泡电阻。

解:(1)因外接电源电压符合各灯泡额定值,各灯泡正常发光,故总功率为:

$$P = P_1 + P_2 + P_3 = 100 + 60 + 40 = 200 \ (W)$$

(2)总电流与各灯泡电流为:

$$I = \frac{P}{U} = \frac{200}{110} = 1.82 \ (A)$$

$$I_1 = \frac{P_1}{U} = \frac{100}{110} = 0.909 \ (A)$$

$$I_2 = \frac{P_2}{U} = \frac{60}{110} = 0.545 \ (A)$$

$$I_3 = \frac{P_3}{U} = \frac{40}{110} = 0.364 \ (A)$$

验证 $I_1 + I_2 + I_3 = 0.909 + 0.545 + 0.364 = 1.82$（A）

（3）等效电阻与各灯泡电阻为：

$$R = \frac{U}{I} = \frac{110}{1.82} = 60.4 \; (\Omega)$$

$$R_1 = \frac{U}{I_1} = \frac{110}{0.909} = 121 \; (\Omega)$$

$$R_2 = \frac{U}{I_2} = \frac{110}{0.545} = 201 \; (\Omega)$$

$$R_3 = \frac{U}{I_3} = \frac{110}{0.364} = 302 \; (\Omega)$$

此题可以按照题目要求的顺序解，也可以先求各电阻值，再求各灯泡电流等，读者可自行分析，以求对基本概念熟练掌握。

2.1.3 电阻的混联

在实际电路中会遇到许多电阻组合在一起，既有串联又有并联，这种电路称为混联电路。

一般情况下，电阻混联电路组成的无源二端网络，总可分别将串联、并联部分用上述等效概念逐步化简，最后简化为一个等效电阻。

凡是能用串、并联办法逐步化简的电路，无论有多少电阻，结构有多么复杂，一般仍称为简单电路。

对混联电路的化简，有时可将电路图适当改画，便能容易地确定其串、并联关系。

例如，图2-3所示无源二端（a、b两端钮）网络，先把（a）图改成（b）、（c）图，则各电阻的串并联的关系便非常明显了。改画原则为：

（1）a、b两点为引入端钮，应先画出。

（2）在适当位置画出另外几个节点，此题c、d两节点被一根导线连接，是一个节点，故ab端钮间只有$c(d)$、e两个节点。

（3）将所有节点间的电阻画出，即ac间有电阻R_1和R_2，ce间有电阻R_3和R_4，cb间有电阻R_6，eb间有电阻R_5。再进一步化简为（c）图。

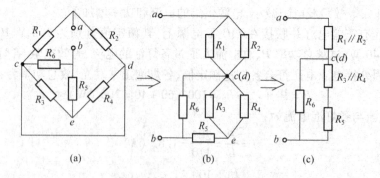

图2-3 电阻的混联

如果所求的是ae两点间的等效电阻，则引出ae两点，再标出c和b两个点，将R_1、R_2并联接在ac之间，R_3、R_4并联接在ce之间，R_6接在cb之间，R_5接在be之间，如图2-4所示。

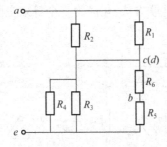

图 2-4 ae 两点间的等效电阻

例 2-2 实验室的电源为 110 V,需要对某一负载 $R_3 = 100\ \Omega$ 进行测试,测试电压分别为 50 V 与 70 V,现选用 120 Ω、1.5 A 的滑线变阻器作为分压器,问每次滑动触点应在什么位置? 变阻器是否适用?

解:已知 $U = 110$ V,设滑动触点的位置使滑线电阻分成两部分,电阻分别为 R_1、R_2,则:

$$R_1 + R_2 = 120\ \Omega \qquad R_3 = 100\ \Omega$$

(1) 当 $U_2 = 50$ V 时:

$$I_3 = \frac{U_2}{R_3} = \frac{50}{100} = 0.5(\text{A})$$

$$I_2 = \frac{U_2}{R_2} = \frac{50}{R_2}$$

$$I = I_1 = I_2 + I_3 = (50/R_2) + 0.5$$

$$U_1 = U - U_2 = R_1 I_1 (120 - R_2) I_1$$

故:

$$(120 - R_2)(50/R_2 + 0.5) = 110 - 50$$

解得:

$$R_2 = 70.4(\Omega) \qquad R_1 = 49.6(\Omega)$$

$$I_2 = 0.71(\text{A}) \qquad I_1 = I_2 + I_3 = 1.21(\text{A})$$

此变阻器上下两部分电流均小于额定电流 1.5 A,故可以使用。

(2) 当 $U_2 = 70$ V 时:

$$I_3 = 70/100 = 0.7(\text{A})$$

$$I_2 = 70/R_2$$

$$I = I_1 = (70/R_2) + 0.7$$

$$(70/R_2 + 0.7)(120 - R_2) = 110 - 70 = 40$$

解得:

$$R_2 = 92.5(\Omega) \qquad R_1 = 27.5(\Omega)$$

$$I_2 = 0.757(\text{A}) \qquad I_1 = 1.46(\text{A})$$

两部分的电流均小于额定值 1.5 A,故可以使用。

2.1.4 电阻三角形与星形连接的等效变换

在电路中,有些电阻的连接既非串联又非并联,如图 2-5(a)所示 5 个电阻组成的无源二端网络,不能用串、并联的方法简化为一个等效电阻,但观察一下,图中 R_A、R_B、R_C 这 3 个电阻的星形(Y形),如能用图 2-5(a)虚线所示三角形(△形)连接的 R_{AB}、R_{BC}、R_{CA} 代替,变为图2-5(b)后,便可以用串、并联方法,化简为一个等效电阻R。

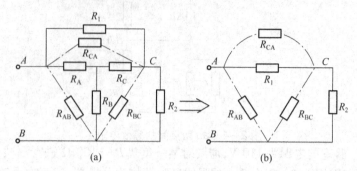

图2-5 Y与△

在图2-6(a)、(b)中 R_A、R_B、R_C 连接成星形,电阻 R_{AB}、R_{BC}、R_{CA} 连接成三角形,星形与三角形电阻网络都是通过三个端钮与外部连接。它们之间等效变换时,要求外部电路在变换前后,进入(或流出)A、B、C各点的电流以及各端点之间的电压必须完全相同。

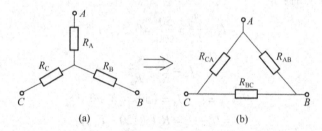

图2-6 Y与△

在上述条件下,图2-6(a)、(b)中AB、BC、CA各端点之间的等效电阻也必须相等,因而可以列出3个联立方程,从而解出变换前后的电阻关系如下(推导从略)。

(1)已知星形连接时的电阻 R_A、R_B、R_C,求等效三角形电阻 R_{AB}、R_{BC}、R_{CA}。

$$R_{AB} = \frac{R_A R_B + R_B R_C + R_C R_A}{R_C}$$

$$R_{BC} = \frac{R_A R_B + R_B R_C + R_C R_A}{R_A} \quad (2-11)$$

$$R_{CA} = \frac{R_A R_B + R_B R_C + R_C R_A}{R_B}$$

(2)已知三角形连接时的电阻,求等效星形电阻。

$$R_A = \frac{R_{AB} R_{CA}}{R_{AB} + R_{BC} + R_{CA}}$$

$$R_B = \frac{R_{AB} R_{BC}}{R_{AB} + R_{BC} + R_{CA}} \quad (2-12)$$

$$R_C = \frac{R_{CA} R_{BC}}{R_{AB} + R_{BC} + R_{CA}}$$

如图2-7所示,为帮助读者加深对公式的理解和记忆,可归纳如下:

△→Y   Y电阻 = $\dfrac{\text{△形相邻两电阻的乘积}}{\text{△形三个电阻之和}}$

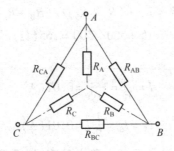

图2-7 △与Y

Y→△　△电阻 = $\dfrac{\text{Y形两电阻两两相乘之和}}{\text{对面的Y形电阻}}$

如果三角形(或星形)的三个电阻值相等,则变换后的星形(或三角形)的各个电阻也相等;而且三角形每一电阻均为星形电阻的3倍。同样星形的每一个电阻均为三角形电阻的 $\dfrac{1}{3}$。

例2-3　如图2-8所示为直流单臂电桥电路,已知 $R_1 = 30\ \Omega$,$R_2 = 50\ \Omega$,$R_3 = 294\ \Omega$,$R_g = 20\ \Omega$,$R_x = 290\ \Omega$,$U_S = 3.3$ V,求通过电桥检流计的电流。

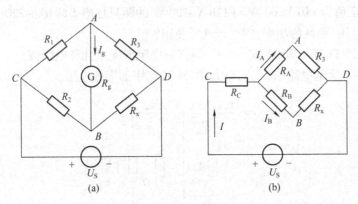

图2-8 直流单臂电桥电路

解:因为电桥不平衡,所以不能用电桥平衡原理来判定 I_g,将图2-8(a)中 R_1、R_2、R_g 组成的三角形网络进行等效替换,得到如图2-8(b)所示电路,则:

$$R_A = \dfrac{R_1 R_g}{R_1 + R_2 + R_g} = \dfrac{30 \times 20}{30 + 50 + 20} = 6(\Omega)$$

$$R_B = \dfrac{R_2 R_g}{R_1 + R_2 + R_g} = \dfrac{50 \times 20}{30 + 50 + 20} = 10(\Omega)$$

$$R_C = \dfrac{R_1 R_2}{R_1 + R_2 + R_g} = \dfrac{30 \times 50}{30 + 50 + 20} = 15(\Omega)$$

R_A 和 R_3 串联,则:

$$R_A + R_3 = 6 + 294 = 300(\Omega)$$

R_B 和 R_x 串联,则:

$$R_B + R_x = 10 + 290 = 300(\Omega)$$

总的等效电阻为:

$$R = R_C + (R_A + R_3)//(R_B + R_x)$$
$$= 15 + 300//300 = 165(\Omega)$$

总电流 I 为：

$$I = \frac{U_S}{R} = \frac{3.3}{165} = 0.02(A)$$

$$I_A = I_B = \frac{1}{2}I = 0.01(A)$$

要求 I_g，必须回到图 2-8(a) 所示的电路来计算，根据等效条件，利用计算电位的概念参考图 2-8(b) 中的电流方向，可求得 U_{AB} 为：

$$U_{AB} = R_A(-I_A) + R_B I_B = 6 \times (-0.01) + 10 \times 0.01$$
$$= 0.04(V)$$

$$I_g = \frac{U_{AB}}{R_g} = 0.04/20 = 0.002(A)$$

【应用测试】

知识训练：

1. 今有额定值为 110 V、60 W 与 110 V、100 W 的两只灯泡串联接在 220 V 电源上，求各自实际承受的电压、消耗的功率，问能否这样使用？

2. 有 $R_1 = 10 \Omega, R_2 = 20 \Omega, R_3 = 5 \Omega$，问三只电阻能配成几种电阻值？

3. 求图 2-9 所示电路中 I_1、I_2、I_3、I_4 和 ab 两端钮的等效电阻。

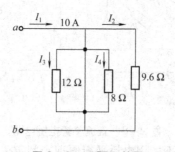

图 2-9 习题 3 的图

2.2 支路电流法

在具有 n 个节点、b 条支路的电路中，将电路中各支路电流设为未知量，通过列写电路的 KCL 和 KVL 方程，求解这些未知量的方法，称为支路电流法。

下面通过求解图 2-10 所示电路，对支路电流法加以说明。此电路有两个节点，三条支路，因此它有三个未知的支路电流，需要建立三个独立方程来求解。

首先，要对支路、节点和各支路上的元件进行编号，编号必须简单、清晰。两个节点 a、b，三条支路①②③，每一支路上的电源电压、电阻均应按编号注明下角标。

其次，每一支路假设一个电流并将参考方向标在图上，需再次强调的是电流的参考方向是任意选择的。

项目二 直流电路的分析及测量

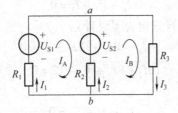

图 2-10 支路电流法

根据 KCL，每一个节点可以列出一个节点电流方程，按流入节点电流为正，流出节点电流为负，根据图 2-10 得：

节点 a：
$$I_1 + I_2 - I_3 = 0 \tag{2-13}$$

节点 b：
$$I_3 - I_1 - I_2 = 0 \tag{2-14}$$

将式(2-13)与式(2-14)相比较，两方程相同，故不是独立方程。事实上，n 个节点的电路，只能列出 $n-1$ 个独立方程。因此，给节点编号时，任意指定一个参考点，对参考点不用列写电流方程。

根据 KVL，沿闭合回路可以列写电压方程。很明显三个未知数可以建立三个独立方程联立求解，现有一个独立的电流方程，还需要两个独立电压方程。

在取闭合回路时，如果有一条为其他已取的回路所没有包含的支路，则这些回路成为独立回路，可以证明列出的 KVL 方程是有效的。

回路 A 的 KVL 方程为：
$$I_1 R_1 - I_2 R_2 + U_{S2} - U_{S1} = 0 \tag{2-15}$$

回路 B 的 KVL 方程为：
$$I_2 R_2 + I_3 R_3 - U_{S2} = 0 \tag{2-16}$$

为了简单起见，支路电流法一般采用网孔作为独立回路，列电压方程。可以证明，有 n 个节点，b 条支路的网孔数为：

$$m = b - (n-1)$$

由此得出支路电流法是：根据 KCL 列出 $n-1$ 个节点电流方程；根据 KVL 列出 m 个网孔电压方程，从而可以求解各支路电流。

例 2-4 电路如图 2-11 所示，求各支路电流及节点电压。

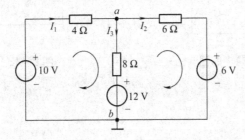

图 2-11 例 2-4 的图

解：设电路中各支路电流如图 2-11 所示，列写 $n-1$ 个 KCL 方程：

$$I_1 - I_2 - I_3 = 0$$

列写 m 个 KVL 方程（设绕行方向为顺时针）：

$$\begin{cases} 4I_1 + 8I_3 + 12 - 10 = 0 \\ 6I_2 - 8I_3 + 6 - 12 = 0 \end{cases}$$

方程整理后得：

$$I_1 - I_2 - I_3 = 0$$
$$2I_1 + 4I_3 = -1$$
$$3I_2 - 4I_3 = 3$$

简单方程可以用代入法或消元法，一般复杂网络常采用行列式法。
解上述方程组得：

$$I_1 = \frac{5}{26}(\text{A}); \quad I_2 = \frac{14}{26}(\text{A}); \quad I_3 = -\frac{9}{26}(\text{A});$$

$$U_{ab} = 8I_3 + 12 = \frac{120}{13}(\text{V})$$

此题解出 I_3 为负值，说明所设的电流方向与实际的电流方向相反。
由上例可归纳出支路电流法分析电路的基本步骤：
(1) 设定各支路电流，标明参考方向和其他待求量的参考方向。
(2) 任取 $n-1$ 个节点，根据 KCL 列写独立节点方程。
(3) 选取独立回路（网孔），并假定绕行方向，根据 KVL 列写独立回路方程。
(4) 求解以上各点所得方程组，得到各支路电流。
(5) 根据题目要求，再计算其余各量。

【应用测试】

知识训练：

1. 在图 2-12 所示电路中用支路电流法求解各支路电流和理想电流源上的端电压。
2. 在图 2-13 所示电路中用支路电流法求解各支路电流。

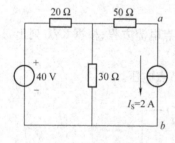

图 2-12 习题 1 的图

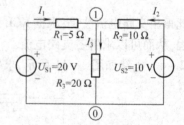

图 2-13 习题 2 的图

2.3 网孔电流法

支路电流法虽然可以用来求解电路，但是由于独立方程数目等于电路的支路数，当电路中支路较多时，利用支路电流法求解比较烦琐。这里介绍一种网孔电流法，应用网孔电流法所列的方程数比支路电流法少,大大减轻了解方程的工作量。

网孔电流法是以假想的网孔电流为未知数,应用 KVL 列出网孔的电压方程,并联立解出网孔电流,再进一步求出各支路电流的方法。网孔电流法所列的方程数等于网孔数。

以图 2-14 为例,分别设支路电流的参考方向,选取网孔电流的方向如图 2-14 所示。

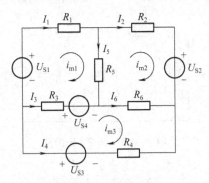

图 2-14 网孔电流法

设网孔电流为 i_{m1}、i_{m2}、i_{m3},各支路电流为 $I_1 \sim I_6$,则:

$$I_1 = i_{m1} \quad I_2 = i_{m2} \quad I_3 = i_{m3} - i_{m1}$$
$$I_4 = -i_{m3} \quad I_5 = i_{m1} - i_{m2} \quad I_6 = i_{m3} - i_{m2}$$

根据 KVL 得到下列网孔的电压方程,即:

网孔 Ⅰ:
$$(R_1 + R_5 + R_3)i_{m1} - R_5 i_{m2} - R_3 i_{m3} = U_{S1} + U_{S4}$$

网孔 Ⅱ:
$$-R_5 i_{m1} + (R_2 + R_6 + R_5)i_{m2} - R_6 i_{m3} = -U_{S2}$$

网孔 Ⅲ:
$$-R_3 i_{m1} - R_6 i_{m2} + (R_3 + R_6 + R_4)i_{m3} = U_{S3} - U_{S4}$$

三网孔标准方程式:

$$R_{11}i_{m1} + R_{12}i_{m2} + R_{13}i_{m3} = U_{S11}$$
$$R_{21}i_{m1} + R_{22}i_{m2} + R_{23}i_{m3} = U_{S22}$$
$$R_{31}i_{m1} + R_{32}i_{m2} + R_{33}i_{m3} = U_{S33}$$

式中 R_{11}、R_{22}、R_{33} 分别代表网孔Ⅰ、Ⅱ、Ⅲ中所有电阻的总和,称为该网孔的自电阻。而 R_{12} 则是网孔Ⅱ和网孔Ⅰ公用支路上的电阻,称为互电阻。同理 $R_{11} = R_1 + R_5 + R_3$,$R_{22} = R_2 + R_6 + R_5$,$R_{33} = R_3 + R_6 + R_4$,$R_{12} = -R_5$,$R_{13} = -R_3$,$R_{21} = -R_5$,$R_{23} = -R_6$,$R_{31} = -R_3$,$R_{32} = -R_6$。

因为选取自电阻的电压与电流为关联参考方向,所以自电阻都为正;互电阻可以是正,也可以是负,相邻网孔电流的参考方向一致时,互电阻取正,反之取负号。U_{S11}、U_{S22}、U_{S33} 分别为网孔Ⅰ、Ⅱ、Ⅲ电源电压的代数和;若网孔电流的绕行方向是从电压源的"-"极指向"+"时这个电压源的电压值取正号,反之取负号。

利用网孔电流法列写方程的一般步骤如下:

(1)选定网孔,并确定其绕行方向。

(2)以网孔电流为未知量,列网孔的 KVL 方程。

(3)求解上述方程,得到网孔电流。

(4)求各支路电流(用网孔电流表示出支路电流)。
(5)再求其余待求量。

例2-5 图2-15所示电路,已知$R_1=3\ \Omega$,$R_2=6\ \Omega$,$R_3=4\ \Omega$,利用网孔电流法求各支路电流。

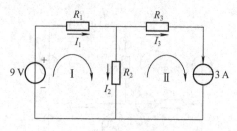

图2-15 例2-5的图

解:网孔Ⅰ:
$$(3+6)i_{\text{Ⅰ}}-6i_{\text{Ⅱ}}=9$$

网孔Ⅱ:
$$i_{\text{Ⅱ}}=3\ \text{A}\quad(网孔Ⅱ的电流作为已知量)$$

解得:
$$i_{\text{Ⅰ}}=3\ (\text{A})$$

各支路电流为:
$$I_1=i_{\text{Ⅰ}}=3\ (\text{A})\quad I_2=i_{\text{Ⅰ}}-i_{\text{Ⅱ}}=0\quad I_3=i_{\text{Ⅱ}}=3(\text{A})$$

从例题可以看出,当网孔中边缘支路含有电流源时,本网孔的网孔电流为已知量,而不需要再列网孔KVL方程,从而简化电路的计算。

【应用测试】

知识训练:

1. 网孔电流是否真实存在?求出网孔电流后如何求得支路电流?
2. 当电流源处于网孔的边界支路时此网孔电流如何?此网孔还需要列写方程吗?
3. 如图2-16所示,利用支路电流法和网孔电流法求I_1、I_2。

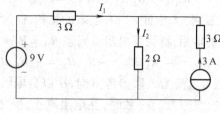

图2-16 习题3的图

2.4 节点电压法

用网孔电流法列方程比支路电流法减少$n-1$个方程,但它只适用于平面电路。而节点电压法,它不仅适用于平面和非平面电路,而且比较适宜对网络的计算机辅助分析,所以得到普遍应用。

节点电压法是以电路中各个节点对参考点电压(即节点电压)为未知量,根据 KCL 对节点列写电流方程。从而解出方程求得各节点对参考点的电压,然后根据节点电压求得各元件上的电压、电流。

图 2-17 所示电路有 3 个节点,则有两个独立的 KCL 方程。

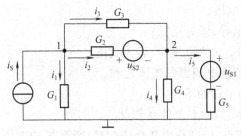

图 2-17 节点电压法

$$i_1 = G_1 u_1$$
$$i_2 = G_2(u_1 - u_2 - u_{S2})$$
$$i_3 = G_3(u_1 - u_2)$$
$$i_4 = G_4 u_2$$
$$i_5 = G_5(u_2 - u_{S1})$$

对节点 1、2 列 KCL 方程如下:

$$i_S = i_1 + i_2 + i_3$$
$$i_2 + i_3 = i_4 + i_5$$

将上面各支路电流代入,整理得:

$$(G_1 + G_2 + G_3)u_1 - (G_2 + G_3)u_2 = i_S + G_2 u_{S2}$$
$$-(G_2 + G_3)u_1 + (G_2 + G_3 + G_4 + G_5)u_2 = -G_2 u_{S2} + G_5 u_{S1}$$

上式可改写成:

$$G_{11} u_1 + G_{12} u_2 = i_{S1}$$
$$G_{21} u_1 + G_{22} u_2 = i_{S2}$$

其中:

$G_{11} = G_1 + G_2 + G_3$ 为节点 1 的自电导,是与节点 1 相连的各支路电导总和;

$G_{22} = G_2 + G_3 + G_4 + G_5$ 为节点 2 的自电导,是与节点 2 相连的各支路电导总和;

$G_{12} = G_{21} = G_2 + G_3$ 称为节点 1 与节点 2 的互电导,等于连接节点 1 和 2 之间的各支路电导之和的负值;

$i_{S1} = i_S + G_2 u_{S2}$,$i_{S2} = -G_2 u_{S2} + G_5 u_{S1}$ 分别表示电流源流入节点 1 和节点 2 的电流的代数和(流入取正,流出取负)。如果某一支路上有几个电阻串联则该支路电导为 $G = 1/(\sum R)$,不可弄错。

自电导都为正值,互电导都为负值。这是因为假定所有节点电位都高于参考节点电位。

这个规律可推广到 n 个节点电路,可列出 $n-1$ 个独立方程:

$$G_{11}u_1 + G_{12}u_2 + \cdots + G_{1n}u_n = i_{S1}$$
$$G_{21}u_1 + G_{22}u_2 + \cdots + G_{2n}u_n = i_{S2}$$
$$\vdots \qquad \vdots \qquad \vdots$$
$$G_{n1}u_1 + G_{n2}u_2 + \cdots + G_{nn}u_n = i_{Sn}$$

其中，

$u_1, u_2, \cdots, u_n$ 为节点电压；

$G_{11}, G_{22}, \cdots, G_{nn}$ 为自电导，皆为正值；

$G_{12}, G_{13}, \cdots, G_{ij}(i \neq j), \cdots$ 为互电导，皆为负值；

$i_{S1}, i_{S2}, \cdots, i_{Sn}$ 为流入节点电流源的电流之和。

用节点电压法解题的步骤如下：

(1) 选定参考节点，标定 $n-1$ 个独立节点。

(2) 对 $n-1$ 个独立节点，以节点电压为未知量，列写其 KCL 方程。

(3) 求解上述方程，得到 $n-1$ 个节点电压。

(4) 求各支路电流（用各节点电压表示）。

由于任意两节点之间的电压等于节点对参考节点电压之差，故节点电压方程是自动满足 KVL 的。

节点电压法和网孔电流法一样，方程数较少，计算方便，而且规律性很强，容易按照一定规则列出 $n-1$ 个方程，在极其复杂的网络中，还便于编制程序，借助计算机辅助计算。

当网络支路很多，但只有两个节点时，用节点电压法，只要列一个节点电压方程求出 U_1，再求各支路电流，非常简便。这一特殊情况下的节点电压法，称为弥尔曼定理，其一般表达式为：

$$U_1 = \frac{I_{S11}}{G_{11}}$$

节点电压法列写方程的法则为：

自电导乘以节点电压，减去互电导乘以相邻节点电压，等于流入该节点的净电流源。

规定：流入节点的净电流源为正，流出节点的净电流源为负。

例 2-6 利用节点电压法求图 2-18 所示各支路电流。

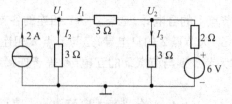

图 2-18 例 2-6 的图

解：设节点电压为 U_1, U_2。

根据节点电压法的规则列写节点电压方程为：

$$\begin{cases} \left(\dfrac{1}{3} + \dfrac{1}{3}\right)U_1 - \dfrac{1}{3}U_2 = 2 \\ -\dfrac{1}{3}U_1 + \left(\dfrac{1}{3} + \dfrac{1}{3} + \dfrac{1}{2}\right)U_2 = \dfrac{1}{2} \times 6 \end{cases}$$

解得：
$$U_1 = 5(V), \quad U_2 = 4(V)$$
$$I_2 = -U_1/3 = 5/3(A), \quad I_1 = (U_1 - U_2)/3 = 1/3(A), \quad I_3 = U_2/3 = 4/3(A)$$

例 2-7 应用弥尔曼定理求图 2-19 所示电路中各支路电流。

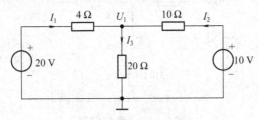

图 2-19 弥尔曼定理

解：由弥尔曼定理可得：

$$U_1 = \frac{20 \times \frac{1}{4} + 10 \times \frac{1}{10}}{\frac{1}{4} + \frac{1}{20} + \frac{1}{10}} = 15(V)$$

所以：

$$I_1 = \frac{20 - 15}{4} = \frac{5}{4}(A), \quad I_2 = \frac{10 - 15}{10} = -\frac{1}{2}(A), \quad I_3 = \frac{15}{20} = \frac{3}{4}(A)$$

【应用测试】

知识训练：

1. 用节点电压法求图 2-20 所示电路中各支路电流。

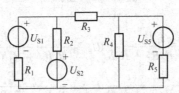

图 2-20 习题 1 的图

2. 用弥尔曼定理求图 2-21 所示电路中各支路电流。

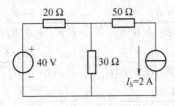

图 2-21 习题 2 的图

2.5 叠加定理及应用

前面介绍了电路的一般分析方法，包括支路电流法、网孔电流法和节点电压法，它们都是通过列写方程求解电路中的电压、电流的。本节介绍叠加定理是通过简化电路来对电路进行分析的。

通过图2-22所示的项目训练,用电压表、电流表测量电压、电流,根据数据的正负,找到电压、电流叠加的关系。

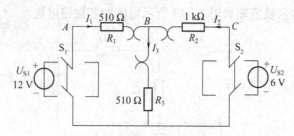

图2-22 叠加定理

叠加定理反映了线性电路的一个重要性质——叠加性。

在任何由线性电阻、线性受控源及独立源组成的电路中,每一元件的电流或电压等于每一个独立源单独作用于电路时,在该元件上所产生的电流或电压的代数和。这就是叠加定理的内容。

如图2-23所示,以两台发电机并联供电的电路为例,应用网孔电流法得:

$$(R_1 + R_2)I_A - R_2 I_B = U_{S1} - U_{S2}$$
$$-R_2 I_A + (R_2 + R_3)I_B = U_{S2}$$

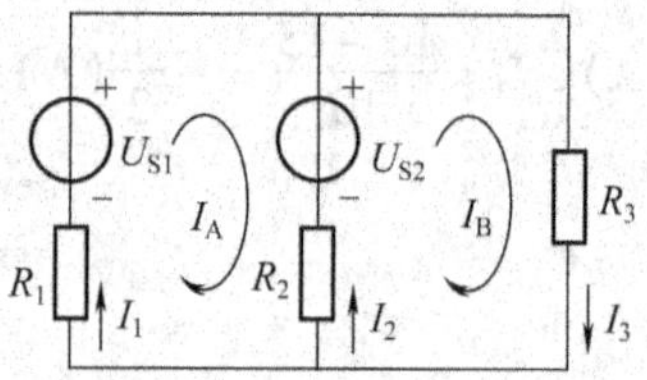

图2-23 叠加性

解联立方程得:

$$I_A = \frac{R_2 + R_3}{R_1 R_2 + R_2 R_3 + R_3 R_1}U_{S1} + \frac{-R_3}{R_1 R_2 + R_2 R_3 + R_3 R_1}U_{S2}$$

$$I_B = \frac{R_2}{R_1 R_2 + R_2 R_3 + R_3 R_1}U_{S1} + \frac{R_1}{R_1 R_2 + R_2 R_3 + R_3 R_1}U_{S2}$$

各支路电流为:

$$I_1 = I_A = \frac{R_2 + R_3}{R_1 R_2 + R_2 R_3 + R_3 R_1}U_{S1} + \frac{-R_3}{R_1 R_2 + R_2 R_3 + R_3 R_1}U_{S2} = I_1' + I_1''$$

$$I_2 = I_B - I_A = \frac{-R_3}{R_1 R_2 + R_2 R_3 + R_3 R_1}U_{S1} + \frac{R_1 + R_3}{R_1 R_2 + R_2 R_3 + R_3 R_1}U_{S2} = I_2' + I_2''$$

$$I_3 = I_B = \frac{R_2}{R_1 R_2 + R_2 R_3 + R_3 R_1}U_{S1} + \frac{R_1}{R_1 R_2 + R_2 R_3 + R_3 R_1}U_{S2} = I_3' + I_3''$$

由此可见,各支路电流都由两部分叠加组成,第一部分是U_{S1}单独作用时所产生的电流I_1'、I_2'与I_3',另一部分是U_{S2}单独作用时所产生的I_1''、I_2''与I_3''。

因此,在具有几个电源的线性电路中,各支路的电流或电压等于各电源单独作用时所产生的电流或电压的代数和。

应该注意,所谓U_{S1}单独作用U_{S2}不起作用,其含义是U_{S2}虽仍接在电路中,但其端电压

$U_{S2}=0$,当然电阻 R_2 仍对电路有影响。在电路模型上可以认为是 U_{S2} 短路、保留电阻 R_2（实际工作中,电源是不能短路的）,如图 2-24 所示。

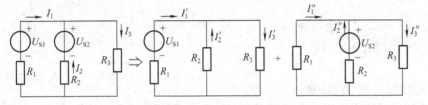

图 2-24 叠加定理的应用

例如,当 U_{S1} 单独作用时：

$$I'_1 = \frac{U_{S1}}{R_1 + \frac{R_2 R_3}{R_2 + R_3}} = \frac{R_2 + R_3}{R_1 R_2 + R_2 R_3 + R_3 R_1} U_{S1}$$

$$I'_2 = -\frac{R_3}{R_2 + R_3} I'_1 = -\frac{R_3}{R_1 R_2 + R_2 R_3 + R_3 R_1} U_{S1}$$

$$I'_3 = \frac{R_2}{R_2 + R_3} I'_1 = \frac{R_3}{R_1 R_2 + R_2 R_3 + R_3 R_1} U_{S1}$$

同理当 U_{S2} 单独作用时可求得 I''_1、I''_2 与 I''_3,然后相叠加,其结果和用网孔电流法解出的结果是一致的。

叠加定理只适用于线性电路,因为电阻是线性的,任一电阻上的电压 $U=RI$ 也等于各电源单独作用所产生的电压代数和,即：

$$U = RI = R(I' + I'') = U' + U''$$

但是各线性电阻的功率却不能用叠加定理,因 $P=RI^2$,而 $I=I'+I''$。

显然：

$$RI^2 = R(I' + I'')^2 \neq RI'^2 + RI''^2$$

应用图 2-24 分别计算 I'_1、I'_2、I'_3 与 I''_1、I''_2、I''_3 时,各支路的电流参考方向应前后一致。

对含有几个电流源 I_S 的电路,令某一电流源不起作用的含义是 $I_S=0$,在电路模型上就是电流源开路。

叠加定理是线性电路的重要定理,它有助于对线性电路性质的理解,可以用来推导其他定理,简化处理更复杂的电路。例如交流非正弦周期电路等,就是根据叠加定理进行分析的。

一般叠加定理不直接用作解题方法。除了一些特殊情况外,用网孔电流法或节点电压法计算复杂电路,往往比用叠加定理更简便些。

例 2-8 电路如图 2-25 所示,应用叠加定理求电路中电流 I。

解：电路中含有两个电源,令 $I_S=0$,U_S 单独作用,电路可等效为图 2-26。

$$I' = \frac{U_S}{R_1 + R_2}$$

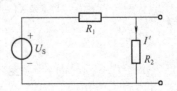

图 2-25 例 2-8 的图　　　　　图 2-26 U_S 单独作用

令 $U_S = 0$,I_S 单独作用,电路可等效为图 2-27。

$$I'' = \frac{R_1}{R_1 + R_2} I_S$$

当 U_S 与 I_S 同时作用时:

$$I = I' + I''$$

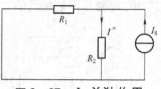

图 2-27 I_S 单独作用

在应用叠加定理时应注意:

(1)叠加定理适用于线性电路求解电压和电流,不能直接用来计算功率。

(2)应用叠加定理求解电压、电流是代数和的叠加,应特别注意各代数量前面的符号。若分量的参考方向与原电路的参考方向一致,则该分量前面取正号,反之取负号。

(3)每个独立源单独作用时,其他独立源不作用,其相应的电压、电流都应为零(即电压源用短路代替,电流源用开路代替)。

(4)若电路中含有受控源时,受控源不能单独作用。在独立源每次单独作用时,受控源要保留。

【应用测试】

知识训练:

一、判断题(正确的打√,错误的打×)

1.叠加定理只适用于线性电路,它可以用来求线性电路中任何电量,包括电流、电压、功率。( )

2.叠加定理只能用来求电流、电压,不能用来求功率。( )

3.线性电路一定具有叠加性,具有叠加性的电路一定是线性电路。( )

二、计算题

1.如图 2-28 所示电路中,试用叠加定理求电路中的 I_2、I_3、U。

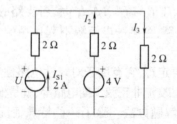

图 2-28 计算题 1 的图

2.如图 2-29 所示电路中,试用叠加定理求电路中的 I。

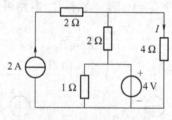

图 2-29 计算题 2 的图

技能训练:

任务:叠加定理的验证

一、技能训练目标
(1)学习直流电流表、电压表、万用表、直流稳压电源的使用方法。
(2)提高测量多支路电路中电压、电流的能力。
(3)通过叠加定理的验证,加深对定理的理解。
(4)通过叠加定理的验证,学会电源的处理方法。

二、仪器、设备、元器件材料
所需元件见表2-1。

表2-1 所需元件

序号	名称	型号与规格	数量	备注
1	直流稳压电源	0~30 V可调	2	DG04
2	万用表		1	
3	直流数字电压表	0~200 V	1	D31
4	直流数字毫安表	0~200 mA	1	D31
5	叠加原理项目电路板		1	DG05

三、技能训练原理与说明
叠加定理表明,在任意一个线性网络中,多个电源共同作用时,各支路的电流或电压等于各电源分别单独作用时,在该支路产生电流或电压的代数和。

四、技能训练内容与步骤
(1)按图2-30(a)连接电路。
(2)调 U_{S1} 至12 V,U_{S2} 至6 V。
(3)当 U_{S1} 单独作用(将开关 S_1 投向 U_{S1} 侧,开关 S_2 投向短路侧)时,如图2-30(b)所示,用数字电压表和数字毫安表(接电流插头)测量各支路电流及各电阻组件两端的电压,测量数据记录于表2-2中。
(4)当 U_{S2} 单独作用(将开关 S_1 投向短路侧,开关 S_2 投向 U_{S2} 侧)时,如图2-30(c)所示,重复上述测量,将测试结果记录于表2-2中。
(5)当 U_{S1}、U_{S2} 共同作用(开关 S_1 和 S_2 分别投向 U_{S1} 和 U_{S2} 侧)时,如图2-30(a)所示,重复上述测量,将测量结果记录于表2-2中。

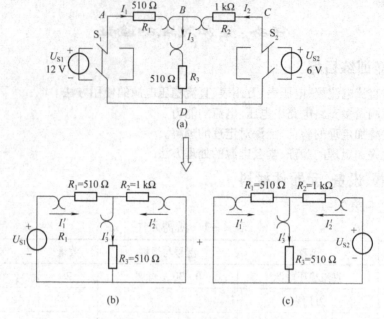

图 2-30 叠加定理的验证

表 2-2 测量结果

测量项目	I_1/mA		I_2/mA		I_3/mA		U_{AB}/V		U_{BC}/V		U_{BD}/V	
	测量	计算	测量	计算	测量	计算	测量	计算	测量	计算	测量	计算
U_{S1} 单独作用												
U_{S2} 单独作用												
U_{S1}、U_{S2} 共同作用												

五、任务实施

1. 测试前的准备工作

(1) 元件的检查。

(2) 电路的接线检查。

(3) 仪器的检查。

2. 检测工作

(1) 仪器调零。

(2) 电压、电流的测量。

3. 仪器使用注意事项

(1) 电压表、电流表的正确连接。

(2) 实际电压源不允许短路。

六、任务考评

评分标准见表 2-3。

表2-3 评分标准

序号	考核内容	考核项目	配分	检测标准	得分
1	叠加定理	（1）叠加定理的物理意义； （2）叠加定理的等效电路图的绘制	20分	（1）能描述叠加定理的内容(10分)； （2）能测绘叠加定理的等效电路图(10分)	
2	叠加定理的应用	用叠加定理求某些适合于叠加定理求解的电路	40分	会应用叠加定理求解某些适合于叠加定理求解的电路(40分)	
3	叠加定理的验证	（1）检测前的准备工作； （2）检测步骤与方法； （3）操作使用的注意事项	40分	（1）会检查仪器的性能(5分)； （2）会操作仪器测量电压与电位、电流(30分)； （3）能说明操作使用的注意事项(5分)	
	合计		100分		

2.6 戴维南定理及应用

在工程实际中,常常碰到只需研究某一支路电流或电压的情况。这时,可以将需保留的支路外的其余部分的电路（通常为二端网络或称一端口网络）等效变换为较简单的含源支路,可大大方便人们的分析和计算,戴维南定理正是给出了等效含源支路及其计算方法。

2.6.1 戴维南定理

一端口网络亦称二端网络,即网络与外部电路只有一对端钮连接。网络内部含有独立电源的二端网络称为有源二端网络。网络内部不含有独立电源的二端网络称为无源二端网络。

戴维南定理：任何一个线性有源二端网络,对外电路来说,都可以用一个理想电压源和电阻串联的支路来代替,其理想电压源的电压等于线性有源二端网络的开路电压 U_{OC},电阻等于线性有源二端网络除源后两端间的等效电阻 R_0,如图2-31所示。

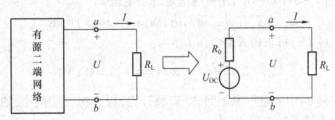

图2-31 有源二端网络的等效

应用戴维南定理解题的步骤：
(1)断开待求支路,得到有源二端网络。
(2)采用适当的方法,求得该有源二端网络开路电压 U_{OC}。
(3)求等效电阻 R_0。

求 R_0 常用以下三种方法：

①电阻电路的等效变换法。将有源二端网络内所有的独立源置零(电压源用短路线代替,电流源用开路代替),变成无源二端网络,求得等效电阻 R_0。求得 R_0 时可用电阻的串、并联或电阻的星形或三角形等效方法来进行。

电阻电路的等效变换法是最常用的方法,但它仅适用于有源二端网络内不含受控源的情况。

②开路、短路法。求出有源二端网络的开路电压 U_{OC} 后,将有源二端网络的端口短路,求出短路电流 I_{SC},如图 2-32 所示,则等效电阻为：

$$R_0 = \frac{U_{OC}}{I_{SC}}$$

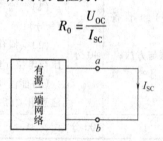

图 2-32 开路、短路法

③外加电源法。将有源二端网络内所有的独立源置零(电压源用短路代替,电流源用开路代替),若含有受控源要保留,在此二端网络端口处外加电源,其电压为 U,求出在这个电源作用下输入到网络的电流 I,如图 2-33 所示,则等效电阻为：

$$R_0 = \frac{U}{I}$$

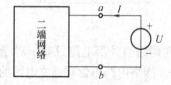

图 2-33 外加电源法

④由 U_{OC} 和 R_0 画出戴维南等效电路,接上待求支路,构成单一回路,再求电流或电压。

例 2-9 如图 2-34(a)所示,用戴维南定理求电流 I。

解：(1)断开待求支路,得到有源二端网络,如图 2-34(b)所示。

(2) 由图 2-34(b)可求得开路电压 U_{OC} 为：

$$U_{OC} = 2 \times 3 + \frac{6}{6+6} \times 24 = 6 + 12 = 18(V)$$

(3)将图 2-34(b)中的电压源短路,电流源开路,得无源二端网络,如图 2-34(c)所示,由图 2-34(c)求得等效电阻 R_0 为：

$$R_0 = 3 + \frac{6 \times 6}{6+6} = 3 + 3 = 6(\Omega)$$

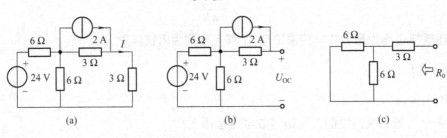

图 2-34 戴维南定理
(a)原电路;(b)求开路电压的电路;(c)求等效电阻的电路

(4)由 U_{OC} 和 R_0 画出戴维南等效电路,并接上待求支路,得到图 2-34(a)的等效电路,如图 2-35 所示,由此可求得 I 为:

$$I = \frac{18}{6+3} = 2(A)$$

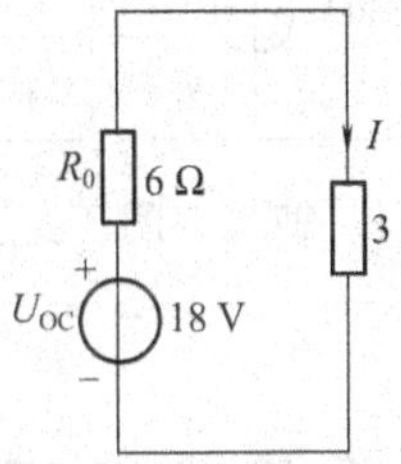

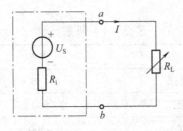

图 2-35 等效电路

2.6.2 最大功率输出条件

在电子电路中,接在一个有源二端网络两端的负载,常常要求能够从该二端网络中获得最大功率,对于任何一个线性有源二端网络,都可以用一个理想电压源和一个电阻串联来等效替代,即根据戴维南定理,任何一个线性有源二端网络都可以用图 2-36 所示电路来等效。

图 2-36 最大功率输出条件

设负载电阻为 R_L,如图 2-36 所示电源电压及其内阻一般是不变的,负载电阻根据实际需要而变化。当 R_L 很大时,通过 R_L 的电流很小,所以 R_L 得到的功率也很小;反之,当 R_L 很小时,通过 R_L 的电流很大,功率也很大。在 $R_L = 0$ 或 ∞ 时,功率 $P = 0$。可以证明,当负载电阻从 0 逐渐增大的过程中,必然有一个电阻值使负载获得最大功率。由图 2-36 可知,当负载吸收的功率为 $R_L = R_i$ 时,负载可获得最大功率。

最大功率为:

$$P_M = \frac{U_s^2}{4R_i}$$

上述规律也称为最大功率传输定理,工程上也称为阻抗匹配。

【应用测试】

知识训练:

1. 一个无源二端网络的戴维南等效电路是什么?
2. 如何求有源二端网络的戴维南等效电路?
3. 电路如图 2-37 所示,用戴维南定理求电路中的 I_3。

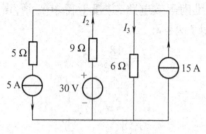

图 2-37 习题 3 的图

技能训练:

任务:戴维南定理验证

一、技能训练目标

(1)通过验证戴维南定理的正确性,加深对定理的理解。
(2)学会有源二端网络的开路电压和输入端等效电阻的测定方法。
(3)通过戴维南定理的验证,学会独立电源的处理方法。

二、仪器、设备、材料

所需元件见表 2-4。

表 2-4 所需元件

序号	名称	规格	数量	备注
1	可调直流稳压电源	0~30 V	1	
2	可调直流恒流源	0~500 mA	1	
3	直流数字电压表	0~200 V	1	
4	直流数字毫安表	0~200 mA	1	
5	万用表		1	
6	可调电阻箱	0~99 999.9 Ω	1	
7	电位器	1 kΩ/2 W	1	
8	电路板		1	

三、技能训练原理

戴维南定理指出:任何一个线性有源二端网络,对外电路来说,总可以等效变换为一个电压源与一个电阻的串联。其中,电压源的电压等于有源二端网络的开路电压 U_{OC},电阻等于该网络内部所有独立电源置零(电压源用短路代替,电流源用开路代替)的情况下,从端口看进去的等效电阻 R_0。

四、技能训练内容

(1)测量有源二端网络的开路电压 U_{OC}。按图 2-38(a) 所示电路接线,将 A、B 两端断开,用直流电压表测量 A、B 两点开路电压 U_{OC},将有源二端网络等效参数的测量数据记录于表 2-5 中。

表 2-5 有源二端网络等效参数的测量数据

U_{OC}/V	I_{SC}/mA	$R_0 = U_{OC}/I_{SC}/\Omega$

(2)求等效电阻 R_0。将图 2-38(a) 所示的 A、B 两点短路,测量 A、B 两点短路时的电流 I_{SC},将其记录于表 2-5 中,从而算出有源二端网络的等效电阻 R_0。

(3)测量有源二端网络的外特性。在图 2-38(a) 所示有源二端网络的 A、B 端钮上,接上电阻箱作为负载电阻 R_L,改变可变电阻 R_L,测量相应的端电压 U 和电流 I,将等效前有源二端网络负载特性测量结果记录于表 2-6 中。

表 2-6 等效前有源二端网络负载特性测量结果

R_L/Ω	10	20	40	80	160	500	1k	2k
U/V								
I/mA								

(4)验证戴维南定理。按图 2-38(b) 接线,改变可变电阻 R_L,测量相应的端电压 U 和电流 I,将等效后有源二端网络负载特性测量结果记录于表 2-7 中,并与表 2-6 做比较。

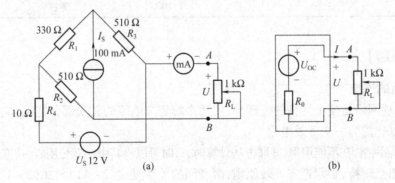

图 2-38 验证戴维南定理

表2-7 等效后有源二端网络负载特性测量结果

R_L/Ω	10	20	40	80	160	500	1k	2k
U/V								
I/mA								

按照实训目的和要求,记录每一环节操作情况;在实验报告中应认真分析参数、数据、出现的问题、现象和解决的方法、结果等。

五、仪器使用注意事项

(1) 电压表、电流表的连接。
(2) 实际电压源不允许短路。
(3) 用万用表欧姆挡测等效电阻时,注意电源的处理。

六、任务考评

评分标准见表2-8。

表2-8 评分标准

序号	考核内容	考核项目	配分	检查标准	得分
1	戴维南定理	(1)戴维南定理的含义; (2)等效电阻的求法; (3)开路电压的计算; (4)应用戴维南定理求解某一支路电流的步骤	40	(1)能够描述戴维南定理的内容(10分); (2)会求等效电阻(10分); (3)会计算开路电压(10分); (4)掌握用戴维南定理求解某一支路电流的步骤(10分)	
2	戴维南定理的验证	(1)检测前的准备工作; (2)检测的步骤与方法; (3)操作使用的注意事项	60	(1)会检测仪器的性能(10分); (2)会操作仪器测量等效电阻、电压、电流(30分); (3)能说明操作的注意事项(20分)	
		总分	100	考核	

【本项目小结】

1. 电阻的连接

无源二端网络是整个网络的一部分,由两个端钮与电路的其余部分连接,它的内部没有电源,总可以化简为一个等效电阻。

无源二端网络,在不能用串、并联方法计算时,有时可以将其中一部分用△-Y变换后计算。

Y-△相互转换,必须遵守等效原则,两者间的关系见式(2-11)与式(2-12)。

2. 支路电流法

具有 b 条支路、n 个节点的复杂电路,可以有相当多的回路,在平面电路中,中间不含支路的回路称网孔,网孔数 $m=b-(n-1)$。用支路电流作未知量,根据 KCL 列出 $n-1$ 个独立节点电流方程,根据 KVL 列出 m 个独立回路网孔方程,正好求解 b 条支路电流。支路电流参考方向是任意假设的,电压参考方向选择与电流方向一致,这就是支路电流法。

3. 网孔电流法

假想的网孔电流,自动满足 KCL,应用 KVL 建立 m 个网孔方程,解出网孔电流后,再求支路电流,使计算简化,这就是网孔电流法。

列网孔电压方程时与本网孔有关的所有电阻之和是自电阻,与相邻网孔关联的电阻称为互电阻,所有网孔电流的参考方向,一般选择顺时针方向,因此互电阻恒为负值。

4. 节点电压法

用假设节点 A 对参考结点 O 的电压 U_{AO} 作未知量,使之自动满足 KVL,则只需应用 KCL 列 $n-1$ 个节点电压方程,解出节点电压后再求各支路电流,也能使计算简化。这就是节点电压法。

列节点方程时,所有与该节点连接的支路电导之和称为自电导,与相邻节点关联的支路是互电导,互电导恒为负值。

5. 叠加定理

在线性电路中,多个电源共同作用的某一响应,可以看成是每个电源单独作用响应的叠加。

6. 戴维南定理

任何有源二端网络都可等效为一个理想电压源与一电阻串联的模型,其中 U_{OC} 为二端网络的开路电压,R_0 为二端网络的等效电阻。

【思考与练习】

1. 求图 2-39 所示电路中,电流 I_3,电压 U_{ab}、U_{bc}、U_{ca}。

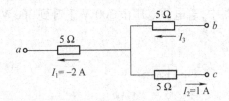

图 2-39 习题 1 的图

2. 电路如图 2-40 所示,用支路电流法求各支路电流。

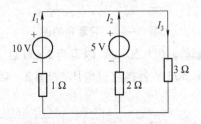

图 2-40 习题 2 的图

3. 用网孔电流法求图 2-41 所示电路中各支路电流。
4. 用网孔电流法求图 2-42 所示电路中各支路电流。

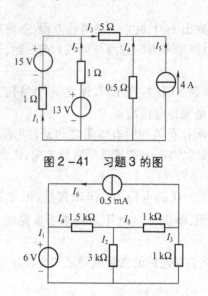

图 2-41 习题 3 的图

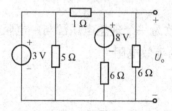

图 2-42 习题 4 的图

5. 如图 2-43 所示的电路中,用线性叠加的办法求输出电压 U_o。

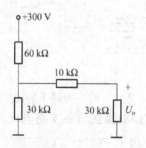

图 2-43 习题 5 的图

6. 如图 2-44 所示电路中,若电源电压由 300 V 上升到 360 V,则输出电压变化多少?

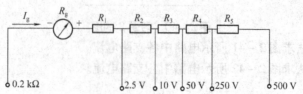

图 2-44 习题 6 的图

7. 一只万用表,表头全偏转电流为 50 μA,内阻为 2 800 Ω,串联电阻为 0.2 kΩ。若要求测量 2.5 V、10 V、50 V、250 V、500 V 各挡直流电压,如图 2-45 所示,求所需串联的各挡电阻 R_1、R_2、R_3、R_4、R_5。

图 2-45 习题 7 的图

8. 求图2-46所示电路中 a、b 两端钮的等效电阻。

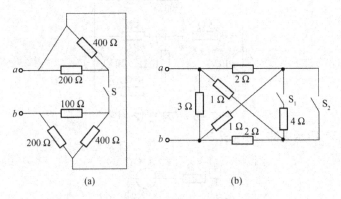

图2-46 习题8的图

9. 分别用电源等效互换及戴维南定理求图2-47所示电路中流过10 Ω电阻的电流。

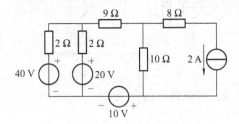

图2-47 习题9的图

10. 用叠加定理和戴维南定理求图2-48所示电路中12 V电池中的电流。

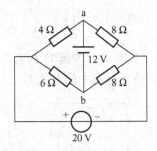

图2-48 习题10的图

11. 求图2-49所示电路中的电流 I。

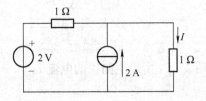

图2-49 习题11的图

12. 分别用网孔电流法及节点电压法,求图2-50所示电路中各支路电流。

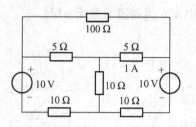

图 2-50 习题 12 的图

13. 如图 2-51 所示电路,求电压 U。

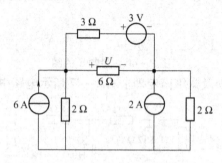

图 2-51 习题 13 的图

14. 如图 2-52 所示电路,求电路中的电流 I。

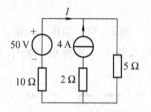

图 2-52 习题 14 的图

15. 试用叠加定理求图 2-53 所示电路中的电流 I。

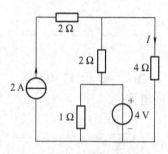

图 2-53 习题 15 的图

16. 试用戴维南定理求图 2-54 所示电路中的电流 I。

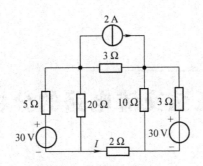

图 2-54　习题 16 的图

17. 试用叠加定理求图 2-55 所示电路中的 I_2、I_3、U。

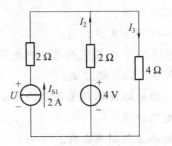

图 2-55　习题 17 的图

18. 试用戴维南定理求图 2-56 所示电路中的 U。

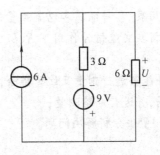

图 2-56　习题 18 的图

项目三

正弦交流电路的分析

【知识目标】

1. 掌握正弦交流电三要素的基本概念；
2. 掌握正弦交流电的三种表示方法；
3. 掌握正弦交流电路的基本规律和定律；
4. 掌握电阻、电感、电容三大电路元件在交流电路中电压、电流关系与电路性质；
5. 掌握 RL 串联及 RLC 串联电路的分析方法；
6. 理解电感性负载与电容并联电路提高功率因数的方法；
7. 理解谐振电路的概念及电路特性；
8. 了解运用傅里叶级数分解非正弦周期函数。

【技能目标】

1. 能够熟练使用示波器、万用表、各种电压和电流测量仪表；
2. 能够设计电路,测量并分析在交流信号作用下 R、L、C 电路元件阻抗与频率特性 $R \sim f$、$X_L \sim f$、$X_C \sim f$；
3. 能够熟练地安装日光灯并能够进行测量及故障排除；
4. 能够实现功率因数的提高,并进行电路测量；
5. 能够用正弦交流电路的相量法分析解决问题。

【相关知识】

在电工技术中,正弦交流电有着广泛的应用。这是因为交流电可以利用变压器提高电压,便于远距离输电,减少输电过程中的能量损耗；也可以利用变压器降压,供用户使用,以保证安全；交流电机比直流电机结构简单、成本低、工作性能可靠；同频率的交流电相加、相减,其和或差仍然是交流电。因此学习交流电具有非常重要的意义。

3.1 正弦交流电的基本概念

大小和方向随时间做周期性变化,并且在一个周期内平均值为零(一个周期内正负半轴的面积相等)的电压、电流或电动势,统称为正弦交流电。如果这种交流电都随时间按正弦规律变化,则称为正弦交流电,也简称交流电(AC)。由正弦交流电作用的电路称为正弦交流电路,简称交流电路。

在电力系统、信息处理领域以及日常生活中所用的交流电是按正弦规律变化的,其特点是易于产生,便于控制、变换和传输。

3.1.1 正弦交流电的三要素

1. 正弦量瞬时值表示法

正弦量瞬时值可以由三角函数表示的瞬时值表示式或用波形图来描述。

1) 瞬时值表示式

设正弦电流、电压、电动势瞬时值函数表示式分别为:

$$i(t) = I_m \sin(\omega t + \psi_i)$$
$$u(t) = U_m \sin(\omega t + \psi_u)$$
$$e(t) = E_m \sin(\omega t + \psi_e)$$

2) 正弦量的波形图(正弦量随时间变化的曲线)

以电流 i 的波形为例,如图 3 - 1 所示。

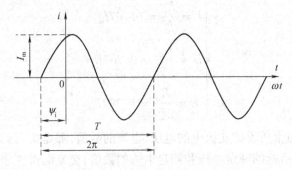

图 3 - 1 正弦交流电波形图

2. 正弦量的三要素

1) 周期、频率和角频率

周期:交流电完成一次周期性变化所需要的时间称为周期,用符号 T 表示,单位是秒(s)。

频率:交流电在单位时间内完成周期性变化的次数称为频率,用符号 f 表示,单位是赫兹,简称赫(Hz)。常用的还有千赫(kHz)、兆赫(MHz)、吉赫(GHz)等,它们的关系为 $1 \text{ GHz} = 10^3 \text{ MHz} = 10^6 \text{ kHz} = 10^9 \text{ Hz}$。

频率与周期互为倒数,即:

$$f = \frac{1}{T} \tag{3-1}$$

角频率:交流电在单位时间内变化的电角度称为角频率,用符号 ω 表示,单位是弧度/秒(rad/s)。角频率与周期、频率的关系为:

$$\omega = \frac{2\pi}{T} = 2\pi f \tag{3-2}$$

我国电力系统中(发电机输出的)是 50 Hz 的正弦电压,因为主要用于工业系统,故称为工频,对于工频交流电来说:

$$\omega = 2\pi \times 50 = 314 \text{ (rad/s)}$$

ω、T、f 都是反映交流电变化快慢的物理量。ω 越大(即 f 越大、T 越小),表示交流电周期性变化越快;反之则表示交流电周期性变化越慢。

2)瞬时值、最大值和有效值

瞬时值:正弦交流电的数值是随时间周期性变化的,在某一瞬间的数值称为交流电的瞬时值。规定用小写字母表示,如 e、u、i 分别表示电动势、电压和电流的瞬时值。

最大值:交流电在变化过程中出现的最大瞬时值称为交流电的最大值(又称幅值)。规定用大写字母加下标 m 表示,如 E_m、U_m、I_m 分别表示电动势、电压和电流的最大值。

有效值:交流电的有效值是根据它的热效应确定的,即在热效应方面与它相当的直流值。以电流为例,当某一交流电流 i 通过电阻 R,在一个周期 T 内所产生的热量与某直流电流 I 通过同一电阻在相同时间内产生的热量相等时,则称这一直流电流的数值为该交流电流的有效值。规定有效值用大写字母表示,如 E、U、I 分别表示交流电动势、电压和电流的有效值。

可以证明,正弦交流电的有效值等于最大值的 $\frac{1}{\sqrt{2}}$ 倍或 0.707 倍,即:

$$\begin{cases} I = \dfrac{I_m}{\sqrt{2}} = 0.707 I_m \\ U = \dfrac{U_m}{\sqrt{2}} = 0.707 U_m \\ E = \dfrac{E_m}{\sqrt{2}} = 0.707 E_m \end{cases} \tag{3-3}$$

在电工技术中,通常所说的交流电的电压、电流的数值,都是指它们的有效值,各种使用交流电的电气设备上所标的额定电压和额定电流的数值、交流测量仪表测得的数值,凡不做特别说明的,均指有效值。

3)相位、初相

相位:在交流电的解析式中,角度 $(\omega t + \psi)$ 是正弦量在任一瞬时 t 所对应的电角度,称为交流电的相位。它不仅决定交流电在变化过程中瞬时值的大小和方向,还反映了正弦交流电的变化趋势。

初相:交流电在 $t=0$ 时(计时起点时)的相位 ψ 称为交流电的初相位,简称初相,它反映了交流电在计时起点的状态(见图 3-1),显然,初相 ψ 与时间起点的选取有关。工程上为了方便,初相单位常取度(°),必要时再化为弧度。

正弦电流在一个周期内瞬时值两次为零,规定由负值向正值变化之间的零值叫作正弦电流的零值。如果正弦电流的零值发生在时间起点之左,则 ψ 为正值;如果正弦电流的零值发生在时间起点之右,则 ψ 为负值。注意,这里所说的零值是指最靠近时间起点来说的,也就是说,初相 ψ 总是小于或等于 π,一般规定,$-\pi \leq \psi \leq \pi$,如果 $|\psi| > \pi$ 时,则应以 $\psi \pm 2\pi$ 进行替换。

例 3-1 某正弦电压的最大值为 311 V,初相为 30°,某正弦电流的最大值为 7.07 A,初相为 -60°,它们的频率均为 50 Hz。试分别求出电压和电流的有效值、瞬时值表达式。

解:电压 u 的有效值为:

$$U = \frac{U_m}{\sqrt{2}} = \frac{311}{\sqrt{2}} = 220 \text{ (V)}$$

电流 i 的有效值为:

$$I = \frac{I_m}{\sqrt{2}} = \frac{7.07}{\sqrt{2}} = 5(A)$$

电压的瞬时值表达式为：

$$u(t) = U_m \sin(\omega t + \psi_u) = 311 \sin(2\pi ft + 30°)$$
$$= 311 \sin(314t + 30°) \text{ (V)}$$

电流的瞬时值表达式为：

$$i(t) = I_m \sin(\omega t + \psi_i) = 7.07 \sin(2\pi ft - 60°)$$
$$= 7.07 \sin(314t - 60°) \text{ (A)}$$

3.1.2 相位差

1. 相位差

在正弦交流电路中，有时要比较两个同频率正弦量的相位。两个同频率正弦量相位之差称为相位差，以 φ 表示。上例中，电压与电流的相位差 φ 为：

$$\varphi = (\omega t + \psi_u) - (\omega t + \psi_i) = \psi_u - \psi_i \tag{3-4}$$

其值为：

$$\varphi = 30° - (-60°) = 90°$$

即两个同频率正弦量的相位差等于它们的初相之差。

2. 时差

相位差反映了两个同频率正弦量变化进程的差异，它能判断哪一个正弦量先到达零值点，或者哪一个正弦量先到达最大值。角频率是 ω，则得时差为：

$$t_{12} = \frac{\varphi_1 - \varphi_2}{\omega} = t_1 - t_2$$

讨论：

①若 $\varphi > 0$，表明 $\psi_u > \psi_i$，如图 3-2(a)所示，则 u 比 i 先达到最大值也先到零点，称 u 超前于 i（或 i 滞后于 u）一个相位角 φ。

②若 $\varphi = 0$，表明 $\psi_u = \psi_i$，则 u 与 i 同时达到最大值也同时到零点，称它们是同相位，简称同相，如图 3-2(b)所示。

③若 $\varphi = 90°$，表明 $\psi_i - \psi_u = 90°$，则 i 超前于 u（或 u 滞后于 i）90°，如图 3-2(c)所示。

④若 $\varphi = \pm 180°$，则称它们的相位相反，简称反相，如图 3-2(d)所示。

在交流电路中，常常需研究多个同频率正弦量之间的关系，为了方便起见，可以选取其中某一正弦量作为参考，称为参考正弦量。令参考正弦量的初相为零，其他各正弦量的初相即为该正弦量与参考正弦量的相位差（初相差）。一般规定，$-\pi \leq \varphi \leq \pi$。经计算，$|\varphi| > \pi$，则可用 $2\pi - |\varphi|$ 来表示相位差，但滞后要改为超前，超前要改为滞后。

例 3-2 已知正弦电压 u 和电流 i_1、i_2 的瞬时值表达式为：$u(t) = 311\sin(\omega t - 145°)$ V，$i_1(t) = 14.14\sin(\omega t - 30°)$ A，$i_2(t) = 7.07\sin(\omega t + 60°)$ A。

试以电压 u 为参考量，重新写出电压 u 和电流 i_1、i_2 的瞬时值表达式并分析比较 i_2 与 u 的相位关系。

解：若以电压 u 为参考量，则电压 u 的表达式为：

$$u(t) = 311\sin\omega t \text{ V}$$

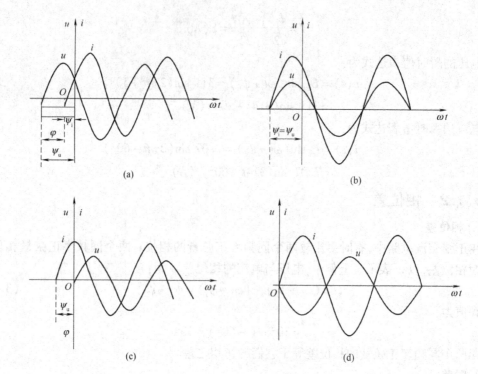

图 3-2 相位差
(a)$\varphi>0$;(b)同相;(c)$\varphi=90°$;(d)反相($\varphi=\pm180°$)

由于 i_1 与 u 的相位差为：
$$\varphi_1 = \psi_{i1} - \psi_u = -30° - (-145°) = 115°$$

故电流 i_1 的瞬时值表达式为：
$$i_1(t) = 14.14\sin(\omega t + 115°)\ \text{A}$$

由于 i_2 与 u 的相位差为：
$$\varphi_2 = \psi_{i2} - \psi_u = 60° - (-145°) = 205°$$

i_2 超前 u，超前角度为 $205°>180°$，所以相位差为 $360°-205°=155°$，即 i_2 滞后 u，滞后的角度为 $155°$，电流 i_2 的瞬时值表达式为：
$$i_2(t) = 7.07\sin(\omega t - 155°)\ \text{A}$$

综上所述，交流电的最大值（或有效值）、频率（或角频率）和初相是表征交流电变化规律的3个重要物理量，称为正弦交流电的三要素。三要素确定后，交流电的变化情况也就完全确定下来了。

【应用测试】

知识训练：

（一）判断题（正确的打√，错误的打×）

1. 对于同一个正弦交流量来说，周期、频率和角频率是3个互不相干、各自独立的物理量。（　　）
2. 正弦交流电的三要素是周期、频率和初相位。（　　）
3. 直流电流的频率为零，其周期为无限大。（　　）

4. 用交流电压表测得某元件两端电压是 220 V，则该电压的最大值为 220 V。（   ）
5. 电器设备铭牌标示的参数、交流仪表的指示值，一般是指正弦交流电的最大值。（   ）
6. 10 A 的直流电流和 12 A 的正弦交流电流，分别通过阻值相同的两个电阻，在相等的时间里，通以 12 A 交流电流的电阻上产生的热量多。（   ）
7. 若电压 $u(t)$ 的相位比电流 $i(t)$ 超前 30°，则 $i(t)$ 比 $u(t)$ 的相位滞后 30°。（   ）

（二）选择题

1. 一个正弦量瞬时值的大小取决于（   ）。
   A. 最大值、有效值、初相   B. 有效值、角频率、频率
   C. 最大值、相位、初相   D. 最大值、频率、相位
2. 正弦交流电压任意时刻的电角度称为该正弦量的（   ）。
   A. 初相角   B. 相位差   C. 相位角
3. 能够反映正弦信号变化快慢的参数是（   ）。
   A. 振幅   B. 频率   C. 初相   D. 有效值
4. 常用的室内照明电压 220 V 是指交流电的（   ）。
   A. 瞬时值   B. 最大值   C. 平均值   D. 有效值
5. 习惯上称正弦交流电的最大值为（   ）。
   A. 一个周期的平均值   B. 正、负峰值间的数值
   C. 正峰值或负峰值   D. 绝对峰值
6. 我国使用的工频交流电频率为（   ）。
   A. 45 Hz   B. 50 Hz   C. 60 Hz   D. 65 Hz
7. 若 $i_1(t) = 10\sin(\omega t + 30°)$ A，$i_2(t) = 20\sin(\omega t - 10°)$ A，则 $i_1(t)$ 的相位比 $i_2(t)$ 超前（   ）。
   A. 20°   B. -20°   C. 40°   D. 不能确定
8. 两个同频率正弦交流电流 $i_1(t)$、$i_2(t)$ 的有效值各为 40 A 和 30 A。当 $i_1(t)+i_2(t)$ 的有效值为 50 A 时，$i_1(t)$ 与 $i_2(t)$ 的相位差是（   ）。
   A. 0°   B. 180°   C. 90°   D. 45°

（三）填空题

1. 在交流电中，电流、电压、电动势随时间按＿＿＿＿变化的称为正弦交流电。正弦交流电的三要素是指＿＿＿＿、＿＿＿＿和＿＿＿＿。
2. 我国供电的工频，周期 T 是＿＿＿＿ms，频率是＿＿＿＿Hz，角频率是＿＿＿＿rad/s。
3. 单相正弦交流电解析式 $i(t) = \sin\left(100\pi - \dfrac{\pi}{6}\right)$ A。则可知，有效值 I＿＿＿＿mA；周期 $T =$＿＿＿＿ms；初相位 $\psi_i =$＿＿＿＿。
4. 单相正弦交流电 $U = 220$ V，$I = 5$ A，$f = 50$ Hz，$\psi_u = -30°$，$\psi_i = -45°$，则电压解析式 $u(t) =$＿＿＿＿V，电流解析式 $i(t) =$＿＿＿＿A，电压与电流之间的相位差 $\varphi =$＿＿＿＿。＿＿＿＿相位滞后＿＿＿＿。
5. 一个工频正弦交流电动势的最大值为 537 V，初始值为 -268.5 V，则它的瞬时解析式是＿＿＿＿V。
6. 两个同频率正弦交流电 i_1、i_2 的有效值各为 4 A 和 3 A。当 i_1+i_2 的有效值为 7 A 时，

i_1 与 i_2 的相位差是_____;当 $i_1 + i_2$ 的有效值为 1 A 时,i_1 与 i_2 的相位差是_____;当 $i_1 + i_2$ 的有效值为 5 A 时,i_1 与 i_2 的相位差是_____。

(四)计算题

1.如图 3 - 3(a)、(b)所示,已知交流电流、电动势的波形图,分别求:

(1)最大值及有效值;

(2)角频率、频率和周期;

(3)初相;

(4)写出解析式。

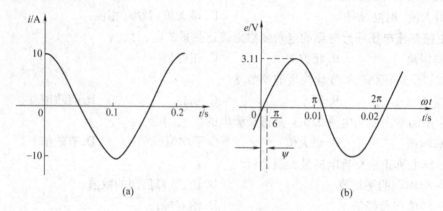

图 3 - 3 计算题 1 的图

2.已知 $u = 10\sin\left(314t - \dfrac{\pi}{3}\right)$ V,$i = 10\sqrt{2}\sin\left(314t + \dfrac{\pi}{2}\right)$ A。求:

(1)电压和电流的最大值和有效值;

(2)频率和周期;

(3)电压和电流的相位角、初相角和它们的相位差。

3.已知 $u(t) = 10\sqrt{2}\sin 314t$ V,$i(t) = 5\sqrt{2}\sin\left(314t + \dfrac{\pi}{2}\right)$ A。求:

(1)电压、电流的最大值及有效值;

(2)频率和周期;

(3)电流的初相和相位差。

3.2 正弦量的相量表示法

正弦交流电可以用解析式法和波形图法来表示,解析式法就是前面所说的三角函数式表示正弦交流电,其表达式常常称为解析式;用波形图法表示如图 3 - 2 所示。以上两种方法都可以完全表明正弦量的三要素,并能说明其瞬时值随时间变化的规律,但是用解析式法或波形图法进行同频率的正弦交流电加减运算就显得十分烦琐。在电工技术中引入了相量的概念,用旋转矢量表示正弦量,其目的是为了简化电路的运算过程,使同频率正弦量的加减运算简便了很多。

3.2.1 用旋转矢量表示正弦量

电压的解析式是 $u(t) = U_m \sin(\omega t + \psi)$，对照图 3-4，如果有向线段 OA 的模 r 等于某正弦量的幅值，OA 与横轴的夹角为正弦量的初相，OA 逆时针方向以正弦量角速度旋转，则这一旋转矢量任一瞬时在虚轴上的投影为 $r\sin(\omega t + \psi)$，它正是该正弦量在该时刻的瞬时值表达式。

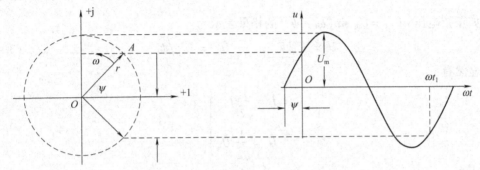

图 3-4 用旋转矢量表示正弦量

若矢量的长度 $OA = I_m$，则在任意时刻 t，OA 在虚轴上的投影为 $u(t) = U_m \sin(\omega t + \psi)$。这就是说，正弦量可以用一个旋转矢量来表示，该矢量的模等于正弦量的幅值，矢量与横轴的夹角等于正弦量的初相，矢量的旋转角速度等于正弦量的角频率。

一般情况下，求解一个正弦量必须求得它的三要素，但在分析正弦稳态电路时，由于电路中所有的电压、电流都是同频率的正弦量，且它们的频率与正弦电源的频率相同，而电源频率往往是已知的，因此通常只要分析最大值（或有效值）和初相两个要素就够了，旋转矢量的角速度 ω 可以省略，所以我们只需用一个有一定长度、与横轴有一定夹角的矢量就可以表示正弦量。

3.2.2 相量

由上述可知，正弦量可以用矢量来表示，而矢量可以用复数来表示，因而，我们可以借用复数来表示正弦量，利用复数的运算规则来处理正弦量的有关运算问题，从而简化运算过程。

如正弦交流电流 $i(t) = I_m \sin(\omega t + \psi_i)$ 可用复平面上的矢量表示，矢量的模等于正弦量的幅值 I_m，矢量与横轴的夹角等于正弦量的初相 ψ_i，如图 3-5 所示。

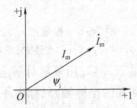

图 3-5 正弦量的相量表示法

复平面上的这个矢量又可用复数表示为：

$$\dot{I}_m = I_m \underline{/\psi_i} \tag{3-5}$$

可以看出上式既可表达正弦量的量值（大小），又可表达正弦量的初相。我们把这个表示正弦量的复数称作相量,将图3-5所示的图形称为相量图,这种与正弦量相对应的复数以及与此复数相对应的复平面上的矢量总称为正弦量的相量。

为了与一般的复数相区别,相量符号是在大写字母上加黑点"·"表示。若相量的模取正弦量的最大值则称为最大值相量,电流、电压和电动势的符号分别为 $\dot{I}_m$、$\dot{U}_m$、$\dot{E}_m$。在实际应用中,通常使相量的模等于正弦量的有效值,叫有效值相量,其电流、电压和电动势的符号为 $\dot{I}$、$\dot{U}$、$\dot{E}$。

如正弦电压 $u(t)=U_m\sin(\omega t+\psi_u)$ 的相量表示为:

$$\dot{U}=U\underline{/\psi_u}\ ; \quad \dot{U}_m=U_m\underline{/\psi_u} \tag{3-6}$$

显然有:

$$\left.\begin{array}{l}\dot{I}=\dfrac{1}{\sqrt{2}}\dot{I}_m\\[2mm]\dot{U}=\dfrac{1}{\sqrt{2}}\dot{U}_m\end{array}\right\} \tag{3-7}$$

注意:

①相量只是代表正弦量,并不等于正弦量。

②只有当电路中的电动势、电压和电流都是同频率的正弦量时,才能用相量来进行运算。

③同频率正弦量可以画在同一相量图上。规定,若相量的幅角为正,相量从正实轴绕坐标原点逆时针方向绕行一个幅角;若相量的幅角为负,相量从正实轴绕坐标原点顺时针绕行一个幅角。相量的加减法符合矢量运算的平行四边形法则,如图3-6所示。

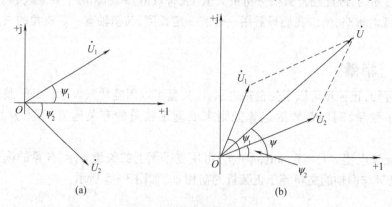

图3-6 相量图
(a)$\psi_1>0$;$\psi_2<0$;(b)相量加法图示

通常在分析电路时,用相量图易于理解,用复数计算会得出较准确的结果。此外,为了使相量图简洁明了,有时不画出复平面的坐标轴,只标出原点和正实轴方向即可。

例3-3 已知 $i_1(t)=5\sqrt{2}\sin(\omega t+45°)$ A,$u(t)=220\sqrt{2}\sin(\omega t-45°)$ V,试写出电压、电流的有效值相量,画出相量图,找出相位差。

解:由式(3-5)和式(3-6)可知:

$$\dot{I}=5\underline{/45°}(\text{A})$$

$$\dot{U} = 220\angle 45°\text{(V)}$$

$\varphi_{ui} = -45° - 45° = -90°$，电压滞后于电流$\dfrac{\pi}{2}$。

相量图如图3-7所示。

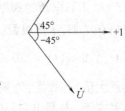

图3-7 例3-3的图

3.2.3 同频率正弦量的运算规则

用相量表示正弦量实质上是一种数学变换，目的是为了简化运算。相量运算的规则如下：

(1) 若$i(t)$为一正弦量，代表它的相量为$\dot{I}_m$，则$ki(t)$也为一正弦量（k为实常数），代表它的相量为$k\dot{I}_m$。

(2) 若$i_1(t)$为一正弦量，代表它的相量为$\dot{I}_{1m}$，$i_2(t)$为另一正弦量，代表它的相量为$\dot{I}_{2m}$，则$i_1(t) + i_2(t)$也为同频率的正弦量，其相量为$\dot{I}_{1m} + \dot{I}_{2m}$。

(3) 若$i_1(t)$为一正弦量，代表它的相量为$\dot{I}_{1m}$，$i_2(t)$为另一正弦量，代表它的相量为$\dot{I}_{2m}$，当$i_1(t) = i_2(t)$时，其相量表示为$\dot{I}_{1m} = \dot{I}_{2m}$。

例3-4 已知$i_1(t) = 4\sin(\omega t + 60°)\text{A}$，$i_2(t) = 2\sin(\omega t - 30°)\text{A}$，求$i(t) = i_1(t) + i_2(t)$。

解：解法一：欲求$i(t) = i_1(t) + i_2(t)$，借助于相量形式$\dot{I}_m = \dot{I}_{1m} + \dot{I}_{2m}$计算。

因$i_1(t) = 4\sin(\omega t + 60°)\text{A}$，$i_2(t) = 3\sin(\omega t - 30°)\text{A}$，则：

$$\dot{I}_{1m} = 4\angle 60°\text{(A)}, \dot{I}_{2m} = 3\angle -30°\text{(A)}$$

$$\begin{aligned}\dot{I}_m &= \dot{I}_{1m} + \dot{I}_{2m} = 4\angle 60° + 3\angle -30° \\ &= (2 + j3.464) + (2.598 - j1.5)\text{A} \\ &= (4.598 + j1.964)\text{A} \\ &= 5\angle 23°\text{(A)}\end{aligned}$$

故：

$$i(t) = 5\sin(\omega t + 23°)\text{A}$$

解法二：利用相量图计算，如图3-8所示。

$$I_m = \sqrt{4^2 + 3^2} = 5\text{(A)}$$
$$\varphi = \arctan\dfrac{4}{3} = 53°$$
$$\psi = 53° - 30° = 23°$$
$$\dot{I}_m = 5\angle 23°\text{(A)}$$

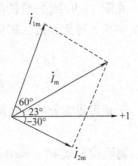

图3-8 例3-4的图

【应用测试】

知识训练：

1. 写出下列正弦量信号的相量，并画出相量图。

(1) $u(t) = 100\sqrt{2}\sin(\omega t + 60°)\text{V}$；

(2) $i(t) = 10\sqrt{2}\sin(\omega t - 60°)\text{A}$。

2. 已知$i_1(t) = 10\sin 100\pi t\text{ A}$，$i_2(t) = 10\sin\left(100\pi t - \dfrac{\pi}{2}\right)\text{A}$。

(1)绘出这两个电流的矢量图;

(2)用相量法求 $i = i_1 + i_2$,并写出 i 的瞬时值表达式。

3. 某正弦电流的频率为 20 Hz,有效值为 $5\sqrt{2}$ A,在 $t=0$ 时,电流的瞬时值为 5 A,且此时刻电流在增加,求该电流的瞬时值表达式,并用对应的相量来表示。

4. 已知 $u_1(t) = 220\sqrt{2}\sin\left(100\pi t + \dfrac{\pi}{6}\right)$ V,$u_2(t) = 380\sqrt{2}\sin\left(100\pi t - \dfrac{\pi}{3}\right)$ V。求各交流电压的最大值、有效值、角频率、频率、初相和它们之间的相位差,指出它们之间的"超前"或"滞后"关系,并画出它们的相量图。

5. 已知 $u_1(t) = 220\sqrt{2}\sin\omega t$ V,$u_2(t) = 220\sqrt{2}\sin\left(\omega t - \dfrac{2\pi}{3}\right)$ V,$u_3(t) = 220\sqrt{2}\sin\left(\omega t + \dfrac{2\pi}{3}\right)$ V,试用相量图证明 $u_1(t) + u_2(t) + u_3(t) = 0$。

【知识拓展】

复数及其运算

一个复数有多种表达形式,常见的有代数形式、三角函数形式、指数形式和极坐标形式四种。

复数的代数形式是:

$$A = a + jb \tag{3-8}$$

式中,a、b 均为实数,分别称为复数的实部和虚部;$j = \sqrt{-1}$,为虚数单位。

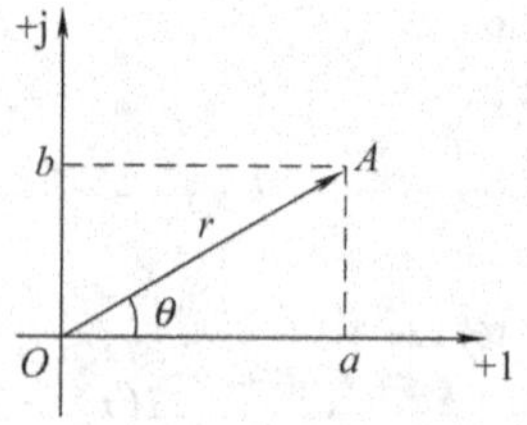

复数 A 也可以用由实轴与虚轴组成的复平面上的有向线段 OA 矢量来表示,如图 3-9 所示。

在图 3-9 中,矢量长度 $r = OA$ 称为复数的模;矢量与实轴的夹角 θ 称为复数的辐角,各量之间的关系为:

$$r = |A| = \sqrt{a^2 + b^2},\ \theta = \arctan\dfrac{b}{a} \tag{3-9}$$

$$a = r\cos\theta,\ b = r\sin\theta \tag{3-10}$$

图 3-9 复数

于是可得复数的三角函数形式为:

$$A = r(\cos\theta + j\sin\theta) \tag{3-11}$$

将欧拉公式 $e^{j\theta} = \cos\theta + j\sin\theta$ 代入上式,则得复数的指数形式为:

$$A = re^{j\theta} \tag{3-12}$$

实用上为了便于书写,常把指数形式写成极坐标形式,即:

$$A = r\underline{/\theta} \tag{3-13}$$

复数的加减用代数形式、复数的乘除用指数(或极坐标)形式较为方便。利用复数进行正弦稳态电路分析和计算时,常需进行代数型和指数型之间的相互转换。

设有两个复数:

$$A_1 = a_1 + jb_1 = r_1\underline{/\theta_1},\ A_2 = a_2 + jb_2 = r_2\underline{/\theta_2}$$

两复数之和为：
$$A = A_1 + A_2 = (a_1 + a_2) + j(b_1 + b_2)$$

两复数之积为：
$$A = A_1 \times A_2 = r_1 r_2 \underline{/\theta_1 + \theta_2}$$

作为两个复数相乘的特例，是一个复数乘以 +j 或 -j。因 j 可看成是一个模为 1、辐角为 90° 的复数，所以：

$$jA = 1\underline{/90°} \cdot A = |A|\underline{/90° + \theta}; \qquad -jA = 1\underline{/-90°} \cdot A = |A|\underline{/\theta - 90°} \qquad (3-14)$$

上式表明，任一复数乘以 +j 时，其模不变，辐角增大 90°；乘以 -j 时，其模不变，辐角减小 90°。

3.3 正弦交流电路中的电阻、电感、电容元件伏安关系

正弦交流电路中的物理现象比直流电路中的要复杂，因为电路中的电磁场也在随时间变化，因此需要考虑电磁感应及变化的电场效应。在交流电路中电感元件和电容元件会遇到用直流电路的概念无法解决的现象。而且电阻、电感、电容是组成交流电路的三种基本元件。因此在交流电路中不仅要研究电阻元件的伏安关系，还要研究电感和电容元件的伏安关系。

3.3.1 纯电阻电路

负载只有电阻元件构成的电路，称为纯电阻电路。如白炽灯、电烙铁、电炉等实际元件组成的交流电路，都可近似看成是纯电阻电路，如图 3-10 所示。

设电阻 R 两端的电压和电流采用关联参考方向，下面我们利用相量法来研究 u、i 之间的关系。

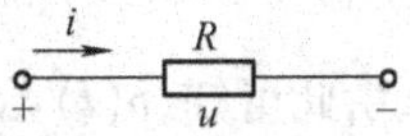

1. 电流与电压的关系

以电压为参考正弦量，其瞬时表达式为 $u(t) = U_m \sin\omega t$，相量

图 3-10 纯电阻电路图

式为 $\dot{U} = U\underline{/0°} = \dfrac{U_m}{\sqrt{2}}\underline{/0°}$

通过电阻的电流为：

$$i(t) = \frac{u(t)}{R} = \frac{U_m \sin\omega t}{R} = I_m \sin\omega t \qquad (3-15)$$

由式（3-15）可知，通过电阻的电流最大值为：

$$\frac{U_m}{R} = I_m \quad \text{或} \quad \frac{U_m}{I_m} = R \qquad (3-16)$$

上式两边同除以 $\sqrt{2}$，则得：

$$\frac{U}{R} = I \quad \text{或} \quad \frac{U}{I} = R \qquad (3-17)$$

根据复数相等的定义有：

$$\left.\begin{array}{l} U_m = RI_m; \quad U = RI \\ \psi_u = \psi_i \end{array}\right\} \qquad (3-18)$$

相量表示为：
$$\dot{U}_m = \dot{I}_m R \quad 或 \quad \dot{U} = \dot{I}R \tag{3-19}$$

如图 3-11(a)、(b) 所示，分别是电阻元件的相量模型和电压与电流的相量图。
由此可得以下结论：
(1) 电阻元件上电压和电流都是同频率正弦量。
(2) 电压瞬时值和电流瞬时值都遵循欧姆定律。
(3) 电压有效值（最大值）和电流有效值（最大值）之比等于 R。
(4) 电压和电流同相位。
(5) 相量形式的欧姆定律 $\dot{U}_m = \dot{I}_m R$ 简洁地表达了上述各点结论。

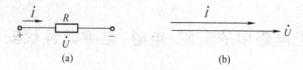

图 3-11
(a) 电阻元件的相量模型；(b) 相量图

2. 功率

1) 瞬时功率

在任一瞬间，电阻中的电流瞬时值与同一瞬间加在电阻两端的电压瞬时值的乘积，称为电阻的瞬时吸收功率，由于电压和电流是同相的，即：

$$p(t) = ui = U_m I_m \sin^2(\omega t + \psi) = UI[1 - \cos(2\omega t + 2\psi)]$$
$$= \frac{U_m I_m}{2} - \frac{U_m I_m}{2} \cos(2\omega t + 2\psi)$$

由此可知，$p(t)$ 始终是大于零的，这说明电阻在任意时刻总是消耗能量的。其瞬时功率波形图如图 3-12 所示。

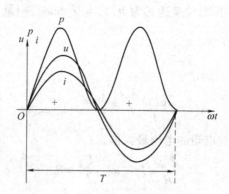

图 3-12 电阻元件瞬时功率波形

2) 平均功率

瞬时功率的实用性并不大，为了反映元件吸收功率的平均效果，定义平均功率，即瞬时功率在一个周期内的平均值，也称为有功功率，用 P 表示，其单位为瓦特（W）。即：

$$P = \frac{1}{T}\int_0^T p(t)\,\mathrm{d}t$$

可以证明,电阻消耗的平均功率可表示为:

$$P = UI = I^2 R = \frac{U^2}{R} \tag{3-20}$$

例 3-5 4 Ω 电阻两端的电压为 $u(t) = 8\sqrt{2}\sin(314t - 60°)\text{V}$,求 $i(t)$ 和电阻消耗的功率。

解:(1)利用 u 和 i 的伏安关系求解。

$$i(t) = \frac{u(t)}{R} = \frac{8\sqrt{2}\sin(314t - 60°)}{4}$$
$$= 2\sqrt{2}\sin(314t - 60°)(\text{A})$$

(2)利用相量关系式求解。

写出已知正弦量的相量为:

$$\dot{U} = 8\angle{-60°}\,(\text{V})$$

利用相量关系式进行计算:

$$\dot{I} = \frac{\dot{U}}{R} = \frac{8\angle{-60°}}{4} = 2\angle{-60°}\,(\text{A})$$

根据算得的相量写出对应的正弦量为:

$$i(t) = 2\sqrt{2}\sin(314t - 60°)(\text{A})$$
$$P = UI = 8 \times 2 = 16(\text{W})$$

3.3.2 纯电感电路

由电阻很小的电感线圈组成的交流电路,可近似地看成是纯电感电路,如图 3-13 所示。

设电感 L 两端的电压和电流采用关联参考方向,u、i 均为正弦量。

1. 电流与电压的关系

选择电流为参考正弦量,即电流的初相为零,则其

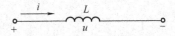

图 3-13 纯电感电路

瞬时表达式为 $i(t) = I_m\sin\omega t$。在关联参考方向下,电感元件的电压、电流关系为:

$$u(t) = L\frac{di(t)}{dt} \tag{3-21}$$

则电感元件上的电压为:

$$u(t) = L\frac{di(t)}{dt} = L\frac{d(I_m\sin\omega t)}{dt}$$
$$= \omega L I_m\cos\omega t \tag{3-22}$$
$$= \omega L I_m\sin(\omega t + 90°)$$
$$= U_m\sin(\omega t + 90°)$$

电压与电流的数值关系为:

$$U_m = \omega L I_m \quad \text{或} \quad I_m = \frac{U_m}{\omega L} \tag{3-23}$$

有效值的关系为:

$$U = \omega LI \text{ 或 } I = \frac{U}{\omega L} \tag{3-24}$$

$$\psi_u = \psi_i + \frac{\pi}{2} \tag{3-25}$$

其中，ωL 是一个具有电阻量纲的物理量，单位为欧姆（Ω），起阻碍电流通过的作用，称为感抗，用 X_L 表示，即：

$$X_L = \omega L = 2\pi f L \tag{3-26}$$

于是式（3-24）可写成：

$$U = X_L I \text{ 或 } I = \frac{U}{X_L} \tag{3-27}$$

由以上讨论易知，纯电感电路中，电流与电压关系的相量表示为：

$$\dot{U} = jX_L \dot{I} \text{ 或 } \dot{I} = \frac{\dot{U}}{jX_L} \tag{3-28}$$

这就是电感电路中欧姆定律的相量形式。它既表达了电压与电流之间的大小关系，又反映了它们之间的相位关系（电压相位超前电流 90°）。

由图 3-14（a）、（b）所示，分别是电感元件的相量模型和电压与电流的相量图。

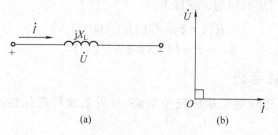

图 3-14 纯电感电路
（a）纯电感元件的相量模型；（b）相量图

由此可得以下结论：

（1）电感元件上电压和电流都是同频率正弦量。

（2）感抗的大小与电感 L 和电流的频率 f 成正比。对某一个线圈而言，频率越高感抗越大，电感线圈对电流的阻碍作用就越大，因而电感对高频电流具有扼流作用。在极端情况下，若 $f \to \infty$，则 $X_L \to \infty$，此时电感可视为开路；$f = 0$（直流）时，则 $X_L = 0$，此时电感可视为短路，即电感具有通直阻交的作用。若 ω 趋于无穷大，电感元件两端有电压但是电流为零，故电感元件可视为开路。在无线电技术中，根据电感元件的这种特性组成高频扼流线圈，可抑制高频电流通过。

（3）在相位关系上，电压超前电流 90°。

（4）相量形式的电压电流关系 $\dot{U} = jX_L \dot{I}$ 表达了上述全部关系。

2. 功率

1）纯电感电路的瞬时功率

由瞬时功率：

$$p(t) = ui = U_m \sin\left(\omega t + \frac{\pi}{2}\right) I_m \sin\omega t = UI \sin 2\omega t$$

可确定的功率曲线如图 3-15 所示。由图可看出：$p(t)$ 是一个角频率为 2ω 的正弦量。在第一和第三个 1/4 周期，$p>0$，线圈吸收功率，此时线圈从外电路吸收能量并储存在磁场中；在第二和第四个 1/4 周期，$p<0$，线圈输出功率，此时线圈将储存在磁场中能量输出给外电路。

由以上讨论可见，在一个周期从平均效果来说，纯电感电路是不消耗能量的，它只是与外电路进行能量交换，是一储能元件，在电路中起着能量的"吞吐"作用，其有功功率（平均功率）为零。

2）无功功率

在纯电感电路中有功功率为零，但电路中时刻进行着能量的交换，其瞬时功率并不为零，为此，我们把电路瞬时功率的最大值叫作无功功率，用 Q_L 表示，单位为乏（var），反映电感电路与外电路进行能量交换的幅度，即：

$$Q_L = U_L I_L = \frac{U_L^2}{X_L} = I_L^2 X_L \qquad (3-29)$$

注意："无功"的含义是"交换"而不是"消耗"，它是相对"有功"而言的，不能理解为"无用"，生产实际中的具有电感性质的变压器、电动机等设备都是靠电磁转换工作的。

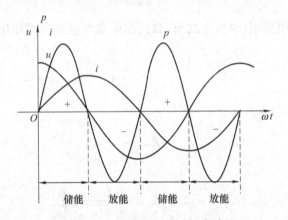

图 3-15 电感元件瞬时功率波形

例 3-6 4 H 电感两端电压为 $u(t)=8\sqrt{2}\sin(\omega t-50°)$ V，$\omega=100$ rad/s，求流过电感的电流 $i(t)$，电感元件的无功功率 Q_L。

解：利用相量关系解：

$$\dot{U} = 8\angle{-50°} \text{ V}$$

$$\dot{I} = \frac{\dot{U}}{j\omega L} = \frac{8\angle{-50°}}{j100\times 4} = -j0.02\angle{-50°} \text{(A)}$$

$$= 0.02\angle{-50°-90°} = 0.02\angle{-140°} \text{(A)}$$

$$i(t) = 0.02\sqrt{2}\sin(100t-140°) \text{ A}$$

$$Q_L = UI = 8\times 0.02 = 0.16 \text{ var}$$

3.3.3 纯电容电路

1. 电流与电压的关系

选择电容 C 两端的电压和电流采用关联参考方向，纯电容电路如图 3-16 u、i 均为正弦量。

设其瞬时表达式为 $u(t) = U_m \sin\omega t$。在关联参考方向下，电容元件的电压、电流关系为：

$$i(t) = C\frac{\mathrm{d}u(t)}{\mathrm{d}t} \qquad (3-30)$$

则流过电容元件的电流为：

$$\begin{aligned}i(t) &= C\frac{\mathrm{d}u(t)}{\mathrm{d}t} = C\frac{\mathrm{d}(U_m\sin\omega t)}{\mathrm{d}t}\\&= \omega C U_m\cos\omega t\\&= \omega C U_m\sin(\omega t + 90°)\\&= I_m\sin(\omega t + 90°)\end{aligned}$$

电压与电流最大值关系为：

$$I_m = \omega C U_m \text{ 或 } U_m = \frac{I_m}{\omega C} \qquad (3-31)$$

有效值的关系为：

$$U = \frac{1}{\omega C}I \qquad (3-32)$$

其中，$\frac{1}{\omega C}$ 具有电阻量纲，单位为欧姆（Ω），起阻碍电流通过的作用，称为容抗，用 X_C 表示，即：

$$X_C = \frac{1}{\omega C} = \frac{1}{2\pi f C} \qquad (3-33)$$

于是式（3-32）可写成：

$$I = \frac{U}{X_C} \qquad (3-34)$$

用相量表示为：

$$\dot{U} = -jX_C\dot{I} \text{ 或 } \dot{I} = \frac{\dot{U}}{-jX_C} = j\frac{\dot{U}}{X_C} \qquad (3-35)$$

上式既表达了电压与电流有效值之间的关系 $I = \frac{U}{X_C}$，又表达了电流相位超前电压 90°。

根据式（3-35），可画出电容电路的相量图与波形图如图 3-17 所示。

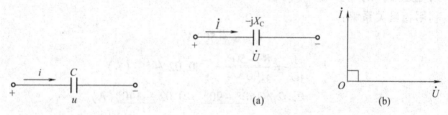

图 3-16 纯电容电路　　图 3-17 电容电路的波形图与相量图
　　　　　　　　　　　　（a）电容元件的相量模型；（b）相量图

由此可得以下结论：
（1）电容元件上电压和电流都是同频率正弦量。
（2）容抗 $X_C = \frac{1}{\omega C} = \frac{1}{2\pi f C}$ 与电容 C 和电流的频率 f 成反比。在 C 一定时，频率越高，对电

流的阻碍作用就越小。在极端情况下,若 $f \to \infty$,则 $X_C \to 0$,此时电容可视为短路;$f = 0$(直流)时,则 $X_L \to \infty$,此时电感可视为开路,也就是说,电容不允许直流通过,即电容器具有通交断直的作用。

(3)在相位关系上,电压滞后电流90°。

(4)相量形式的电压电流关系 $\dot{U} = -jX_C \dot{I}$ 表达了上述全部关系。

2. 功率

1)纯电容电路的瞬时功率

由瞬时功率:

$$p(t) = ui = (U_m \sin\omega t)I_m \sin\left(\omega t + \frac{\pi}{2}\right) = UI\sin2\omega t$$

由上式确定的瞬时功率曲线如图3-18所示。由图可看出:$p(t)$ 是一个角频率为 2ω 的正弦量。在第一和第三个1/4周期,$p > 0$,电容吸收功率,此时电容从外电路吸收能量并以电场能的形式储存起来;在第二和第四个1/4周期,$p < 0$,电容输出功率,此时电容将储存的能量释放给外电路。

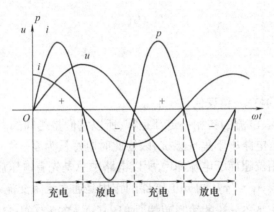

图3-18 电容元件瞬时功率波形

由此可见,在一个周期从平均效果来说,纯电容电路是不消耗能量的,它只是与外电路进行能量交换,是一储能元件,在电路中起着能量的"吞吐"作用,其有功功率(平均功率)为零。

2)无功功率

在纯电容电路中时刻进行着能量的交换,和纯电感电路一样,其瞬时功率的最大值被定义为无功功率,反映电容与外电路进行能量交换的幅度,用 Q_C 表示,单位为乏(var),即:

$$Q_C = U_C I_C = \frac{U_C^2}{X_C} = I_C^2 X_C \qquad (3-36)$$

例3-7 加在 25 μF 的电容元件上的电压有效值为 10 V,在下面三种情况下求 $i(t)$。

(1)频率50 Hz,$\psi_u = 0°$;(2)频率5 000 Hz,$\psi_u = \frac{\pi}{2}$;(3)直流。

解:(1)容抗为:

$$X_C = \frac{1}{\omega C} = \frac{1}{314 \times 25 \times 10^{-6}} = 127.4(\Omega)$$

$$I_C = \frac{U}{X_C} = \frac{10}{127.4} = 78 \text{ (mA)}$$

$$\psi_i = \psi_u + \frac{\pi}{2} = \frac{\pi}{2}$$

$$i_C(t) = 78\sqrt{2}\sin\left(314t + \frac{\pi}{2}\right) \text{mA}$$

(2) $f = 5\,000$ Hz 时，容抗为：

$$X_C = \frac{1}{\omega C} = \frac{1}{314\,000 \times 25 \times 10^{-6}} = 1.274 \text{ (}\Omega\text{)}$$

$$\psi_i = \psi_u + \frac{\pi}{2} = \pi$$

$$i_C(t) = 7.8\sqrt{2}\sin(31\,400t + \pi) \text{ A}$$

(3) 直流电压，容抗为：

$$X_C = \infty$$

故：

$$I_C = 0 \text{ (A)}$$

【应用测试】

知识训练：

一、判断题（正确的打√，错误的打×）

1. 电阻元件上电压、电流的初相一定都是零，所以它们是相同的。（   ）
2. 电感线圈在直流电路中不呈现感抗，因为此时电感量为零。（   ）
3. 电感元件电压相位超前于电流90°，所以电路中总是先有电压后有电流。（   ）
4. 从感抗计算公式 $X_L = 2\pi fL$ 可知电感器的作用是通直流阻交流。（   ）
5. 一个电感量 $L = 25.5$ mH 的线圈两端，加上 $u(t) = 220\sqrt{2}\sin 314t$ V 的交流电压，用交流电流表测得电路中电流的有效值是 27.5 A。当交流电的频率升高到 500 Hz 时，则电流表的读数保持不变。（   ）
6. 电容元件在直流电路中呈现开路，因为此时容抗为无穷大。（   ）
7. 电容元件的容抗是电压与电流的瞬时值之比。（   ）
8. 直流电路中，电容元件的容抗为零，相当于短路；电感元件的感抗为无限大，相当于开路。（   ）
9. 纯电阻电路的功率因数一定等于1。如果某电路的功率因数为1，则该电路一定是只含电阻的电路。（   ）

二、选择题

1. 已知 $i(t) = 2\sqrt{2}\sin\left(628t - \frac{\pi}{4}\right)$ A，通过 $R = 2$ Ω 的电阻时，消耗的功率是（   ）。
   A. 16 W   B. 25 W   C. 8 W   D. 32 W

2. 正弦电流通过电阻元件时，下列关系中错误的是（   ）。
   A. $I = u(t)/R$ B. $i = U_m \sin\omega t/R$ C. $P = 2Ui\sin^2\omega t$ D. $R = U/I$

3. 标有额定值 220 V、60 W 的白炽灯，将它接在 $u(t) = 220\sin\omega t$ V 的电源上，它消耗的

功率( )。

  A. 小于 60 W   B. 等于 60 W   C. 大于 60 W   D. 无法确定

4. 加在感抗 $X_L = 100\ \Omega$ 的纯电感线圈两端的电压 $U_L(t) = 200\sin\left(\omega t + \dfrac{\pi}{6}\right)$ V,则通过它的电流是( )。

  A. $i_L(t) = 2\sin\left(\omega t - \dfrac{\pi}{3}\right)$ A   B. $i_L(t) = 20\sin\left(\omega t - \dfrac{\pi}{3}\right)$ A

  C. $i_L(t) = 20\sin\left(\omega t + \dfrac{\pi}{6}\right)$ A   D. $i_L(t) = 2\sin\left(\omega t + \dfrac{\pi}{6}\right)$ A

5. 正弦电流通过电感元件时,下列关系中错误的是( )。

  A. $U_m = \omega L I_m$ B. $u_L = \omega L i$ C. $Q_L = U_L I$ D. $L = \dfrac{U}{\omega I}$

6. 电容器两端电压的相位滞后电流( )。

  A. 30°   B. 90°   C. 180°   D. 360°

7. 加在容抗 $X_C = 100\ \Omega$ 的纯电容两端的电压 $u_C(t) = 100\sin\left(\omega t - \dfrac{\pi}{6}\right)$ V,则通过它的电流应是( )。

  A. $i_C(t) = \sin\left(\omega t + \dfrac{\pi}{3}\right)$ A   B. $i_C(t) = \sin\left(\omega t + \dfrac{\pi}{6}\right)$ A

  C. $i_C(t) = \sin\left(\omega t + \dfrac{\pi}{3}\right)$ A   D. $i_C(t) = \dfrac{1}{\sqrt{2}}\sin\left(\omega t + \dfrac{\pi}{6}\right)$ A

8. 若线圈电阻为 50 Ω,外加 200 V 正弦电压时电流为 2 A,则其感抗为( )。

  A. 50 Ω   B. 0 Ω   C. 36.6 Ω   D. 100 Ω

三、填空题

1. 已知某电炉接在 220 V 的正弦交流电源上,取用功率为 500 W,电炉的工作电阻 $R =$ _____ Ω,4 小时电炉消耗的电能 $W =$ _____ kW·h。

2. 在纯电阻交流电路中,瞬时功率是随_____而变化的,有功功率是瞬时功率在_____内的平均值,也称为有功功率,其表达式为 $P =$ _____。

3. 已知纯电阻电炉上,$u_R(t) = \sin\left(\omega t + \dfrac{\pi}{3}\right)$ V,$i(t) = \sin\left(\omega t + \dfrac{\pi}{3}\right)$ A,则可知有功功率 $P =$ _____,无功功率 $Q =$ _____。

4. 一个电感器的自感系数为 1 H。接在工频的交流电源上,测得 12 A,则电压 $U =$ _____;若使频率改变为 200 Hz,保持电压不变,则通过的电流 $I =$ _____。

5. 一个线圈如果它的_____可以忽略不计,则这个线圈可视为纯电感元件。在纯电感电路上加直流电压,电路处在_____状态,加上正弦交流电压,线圈产生电动势 $e_L(t) = -L\dfrac{\mathrm{d}i(t)}{\mathrm{d}t}$,其中 L 称为_____,单位是_____。

6. 电感元件的感抗与频率成正比,同一个电感元件对于不同频率的交流电有着不同的感抗。故在电子电路中经常用电感元件应用于_____和_____电路中。

7. 为了描述电感元件与电源进行能量交换的_____,定义无功功率 $Q_L =$ _____,它的单位是_____。

8. 在正弦交流电路中，P 称为_____功率，它是_____元件消耗的功率；Q 称为_____率，它是电路中的_____元件或_____元件与电源进行能量交换的最大速率。

9. 已知 $R = 50\ \Omega, L = 0.16\ \text{H}, C = 637\ \mu\text{F}$，若接在工频的交流电路中，则 $R = $ _____，$X_L = $ _____，$X_C = $ _____。若接在直流电路中，则 $R = $ _____，$X_L = $ _____，$X_C = $ _____。

10. 已知 $X_L = 100\ \Omega, X_C = 10\ \Omega, R = 10\ \Omega$，若频率 f 增大一倍，则 $X'_L = $ _____，$X'_C = $ _____，$R' = $ _____。

四、计算题

1. 将 $100\ \Omega$ 的电阻接到 $u(t) = 141\sin(314t + 60°)$ V 的电源上，写出电流的瞬时值表达式，画出相量图。

2. 有一电感 $L = 25.5$ mH，通过的电流为 $i(t) = 100\sin(\omega t + 60°)$ A，求感抗 X_L、电压 $u(t)$、无功功率 Q_L，画出相量图。

3. 某一电容接在正弦交流电源上，已知 $C = 2\ \mu\text{F}$，工频电源 $u(t) = 220\sqrt{2}\sin\omega t$ V，求容抗 X_C、电流 $i(t)$、无功功率 Q_C。

4. 如图 3-19 所示，如果电源频率升高，各电流表的读数变化情况如何？如电源频率降低时，又如何变化？

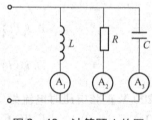

图 3-19　计算题 4 的图

技能训练：

任务：正弦交流电路认识

一、能力训练目标

(1) 学习交流电压表（万用表交流电压挡）、交流电流表的使用方法。

(2) 学习单相变压器的使用方法。

(3) 学习交流电压表、电流表的测量；验证电阻、电感、电容元件电压、电流有效值之间的关系。

二、实训器材

(1) 单相调压器，1 台。

(2) 万用表，1 块。

(3) 单刀开关，1 只。

(4) 交流电压表、电流表，各 1 块。

(5) 大功率电阻、电容、空心线圈，各 1 只。

(6) 试电笔，1 只。

三、能力训练内容

1. 学习单相变压器的使用

单相变压器的绕组是一次和二次共用,在接入电源时必须要认清一次和二次的接线端子,不可接错;在接入后还要用试电笔测试二次绕组是否带电,如带电,应将输入端的两条线交换位置。

调压器正确接入电源后,用万用表交流电压挡(先将挡位旋到 220 V)测量调压器输出电压,在测量时转动调压器手柄,观察调压器输出电压的变化范围。

2. 测量电阻、电感、电容的 $U-I$

测量电路如图 3-20 所示,先在被测元件位置接入电阻,调压器电压从 0 V 起调,在电阻允许所加电压范围内选定 5 个测试点,然后逐点进行测量。将测出的电压和电流值填入表 3-1。

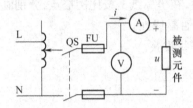

图 3-20 交流电路电压、电流电路图

表 3-1 测出的电阻元件电压和电流值

次数 \ 项目	给定值 R/Ω	测量值 U/V	测量值 I/mA	计算值 R'/Ω
1				
2				
3				
4				

将被测电阻分别换成电容和电感,测量方法不变,将各元件电压、电流测出来填入表 3-2 和表 3-3 中。

表 3-2 测出的电容元件电压和电流值

次数 \ 项目	给定值 $C/\mu F$	测量值 U/V	测量值 I/mA	计算值 $C'/\mu F$
1				
2				
3				
4				

表3-3　测出的电感元件电压和电流值

次数 项目	给定值 L/H	测量值 U/V	测量值 I/mA	计算值 L'/H
1				
2				
3				
4				

四、实训结果分析

（1）根据各表中的测量值，完成计算后填入各自的表格中。

（2）根据表格中的测量值，在坐标纸上按比例描点，分别画出电阻、电感、电容的 $U-I$ 特性曲线，并说明各特性曲线是否是线性。

（3）通过本次训练你有哪些收获？

【知识拓展】

电感的应用

一、电感在电子电路中的应用

电感器是电子电路的基本元件之一。它们一般都由骨架、绕组、磁芯和屏蔽罩组成。骨架是用来支撑线圈和便于固定整个电感器。绕组是电感器的核心部件，由导线绕制在骨架上；磁芯可用来增加电感量，多用锰锌铁氧体或镍锌铁氧体等制成，将磁芯旋入或旋出线圈，可改变电感器的电感量；屏蔽罩可防干扰，并保护线圈不受损坏。

电子电路中常用的电感器有 LGX 型，它是卧式管形固定电感，如图 3-21(a)所示；LG402 型是立式片状固定电感，如图 3-21(b)所示；LGIOO 型是立式微调电感，如图 3-21(c)所示；ZL 型滤波扼流圈如图 3-21(d)所示；高频电感器如图 3-21(e)所示；收音机用天线线圈如图 3-21(f)所示。

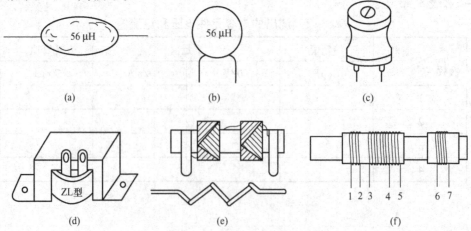

图 3-21　电子电路中常用的电感器

在电子电路中,电感器主要作用有两个:

(1)阻流作用。根据楞次定律,线圈中的自感电动势总是与线圈中的电流变化相对抗。所以电感线圈对交流电流有一定阻力,而且电流变化越快阻力越大,如果是直流电流则畅通无阻。电子电路中常利用电感的阻流作用来进行分频或滤波。例如,用高频阻流圈(高频扼流圈)阻止高频信号通过,而让低频信号或直流信号通过;低频阻流圈常用在电源的整流滤波电路,消除整流后残存的一些交流成分,只让直流通过。

(2)调谐与选频作用。无线电接收机中的调谐电路是利用电路谐振时的选频特性原理工作的。例如,收音机中的天线线圈与可变电容器构成调谐回路,从而把所需要的信号选择出来。

二、电感在电力、电器电路中的应用

(1)镇流器。照明电路中,镇流器是各种荧光灯电路的重要元件,它由铁芯和线圈组成。在荧光灯启动时,由于电路内电流突然变化,使线圈感应出高电压,促使灯管放电,从而点燃灯管发光。在荧光灯正常发光后,镇流器可限制流过灯丝的电流,保护荧光灯管。

(2)电抗器。在交流电路或许多电气设备中常用电抗器来调节电流或限制电流,它也是由铁芯和线圈组成,有的把铁芯做成可移动的,有的把线圈做成抽头式。例如,交流电焊机中的电抗器,当移动铁芯或改变线圈抽头时,都会使电抗器的电感量发生变化,从而调节并限制了焊机工作时的电流。

3.4 RLC 串联电路和复阻抗

在 RLC 等电路元件组成的正弦交流电路中,RLC 串联电路是一种典型电路,从中引出的一些概念和结论可用于各种复杂的交流电路,掌握 RLC 串联电路的分析后,RL 串联电路的分析便可迎刃而解,这一电路在工程应用中占有较重要的地位。

3.4.1 RLC 串联电路的阻抗

设在图 3-22 所示的 RLC 串联电路中有正弦电流 $i(t) = I_m\sin\omega t$ 通过,根据上节讨论,该电流在电阻、电感和电容上产生的压降分别为:

$$u_R(t) = U_{Rm}\sin\omega t = RI_m\sin\omega t$$
$$u_L(t) = U_{Lm}\sin(\omega t + 90°) = X_L I_m\sin(\omega t + 90°)$$
$$u_C(t) = U_{Cm}\sin(\omega t - 90°) = X_C I_m\sin(\omega t - 90°)$$

它们与电流 $i(t)$ 有相同频率的正弦量,但有不同的相位。根据 KVL 显然有:

$$u(t) = u_R(t) + u_L(t) + u_C(t)$$

对应的相量式为:

$$\dot{U} = \dot{U}_R + \dot{U}_L + \dot{U}_C \tag{3-37}$$

将 $\dot{U}_R = \dot{I}R, \dot{U}_L = jX_L\dot{I}, \dot{U}_C = -jX_C\dot{I}$ 代入上式得:

$$\dot{U} = R\dot{I} + jX_L\dot{I} - jX_C\dot{I}$$
$$= [R + j(X_L - X_C)]\dot{I} = [R + jX]\dot{I} = Z\dot{I} \tag{3-38}$$

式中

$$X = X_L - X_C = \omega L - \frac{1}{\omega C} \tag{3-39}$$

为感抗与容抗之差,称为电抗,单位为欧(Ω)。

$$Z = \frac{\dot{U}}{\dot{I}} = R + jX = R + j(X_L - X_C) = |Z| \angle \varphi \tag{3-40}$$

Z 为端口电压相量和端口电流相量的比值,称为复阻抗。它是一个复数,单位为欧(Ω),也具有阻碍电流的作用。

注意:Z 不是代表正弦量的复数,它的符号上面不加"·",以区别于代表正弦量的相量。

复阻抗的模(简称阻抗)为:

$$|Z| = \sqrt{R^2 + X^2} = \sqrt{R^2 + (X_L - X_C)^2} \tag{3-41}$$

复阻抗的辐角(称为阻抗角)为:

$$\varphi = \arctan \frac{X}{R} = \arctan \frac{X_L - X_C}{R} \tag{3-42}$$

显然:

$$R = |Z|\cos\varphi; X = |Z|\sin\varphi \tag{3-43}$$

X 是电路中电感元件的感抗 X_L 与电容元件的容抗 X_C 之差,称为电抗。

$|Z|$ 与 R、X 之间符合直角三角形的关系,如图3-23所示,称为阻抗三角形。

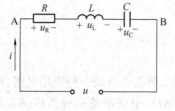

图3-22 RLC串联电路

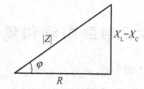

图3-23 阻抗三角形

由阻抗的定义有:

$$Z = \frac{\dot{U}}{\dot{I}} = \frac{U \angle \psi_u}{I \angle \psi_i} = \frac{U}{I} \angle \psi_u - \psi_i$$

则:

$$|Z| = \frac{U}{I} = \frac{U_m}{I_m}; \varphi = \psi_u - \psi_i \tag{3-44}$$

由此可见,阻抗和电压、电流幅值之间的关系与直流电路中的欧姆定律具有相似的形式,阻抗角则反映了电压与电流之间的相位关系。若 $\varphi > 0$,则电压超前于电流 φ 角;若 $\varphi < 0$,则电压滞后电流 φ 角;若 $\varphi = 0$,则电压与电流同相位。

式 $\dot{U} = Z\dot{I}$ 与直流电路中的欧姆定律具有相似的形式,称为正弦交流电路的欧姆定律的相量形式。它既表达了电路中总电压与电流有效值之间的关系,又表达了总电压与电流之间的相位关系。

3.4.2 RLC串联电路的电压与电流

根据式(3-37),以电流为参考相量可画出如图3-24所示的相量图。由图可知,电感上的电

压相量 $\dot{U}_L$ 与电容上的电压 $\dot{U}_C$ 相量相位相差 180°，则 $\dot{U}$、$\dot{U}_R$、$\dot{U}_X$（$\dot{U}_L + \dot{U}_C$）三者组成一个直角三角形，称为电压相量三角形，三角形中的 φ 为阻抗角。阻抗三角形与电压三角形是相似三角形。

由电压相量三角形，可得到端电压的有效值为：

$$U = \sqrt{U_R^2 + (U_L - U_C)^2}$$

辐角为：

$$\varphi = \arctan\frac{U_L - U_C}{U_R} = \frac{U_L - U_C}{U_R} \qquad (3-45)$$

分析式(3-39)与式(3-42)，容易看出：当电流频率一定时，电路的性质(电压与电流的相位差)由电路参数(R、L、C)决定。

(1) 当 $X > 0$，即 $X_L > X_C$ 时，则 $U_L > U_C$，此时 $\varphi > 0$，电路中总电压的相位超前于电流，电路呈电感性。如图 3-25(a)所示。

(2) 当 $X < 0$，即 $X_L < X_C$ 时，则 $U_L < U_C$，此时 $\varphi < 0$，电路中总电压的相位滞后于电流，电路呈电容性。如图 3-25(b)所示。

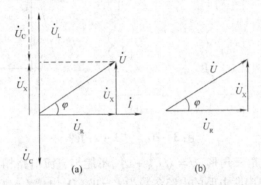

图 3-24 RLC 串联电路的相量图与电压三角形

(3) 当 $X = 0$，即 $X_L = X_C$ 时，则 $U_L = U_C$，此时 $\varphi = 0$，电路中总电压与总电流同相位，电路呈电阻性。如图 3-25(c)所示。这时的电路发生了谐振，电路谐振时会发生许多特殊现象，后面将作详细讨论。

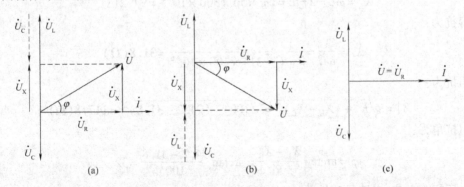

图 3-25 RLC 串联电路的相量图

例 3-8 日光灯电路可等效为电阻和电感的串联电路，如图 3-26(a)所示，$L = 0.3$ H，$R = 165\ \Omega$，工频电源电压为 220 V。求：(1)电阻电压 U_R，电感电压 U_L；(2)写出 $i(t)$ 解析式；(3)画相量图。

解:画出电路的相量模型如图 3-26(b)所示。

$$X_L = \omega L = 2\pi f L = 2\pi \times 50 \times 0.3 = 94.2(\Omega)$$

$$|Z| = \sqrt{R^2 + X_L^2} = \sqrt{100^2 + 94.2^2} = 189.9(\Omega)$$

(1) $I = \dfrac{U}{|Z|} = \dfrac{220}{189.9} \text{A} = 1.16(\text{A})$

$U_R = IR = 1.16 \times 165 \text{ V} = 191.6(\text{V})$

$U_L = IX_L = 1.16 \times 94.2 = 109.3(\text{V})$

(2) 设电流的初相位 $\psi_i = 0$,则:

$$i(t) = 1.16\sqrt{2}\sin 314t(\text{A})$$

(3) 相量图如图 3-26(c)所示。

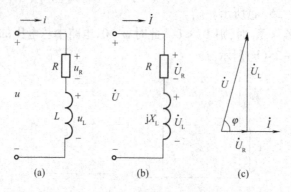

图 3-26 例 3-8 的图

U_R、U_L 和 U 构成直角三角形,$U = \sqrt{U_R^2 + U_L^2}$,不能与直流电路相混淆。

例 3-9 已知 *RLC* 串联电路的电路参数为 $R = 100 \ \Omega$,电感 $L = 300 \text{ mH}$,电容 $C = 100 \ \mu\text{F}$,接于 100 V、50 Hz 的交流电源上,试求电流 *I* 及 U_R、U_L、U_C,并以电压为参考相量写出电源电压和电流的瞬时值表达式。

解:感抗为:

$$X_L = \omega L = 2\pi f L = 2\pi \times 50 \times 300 \times 10^{-3} = 94.2(\Omega)$$

容抗为:

$$X_C = \frac{1}{\omega C} = \frac{1}{2\pi f C} = \frac{1}{314 \times 100 \times 10^{-6}} = 31.8(\Omega)$$

阻抗为:

$$|Z| = \sqrt{R^2 + (X_L - X_C)^2} = \sqrt{100^2 + (94.2 - 31.8)^2} = 117.8(\Omega)$$

阻抗角为:

$$\varphi = \arctan\frac{X_L - X_C}{R} = \arctan\frac{94.2 - 31.8}{100} = 32°$$

电压超前电流,电路呈感性。

故电流为:

$$I = \frac{U}{|Z|} = \frac{100}{117.8} = 0.85(\text{A})$$

各元件上的电压为:

$$\begin{cases} U_R = IR = 0.85 \times 100 = 85(\text{V}) \\ U_L = IX_L = 0.85 \times 94.2 = 80(\text{V}) \\ U_C = IX_C = 0.85 \times 31.8 = 27(\text{V}) \end{cases}$$

以电源电压为参考相量,则电源电压的瞬时值表达式为:

$$u(t) = 100\sqrt{2}\sin\omega t \text{ V}$$

电流的瞬时值表达式为:

$$i(t) = 0.85\sqrt{2}\sin(314t - 32°)\text{A}$$

例 3-10 图 3-27(a)所示是一个移相电路,$R = 1 \text{ k}\Omega$,$u_1(t) = \sqrt{2}\sin 1\,000t$ V,欲使输入电压 u_1 滞后输出电压 u_2 60°的相位角。求电感量 L 及输出电压 U_2。

解:设电流 $i(t)$ 的相量为 $\dot{I} = I\underline{/\psi_i}$,电路为 RL 串联电路,电压超前于电流。因此,作相量图,如图 3-27(b)所示。

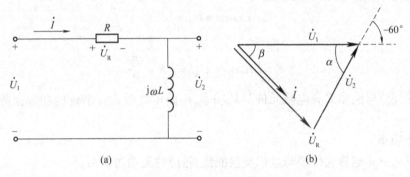

图 3-27 例 3-10 的图

根据题意 $\alpha = 60°$,则:

$$\beta = 90° - 60° = 30°, \psi_i = -30°$$

电路的阻抗为:

$$Z = R + j\omega L = (1\,000 + j\omega L)\Omega$$

阻抗角为:

$$\varphi = \arctan\frac{\omega L}{R} = \arctan\frac{\omega L}{1\,000} = \psi_u - \psi_i = 30°$$

$$\omega L = R\tan\varphi$$

$$L = \frac{R\tan\varphi}{\omega} = \frac{1\,000 \times \tan 30°}{1\,000} = 0.57(\text{H})$$

由 U_1、U_R、U_2 构成的直角三角形可知:

$$U_2 = \frac{1}{2}U_1 = 0.5(\text{V})$$

$$u_2(t) = \frac{\sqrt{2}}{2}\sin(1\,000t + 60°)\text{V}$$

由上例可看出:RC 串联电路是一种移相电路,改变 C、R 或 f 都可达到移相的目的,这在实际工程中有很重要的应用。

3.4.3 RLC 串联电路的功率

1. 瞬时功率

$$p(t) = ui = U_m\sin(\omega t + \psi_u)I_m\sin\omega t$$
$$= U_m I_m \frac{1}{2}[\cos\psi_u - \cos(2\omega t + \psi_u)]$$
$$= UI[\cos\psi_u - \cos(2\omega t + \psi_u)]$$

2. 有功功率

$$P = \frac{1}{T}\int_0^T p\,dt = \frac{1}{T}\int_0^T UI[\cos\psi_u - \cos(2\omega t + \psi_u)]dt = UI\cos\psi_u$$

上式表明交流电路中,有功功率的大小不仅取决于电压和电流的有效值,而且和电压、电流间的相位差 φ(阻抗角)有关,即与电路的参数有关。

由相量图中的电压三角形可知:

$$U\cos\varphi = U_R = IR$$

故:

$$P = UI\cos\varphi = U_R I = I^2 R = \frac{U_R^2}{R} \tag{3-46}$$

这说明交流电路中只有电阻元件消耗功率,电路中电阻元件消耗的功率就等于电路的有功功率。

3. 无功功率

电路中电感和电容元件要与电源交换能量,相应的无功功率为:

$$Q = U_L I - U_C I = I(U_L - U_C) = UI\sin\varphi \tag{3-47}$$

4. 视在功率

交流电路中,电源电压有效值 U 与电流有效值 I 的乘积称为电路的视在功率,用 S 表示。即:

$$S = UI$$

视在功率的单位为伏安(V·A)或千伏安(kV·A)。代表了正弦交流电源向电路提供的最大功率,又称为电源的功率容量。

有功功率 P、无功功率 Q 和视在功率 S 之间也组成一个直角三角形,称为功率三角形,如图 3-28 所示,三者之间关系为:

$$S = \sqrt{P^2 + Q^2} \tag{3-48}$$
$$P = S\cos\varphi \tag{3-49}$$
$$Q = S\sin\varphi \tag{3-50}$$

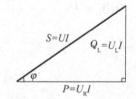

图 3-28 功率三角形

功率三角形与电压三角形和阻抗三角形都是相似三角形。阻抗角的余弦叫作正弦交流电路的功率因数,用字母 λ 表示,即:

$$\lambda = \cos\varphi \tag{3-51}$$

从功率三角形中可以得出:

$$\lambda = \cos\varphi = \frac{P}{S} \tag{3-52}$$

可见,正弦交流电路的功率因数等于有功功率与视在功率的比值。因此,电路的功率因数能够表示出电路实际消耗功率占电源功率容量的百分比。

例 3-11 求例 3-9 中电路的有功功率、无功功率、视在功率。

解：上接例题 3-9 所求的内容。

电路中的有功功率、无功功率和视在功率分别为：

有功功率：
$$P = IU_R = 0.85 \times 85 = 72.25(\text{W})$$

无功功率：
$$Q_L = IU_L = 0.85 \times 80 = 68(\text{var})$$
$$Q_C = IU_C = 0.85 \times 37 = 31.45(\text{var})$$
$$Q = Q_L - Q_C = 36.55(\text{var})$$

视在功率为：
$$S = UI = 100 \times 0.85 = 85(\text{V} \cdot \text{A})$$

【应用测试】

知识训练：

一、判断题（正确的打√，错误的打×）

1. RL 串联电路两端的总电压等于或小于电阻两端和电感两端的电压之和。（ ）
2. 在 RLC 串联电路中，电路的总阻抗 $|Z| = \sqrt{R^2 + (X_L + X_C)^2}$。（ ）
3. 在 RLC 串联电路中，$U = |Z|I$。（ ）

二、填空题

1. 在图 3-29 所示电路中，表 V_1、V 的读数分别为 3 V、5 V。当元件为电阻时，表 V_2 读数_____；当元件为电感时，表 V_2 的读数_____；当元件为电容时，表 V_2 读数_____。（电压表为电磁系仪表。）

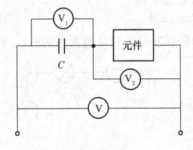

图 3-29

三、计算题

1. 已知 RLC 串联电路中的 $R = 40\ \Omega$，$L = 191$ mH，$C = 106.2\ \mu\text{F}$，输入电压 $u(t) = 220\sqrt{2}\sin(314t - 20°)$ V。求：(1) 感抗 X_L、容抗 X_C 及复阻抗 Z；(2) 电流的有效值 I 及电流的瞬时值表达式；(3) 各元件上电压的有效值及它们的瞬时表达式；(4) 电路的功率因数 $\cos\varphi$、有功功率 P 和无功功率 Q。

2. 有一只具有电阻和电感的线圈，当把它接在直流电路中时，测得线圈中的电流为 8 A，线圈两端的电压为 48 V；当把它接在 f = 50 Hz 的交流电路中时，测得通过线圈的电流为 12 A,加在线圈两端电压的有效值为 120 V。试绘出电路图,并计算出线圈的电阻和电感。

3. RLC 串联交流电路,用万用表测电阻、电感、电容两端电压都是 100 V,则电路端电压是多少?

4. 在 RC 串联电路中,已知电路的端电压 $u(t) = 100\sqrt{2}\sin500t$ V,$R = 40\ \Omega$,$C = 10\ \mu F$。求电路的总阻抗 Z、电流 $i(t)$、电路的有功功率 P、功率因数 λ。

技能训练:

任务:单相交流电路串联

一、技能训练目标

掌握串联电路中总电压和分电压的关系。

二、实训器材

(1)交流电源,220 V。
(2)白炽灯,2 只。
(3)镇流器(220 V、40 W),1 只。
(4)电容器(4.75 μF),1 只。
(5)交流电流表,3 只。
(6)万用表,1 只。
(7)导线若干。

三、能力训练内容

1. 白炽灯和白炽灯的串联电路

(1)按电路图 3 - 30 连接电路。
(2)接通电源并将电压调至 220 V。
(3)将电流表读数填入表 3 - 4 中。
(4)用万用表交流电压挡分别测量两只灯泡两端的电压,将数据填入表 3 - 4 中。

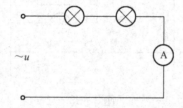

图 3 - 30　白炽灯和白炽灯的串联电路

表 3 - 4　白炽灯和白炽灯的串联电路测量数据

U/V	U_1/V	U_2/V	I/A
220			

2. 白炽灯和镇流器的串联电路

(1)按照实验图3-31连接电路。

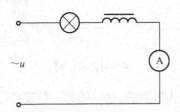

图3-31　白炽灯和镇流器的串联电路

(2)接通电源并将电源调至220 V。
(3)将电流表读数填入表3-5中。
(4)用万用表交流电压挡分别测量灯泡和镇流器两端的电压,将数据填入表3-5中。

表3-5　白炽灯和镇流器的串联电路测量数据

U/V	U_R/V	U_L/V	I/A
220			

3. 白炽灯、镇流器和电容器的串联电路

(1)按实验图3-32连接电路。
(2)接通电源并将电源调至220 V。
(3)将电流表读数填入表3-6中。

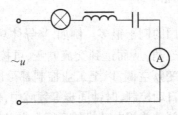

图3-32　白炽灯、镇流器和电容器的串联电路

(4)用万用表交流电压挡分别测量灯泡、镇流器、电容器两端的电压,将数据填入表3-6中。

表3-6　白炽灯、镇流器和电容器的串联电路测量数据

U/V	U_R/V	U_L/V	U_C/V	I/A
220				

四、思考题

(1)两个白炽灯串联的电路,各个灯电压之和等于总电压吗? 为什么?
(2)白炽灯和镇流器的串联电路,各元件电压之和等于总电压吗? 为什么? 它们符合什么关系? 画出相量图。
(3)白炽灯、镇流器和电容器的串联电路,各元件电压之和等于总电压吗? 为什么? 它们符合什么关系? 画出相量图。

(4)白炽灯和电容器并联的电路中,各支路电流之和等于总电流吗?为什么?画出相量图。

【知识拓展】

移相电路

电路通常是用作传输和转换电能的,但它的另一种重要作用是对施加给电路的信号(如输入电压)进行处理。移相电路就是完成这种信号处理功能的电路之一。常见的移相电路大多数用电阻元件和电容元件串联构成,称其为 RC 移相电路,如图 3-33 所示。它的输入电压是串联电路的总电压 u_1,输出电压 u_2 可以从电阻上取,也可以从电容上取出。在实用中,为了满足一定的移相范围,常采用多节 RC 电路组成移相网络;另一类常见的移相电路叫移相电桥,如图 3-34 所示。它是由两个固定电阻、一个可变电阻和一个固定电容构成 4 个桥臂,输入电压 u_1 和输出电压 u_2 分别是电桥对角线间的电压。

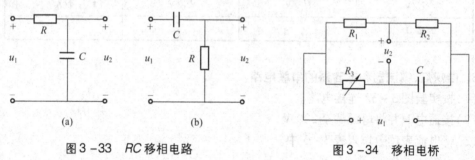

图 3-33　RC 移相电路　　　　　　图 3-34　移相电桥

移相电路在电子技术中应用的例子很多。例如,半导体功率开关器件(SCR)在工作时,就是通过移相电路来改变其导通角,从而达到交流调压、可控整流、变频调速等目的。从家用调光台灯、大型舞台调光灯、变频空调,以至工业控制都可以看到其应用;在广播电视、雷达、通信、频率合成、信号跟踪、自动控制、时钟同步等领域中,也都广泛采用各种移相电路。

移相电路的另一个应用实例是单相电动机的运行。电动机是靠通电后内部产生旋转磁场而转动的。产生旋转磁场的方法之一是分别向两个空间角度 90°的绕组中,通入两个相位不同的电流。由于在单相电动机中,只能使用单相电源,采用移相电路后,就可以把单相电源电压施加给电动机的一个绕组,同时,通过移相电路使电动机的另一个启动绕组流过相位不同的电流,从而使电动机内产生旋转磁场。

3.5　RLC 并联电路与复导纳

电阻、电感、电容并联的电路如图 3-35(a)所示,对应这类电路应用导纳分析比较方便。

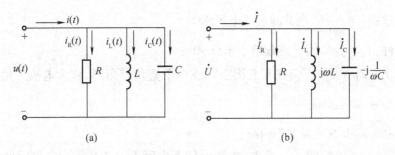

图 3-35 RLC 并联电路

3.5.1 RLC 并联电路的导纳

如图 3-35(b)所示是 RLC 电路的相量模型。电阻元件的电导 $G = \frac{1}{R}$；电感元件的感纳 $B_L = \frac{1}{\omega L}$；电容元件的容纳 $B_C = \omega C$。设输入端电压 $u(t) = U_m \sin\omega t$，对应相量为 $\dot{U} = U \underline{/0°}$。由于并联元件上电压相等，根据 KCL 的相量形式不难写出：

$$\dot{I} = \dot{I}_R + \dot{I}_L + \dot{I}_C$$

$$= \frac{1}{R}\dot{U} + \frac{1}{j\omega L}\dot{U} + j\omega C\dot{U}$$

$$= (G - jB_L + jB_C)\dot{U}$$

$$= [G + j(B_C - B_L)]\dot{U}$$

令：

$$Y = G + j(B_C - B_L) = G + jB, B = (B_C - B_L) \tag{3-53}$$

则：

$$\dot{I} = Y\dot{U} \tag{3-54}$$

Y 称为电路的复导纳。它的实部 G 是电路的电导，虚部 $B = B_C - B_L$ 称电纳。
由式(3-54)还可以将导纳表示为输入端电流相量与电压相量的比。
设：

$$\dot{I} = I\underline{/\psi_i}\ \dot{U} = U\underline{/\psi_u}$$

则：

$$Y = \frac{\dot{I}}{\dot{U}} = \frac{I\underline{/\psi_i}}{U\underline{/\psi_u}} = \frac{I}{U}\underline{/\psi_i - \psi_u}$$

可见：

$$Y = \frac{1}{Z}$$

3.5.2 RLC 并联电路的电压和电流

如图 3-35(b)所示 RLC 电路的相量模型，并且假设 $B<0$ 的条件下，令 $\dot{U} = U\underline{/0°}$，做相量图如图 3-35 所示。从而可以非常直观地得到各元件电流、总电流与电压之间的关系：
电阻元件：$\dot{I}_R = \frac{1}{R}\dot{U}$，电流与电压同相位；

电感元件：$\dot{I}_L = \dfrac{1}{j\omega L}\dot{U}$，电流滞后于电压 90°；

电容元件：$\dot{I}_C = j\omega C\dot{U}$，电流超前于电压 90°；

总电流 $\dot{I} = \dot{I}_R + \dot{I}_L + \dot{I}_C$，在相量图上构成一个直角三角形，称为电流三角形。电流与电压相位差为 $\varphi' = -\arctan\dfrac{I_L - I_C}{I_R}$。

RLC 并联电路也有三种工作情况：

(1) 当 $B_L > B_C$ 时，即 $B < 0$ 时，电感元件上电流 $I_L = B_L U$ 大于电容元件上电流 $I_C = B_C U$，$\varphi' < 0$，电路呈电感性，相量图如图 3-36 所示。

(2) 当 $B_L = B_C$ 时，即 $B = 0$ 时，电感元件上电流 $I_L = B_L U$ 等于电容元件上电流 $I_C = B_C U$，$\varphi' = 0$，电路呈电阻性，相量图如图 3-37 所示。

(3) 当 $B_L < B_C$ 时，即 $B > 0$ 时，电感元件上电流 $I_L = B_L U$ 小于电容元件上电流 $I_C = B_C U$，$\varphi' > 0$，电路呈电容性，相量图如图 3-38 所示。

具有两个元件并联的电路，其分析方法相似，这里不再赘述。

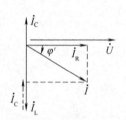
图 3-36 感性电路

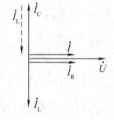
图 3-37 阻性电路

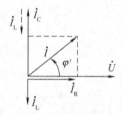
图 3-38 容性电路

3.5.3 RLC 并联电路的功率

1. 有功功率

与前面的有功功率求法相同：

$$P = U_R I = I^2 R = \dfrac{U_R^2}{R} = UI\cos\varphi$$

2. 无功功率

$$Q = U_L I - U_C I = I(U_L - U_C) = UI\sin\varphi$$

3. 视在功率

$$S = UI$$

例 3-12 如图 3-39 所示，已知 $u(t) = 120\sqrt{2}\sin(1\,000t + 90°)$ V，$R = 15\ \Omega$，$L = 30$ mH，$C = 83.3\ \mu$F，求 $i(t)$。

解：用相量法求解。

(1) $\dot{U} = 120\underline{/90°}$ (V)。

(2) 对电阻元件：

$$\dot{I}_R = \dfrac{\dot{U}}{R} = \dfrac{120\underline{/90°}}{15} = 8\underline{/90°} = j8\ (A)$$

对电容元件：

$$\dot{I}_C = j\omega C\dot{U} = 1\,000 \times 83.3 \times 10^{-6} \times 120\,\underline{/90° + 90°} = 10\,\underline{/-180°} = -10(\text{A})$$

对电感元件：

$$\dot{I}_L = \frac{\dot{U}}{j\omega L} = \frac{120\,\underline{/90°}}{1\,000 \times 30 \times 10^{-3}\,\underline{/90°}} = 4\,\underline{/0°}\,(\text{A})$$

有 KCL：

$$\dot{I} = \dot{I}_R + \dot{I}_L + \dot{I}_C = j8 - 10 + 4 = -6 + j8 = 10\,\underline{/127°}(\text{A})$$

(3) 写出 $i(t)$：

$$i(t) = 10\sqrt{2}\sin(1\,000t + 127°)\,\text{A}$$

由相量图 3-40 可见，电流 $i(t)$ 超前于电压 $u(t)$ 37°。

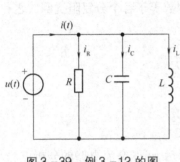

图 3-39 例 3-12 的图

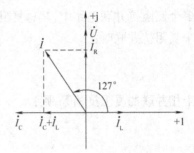

图 3-40 相量图

3.5.4 阻抗的串、并联

我们已知，正弦交流电路中的复阻抗 Z 与直流电路中的电阻 R 相对应，因而直流电路中的电阻串并联公式也同样可以扩展到正弦交流电路中，用于复阻抗的串并联计算。

1. 阻抗的串联

设有 n 个阻抗 Z_1、Z_2、$\cdots$、Z_n 串联，如图 3-41 所示。

根据 KVL 和欧姆定律有：

$$\dot{U} = \dot{U}_1 + \dot{U}_2 + \cdots + \dot{U}_n = Z_1\dot{I} + Z_2\dot{I} + \cdots + Z_n\dot{I} = (Z_1 + Z_2 + \cdots Z_n)\dot{I}$$

则根据阻抗定义，总的端口阻抗 Z 为：

$$Z = Z_1 + Z_2 + \cdots + Z_n \tag{3-55}$$

即在多个复阻抗串联电路中，其总复阻抗等于各个分复阻抗之和。

2. 阻抗的并联

设有 n 个阻抗 Z_1、Z_2、$\cdots$、Z_n 并联，如图 3-42 所示。

同样，对于多个阻抗相并联时，也可得出其总阻抗 Z 为：

$$\dot{I} = \dot{I}_1 + \dot{I}_2 + \cdots + \dot{I}_n$$

即有：

$$\frac{\dot{U}}{Z} = \frac{\dot{U}}{Z_1} + \frac{\dot{U}}{Z_2} + \cdots + \frac{\dot{U}}{Z_n}$$

故：

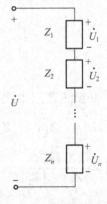

图 3-41 阻抗的串联

$$\frac{1}{Z} = \frac{1}{Z_1} + \frac{1}{Z_2} + \cdots + \frac{1}{Z_n} \qquad (3-56)$$

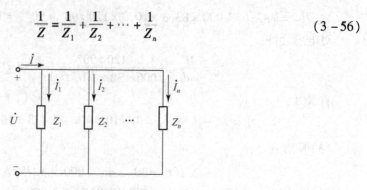

图 3-42 阻抗的并联

即在多个复阻抗并联电路中,其总复阻抗的倒数等于各个分复阻抗倒数之和。

当两个复阻抗并联时:

$$Z = \frac{Z_1 Z_2}{Z_1 + Z_2} \qquad (3-57)$$

若两个相并联的复阻抗相等,则:

$$Z = \frac{Z_1}{2} = \frac{Z_2}{2} \qquad (3-58)$$

应该说明的是,在引入了相量和阻抗的概念以后,正弦交流电路的分析方法与电阻电路完全相同,很多公式的形式也完全一致。

如两个串联阻抗的分压公式为:

$$\left. \begin{aligned} \dot{U}_1 &= \frac{Z_1}{Z_1 + Z_2} \dot{U} \\ \dot{U}_2 &= \frac{Z_2}{Z_1 + Z_2} \dot{U} \end{aligned} \right\} \qquad (3-59)$$

两个并联阻抗的分流公式为:

$$\left. \begin{aligned} \dot{I}_1 &= \frac{Z_2}{Z_1 + Z_2} \dot{I} \\ \dot{I}_2 &= \frac{Z_1}{Z_1 + Z_2} \dot{I} \end{aligned} \right\} \qquad (3-60)$$

必须注意:上面各式均为复数运算,而不是实数运算。因此,在一般情况下,当阻抗串联时,$|Z| \neq |Z_1| + |Z_2| + \cdots + |Z_n|$;阻抗并联时,$\frac{1}{|Z|} \neq \frac{1}{|Z_1|} + \frac{1}{|Z_2|} + \cdots + \frac{1}{|Z_n|}$ 及 $|Z| \neq \frac{|Z_1||Z_2|}{|Z_1| + |Z_2|}$。

【应用测试】

知识训练:

1. 已知 RLC 串联电路中的 $R = 40\ \Omega$,$L = 40\ \text{mH}$,$C = 100\ \mu\text{F}$,输入电压 $u = 220\sqrt{2} \sin(1\,000t + 37°)\text{V}$。求:

(1) 求 $i(t)$, $u_R(t)$, $u_L(t)$;
(2) 求功率因数 $\cos\varphi$、有功功率 P、无功功率 Q 和视在功率 S。

2. 如图 3-43 所示，已知 $u(t)=10\sqrt{2}\sin10t\text{V}$，求各电流表的读数。

3. 如图 3-44 所示，i_1、i_2 为同频率的正弦交流电，电流表 A_1A_2 的示数为 3 A、4 A。试问在以下几种情况下 i_1、i_2 的相位差 ψ_{1-2} 为多少？

(1) 电流表 A 指示为 5 A；
(2) 电流表 A 指示为 1 A；
(3) 电流表 A 指示为 7 A。

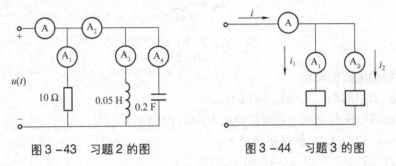

图 3-43 习题 2 的图   图 3-44 习题 3 的图

3.6 谐振电路

所谓谐振是指在含有电容和电感的交流电路中，当电路中总电压和总电流相位相同时，整个电路的负载呈电阻性，称电路发生了谐振。研究谐振的目的在于掌握这一客观规律，以便在生产实践中充分地利用它，同时也要防止它可能造成的危害。

谐振分为串联谐振和并联谐振两种，下面分别予以讨论。

3.6.1 串联谐振

在 RLC 串联电路中已指出，当电感上的电压与电容上的电压相等时，它们正好互相抵消，电路中的电流与端电压同相位，这时就称 RLC 串联电路发生了谐振。由于电路中电阻、电感及电容元件是串联的，故称为串联谐振，如图 3-45(a) 所示。

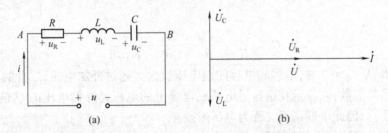

图 3-45 RLC 串联电路与相量图

1. 谐振条件与谐振频率

由上面的分析可知，在 RLC 串联电路中，当：

$$X_L = X_C \tag{3-61}$$

此时，$\varphi=0$，u 与 i 同相，电路发生串联谐振，式(3-61)是发生串联谐振的条件，即：

$$\omega L = \frac{1}{\omega C} \qquad (3-62)$$

或：

$$2\pi f L = \frac{1}{2\pi f C} \qquad (3-63)$$

可见，无论改变电路参数 L 或 C，还是改变频率 f 或角频率 ω，都可满足上述谐振条件，使电路发生谐振。谐振角频率和谐振频率分别用 ω_0 和 f_0 表示，则得：

$$\omega_0 = \frac{1}{\sqrt{LC}} \qquad (3-64)$$

$$f_0 = \frac{1}{2\pi\sqrt{LC}} \qquad (3-65)$$

2. 串联谐振电路的特点

(1)电流与电压同相位，电路呈电阻性。

串联谐振时电压与电流的相量图如图 3-45(b)所示。

(2)谐振时，阻抗最小，回路电流最大。

谐振时，回路电抗 $X=0$，故阻抗最小，其值为：

$$Z = R + jX = R$$

这时电路中的电流最大，称为谐振电流，其值为：

$$I_0 = \frac{U}{|Z|} = \frac{U}{R} \qquad (3-66)$$

(3)电感及电容两端电压大小相等，相位相反；电阻端电压等于外加电压。谐振时电感端电压与电容端电压相互补偿，这时外加电压与电阻上的电压相平衡，即：

$$\dot{U}_C = -\dot{U}_L$$
$$\dot{U} = \dot{U}_R \qquad (3-67)$$

(4)电感端电压与电容端电压有可能大大超过外加电压。谐振时，电感或电容的端电压与外加电压的比值为：

$$Q = \frac{U_L}{U} = \frac{X_L I}{RI} = \frac{X_L}{R} = \frac{\omega_0 L}{R}$$

或：

$$Q = \frac{U_C}{U} = \frac{X_C I}{RI} = \frac{X_C}{R} = \frac{1}{\omega_0 CR} \qquad (3-68)$$

当 $X_L \gg R$ 或 $X_C \gg R$ 时，电感和电容的端电压就大大超过外加电压，二者的比值 Q 称为谐振电路的品质因数，它表示在谐振时电感或电容上的电压是外加电压的 Q 倍。Q 值一般可达几十至几百，因此串联谐振又称为电压谐振。

串联谐振在有些地方是有害的，例如在电力工程中，若电压为 380 V，$Q=10$，当电路发生谐振时，电感或电容上的电压就是 3 800 V，这是很危险的，如果 Q 值再大，则更危险。所以在电力工程中，一般应避免发生串联谐振。但在无线电工程中，串联谐振却得到广泛应用，例如在收音机里常被用来选择信号。

例 3-13 某收音机的输入回路如图 3-46 所示。各地广播电台发射的无线电波在天线圈中分别产生感应电动势 e_1、e_2、e_3 等。已知线圈电阻 $R=20\ \Omega$，电感 $L=250\ \mu H$，电容可调。当接收 540 kHz 的信号时，(1) 求电容 C 值及品质因数 Q；若调谐回路感应电动势为 $2\ \mu V$，求谐振电流 I_0 和电容电压 U_C；(2) 对非谐振频率 600 kHz 的信号，若感应电动势为 $2\ \mu V$，求电路电流 I 和电容电压 U'_C。

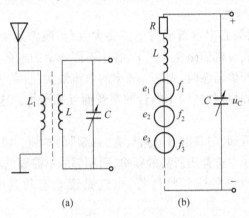

图 3-46 串联谐振的选频电路
(a) 电路图；(b) 等效电路

解：(1) 根据串联谐振频率 $f_0=\dfrac{1}{2\pi\sqrt{LC}}$，求得：

$$C=\frac{1}{(2\pi f_0)^2 L}=\frac{1}{(2\times 3.14\times 540\times 10^3)^2\times 250\times 10^{-6}}=346\times 10^{-12}(\text{F})$$

品质因数为：

$$Q=\frac{\omega_0 L}{R}=\frac{2\pi f_0 L}{R}$$

$$=\frac{2\times 3.14\times 540\times 10^3\times 250\times 10^{-6}}{20}$$

$$=42.5$$

谐振电流为：

$$I_0=\frac{U}{R}=\frac{2}{20}=0.1(\mu A)$$

电容电压为：

$$U_C=QU=42.5\times 2=85(\mu V)$$

(2) 频率为 600 kHz 时，可求出电抗为：

$$X=X_L-X_C=2\pi fL-\frac{1}{2\pi fC}=2\pi\times 600\times 10^3\times 250\times 10^{-6}-\frac{1}{2\pi\times 600\times 10^3\times 346\times 10^{-12}}$$

$$=176(\Omega)$$

阻抗为：

$$|Z|=\sqrt{R^2+X^2}=\sqrt{20^2+176^2}=177(\Omega)$$

电流为：

$$I=\frac{U}{|Z|}=\frac{2}{177}=0.011\ 3(\mu A)$$

电容上电压为：

$$U'_C = IX_C = 0.011\ 3 \times 767 = 8.67(\mu V)$$

讨论：由该例可看出，同样的调谐回路，当电路发生谐振时，电容上电压远远大于电路未发生谐振时电容上的电压，收音机就是利用此原理来选择信号的。

3. 谐振电路的选频特性

在电子技术中，不仅关心串联谐振时电流要大，而且还希望偏离谐振时电流能明显减小。如图 3-46 所示的收音机的磁性天线上，各个不同频率的电台均有感应电动势产生，当电容调谐到某一频率而产生谐振时，则这一频率的电流最大，而在谐振频率附近的其他电台的电流则很小，不至于同时接收到两个电台的声音而互相干扰。这时收音机的质量指标之一，也叫选择性。

由串联谐振的特点可知，串联谐振电路具有"选频"的本领。如果一个谐振电路，能够比较有效地从相邻不同频率中选择出所需的频率，而相邻的不需要的频率，对它产生的干扰影响很小，就说这个谐振电路的选频特性好，也就是说它有较强的选择信号的能力。如图 3-47 所示。

电流对频率的变化关系与品质因数 Q 有关系。我们给出不同的 Q 值，例如，取 Q 为 10、50、100 等，从图 3-48 可以看出，Q 值越高，在一定的频率偏离下，电流衰减得越厉害，其谐振曲线越陡。因此，在电子技术中，常用品质因数 Q 值的高低来体现选择性的好坏。

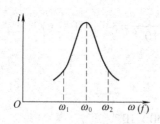
图 3-47 选频特性

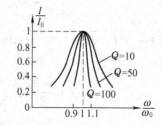
图 3-48 电流对频率的变化关系与品质因数 Q 的关系

在谐振电路中，Q 值是不是越高越好呢？对这个问题要进行全面的分析。在电工技术中，所传输的信号往往不是具有单一频率的信号，而是一个频率范围，称为频带。例如，广播电台播放的音乐节目，频带宽度可达十几千赫。为了保证收音机不失真地重现原来的节目，就要求调谐回路具有足够宽的频带。若 Q 值越高，就会使一部分需要传输的频率被抑制掉，造成信号失真。

事实上，要想在规定的频带内，使信号电流都等于谐振电流 I_0 是不可能的。在电子技术上规定，当回路外加电压的幅值不变时，回路中产生的电流不小于谐振值的 $1/\sqrt{2} = 0.707$ 倍的一段频率范围，称为谐振电路的通频带，简称带宽。通频带用 Δf 表示，即

$$\Delta f = f_2 - f_1$$

式中，f_1、f_2 是通频带低端和高端频率，如图 3-49 所示。由以上分析可看出，增大谐振电路的品质因数 Q，可以提高电路的选频特性，但使通频带宽度变窄了，接收的信号就容易失真，所以，两者是矛盾的。

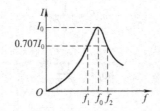

图 3-49 通频带

3.6.2 电感线圈和电容器的并联谐振电路

1. 谐振条件

工程上广泛应用电感线圈与电容器组成并联谐振电路,由于实际电感线圈的电阻不可忽略,与电容器并联时,其电路模型及相量图如图 3-50 所示。当电路参数选取适当时,可使总电流 $\dot{I}$ 与外加端电压 $\dot{U}$ 同相位,称电路发生了并联谐振。

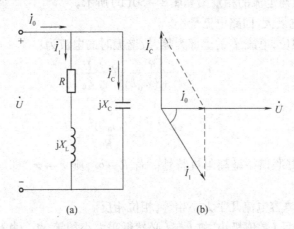

图 3-50 RL 与 C 并联谐振电路及相量图

此时 RL 支路中的电流为:

$$\dot{I}_1 = \frac{\dot{U}}{R + jX_L} = \frac{\dot{U}}{R + j\omega_0 L}$$

电容 C 支路中的电流为:

$$\dot{I}_C = \frac{\dot{U}}{-jX_C} = \frac{\dot{U}\omega_0 C}{-j} = j\omega_0 C \dot{U} \tag{3-69}$$

故总电流为:

$$\dot{I} = \dot{I}_1 + \dot{I}_C = \frac{\dot{U}}{R + j\omega_0 L} + j\omega_0 C \dot{U}$$

$$= \left[\frac{R - j\omega_0 L}{R^2 + (\omega_0 L)^2} + j\left(\omega_0 C - \frac{\omega_0 L}{R^2 + (\omega_0 L)^2}\right) \right] \dot{U}$$

若要使电路中的电流与外加端电压 $\dot{U}$ 同相位,则需 $\dot{I}$ 的虚部为零,即:

$$\omega_0 C = \frac{\omega_0 L}{R^2 + (\omega_0 L)^2}$$

在一般情况下,线圈的电阻 R 很小,线圈的感抗 $\omega_0 L \gg R$,故:

$$\omega_0 L \approx \frac{1}{\omega_0 C}$$

由此可得谐振角频率为：

$$\omega_0 \approx \frac{1}{\sqrt{LC}} \tag{3-70}$$

谐振频率为：

$$f_0 \approx \frac{1}{2\pi\sqrt{LC}} \tag{3-71}$$

这就是说，当电感线圈的感抗 $\omega L \gg R$ 时，并联谐振的条件与串联谐振的条件基本相同。即相同的电感和电容当它们接成并联或串联电路时，谐振频率几乎相等。

2. 并联谐振电路的特点

（1）电流与电压同相位，电路呈电阻性。

并联谐振时电压与电流的相量图如图 3-50(b) 所示。

（2）谐振时，阻抗最大，回路电流最小。

电流与电压同相位，电流 $\dot{I}$ 的虚部为零，故谐振时的电流为：

$$\dot{I}_0 = \frac{R}{R^2 + (\omega_0 L)^2} \dot{U} = \frac{\dot{U}}{Z_0}$$

式中：

$$Z_0 = \frac{R^2 + (\omega_0 L)^2}{R} \approx \frac{(\omega_0 L)^2}{R} = \frac{L}{RC} \tag{3-72}$$

因电阻很小，故并联谐振呈高阻抗特性。若 $R \to \infty$，则 $Z \to \infty$，即电路不允许频率为 f_0 的电流通过。

（3）电感电流及电容电流几乎大小相等，相位相反。

由于 $\dot{U}$ 与 $\dot{I}$ 同相，且 $\dot{I}$ 数值极小，故 $\dot{I}_L$ 与 $\dot{I}_C$ 必然近乎大小相等，相位相反。

（4）电感或电容支路的电流有可能大大超过总电流。

谐振时，电感支路（或电容支路）的电流与总电流之比为电路的品质因数，其值为：

$$Q = \frac{I_1}{I_0} = \frac{\frac{U}{\omega_0 L}}{\frac{U}{|Z_0|}} = \frac{|Z_0|}{\omega_0 L} = \frac{\omega_0 L}{R}$$

即通过电感或电容的电流是总电流的 Q 倍。Q 值一般可达几至几百，故并联谐振又称为电流谐振。并联谐振也可用来选频，选频特性的好坏同样由 Q 值决定。

【应用测试】

知识训练：

一、判断题（正确的打√，错误的打×）

1. 当发生串联谐振时，$X_L = X_C$，$X = 0$，$|Z| = R$，这时电路的阻抗最小，电流最大。

（　　）

二、填空题

1. 在 RLC 组成的交流电路中，当总电流和总电压达到同相位时，电路就产生了

_____,谐振频率为_____。

三、选择题

1. 在 RLC 串联电路电压的表达式中,错误的是( )。

A. $U_1 + U_2 + U_3 = U_S$ B. $u_1 + u_2 + u_3 = u_S$ C. $\dot{U}_1 + \dot{U}_2 + \dot{U}_3 = \dot{U}_S$

2. RLC 串联电路只有哪一项属于电感性电路。( )

A. $R = 4\ \Omega$、$X_L = 3\ \Omega$、$X_C = 2\ \Omega$ B. $R = 5\ \Omega$、$X_L = 0\ \Omega$、$X_C = 2\ \Omega$

C. $R = 4\ \Omega$、$X_L = 1\ \Omega$、$X_C = 2\ \Omega$ D. $R = 4\ \Omega$、$X_L = 3\ \Omega$、$X_C = 3\ \Omega$

3. 电路为 RLC 串联谐振时,( )。

A. $I = \dfrac{U}{R}$ B. $I = \dfrac{U}{Z}$ C. $I = \dfrac{U}{|Z|}$ D. $i = \dfrac{U}{R}$

四、分析计算题

1. 如图 3-51 所示电路,$u(t) = 10\sqrt{2}\sin 10t$ V,$R = 10\ \Omega$,$L = 0.05$ H,$C = 0.2$ F。求各电流表的读数。

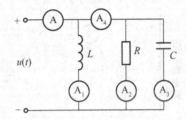

图 3-51 计算题 1 的图

2. 如图 3-52 所示,已知电源电压 $U = 1$ V,$R = 10\ \Omega$,$L = 1$ H,$C = 1\ \mu$F,当电路发生串联谐振时,电流表读数 A = _____ A,电压表读数 V_1 = _____ V,V_2 = _____ V,V_3 = _____ V,V_4 = _____ V。

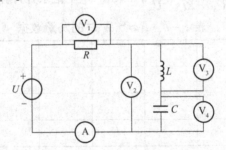

图 3-52 计算题 2 的图

3. 在 RLC 串联谐振电路中,已知 $U = 10$ V,$I = 1$ A,$U_C = 80$ V,求电阻 R 为多少?品质因数 Q 为多少?

技能训练:

任务:RLC 串联谐振电路

一、技能训练目标

(1)验证 RLC 串联电路的条件、特点。

(2)通过实验了解品质因数 Q 对谐振曲线的影响。

二、实训器材

(1)信号发生器,1台。
(2)白炽灯、电感器、电容器各1个。
(3)开关,1只。
(4)导线若干。

三、技能训练内容

(1)参数设置。

设置 R、L、C 的值,白炽灯的功率 $P = 5$ W,$U = 10$ V,$L = 10$ mH,$C = 100$ μF,则 $R = $ _____ Ω。

(2)按原理图 3 – 53 连接电路图。

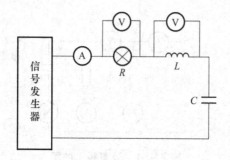

图 3 – 53　原理图

(3)保持信号源输出电压 $U = 10$ V 不变,使其频率由 1 ~ 500 Hz 连续变化,观察电压表、电流表的变化,根据 $Q = \dfrac{\omega_0 L}{R} = \dfrac{\omega_0 LI}{RI} = \dfrac{U_L}{U_R}$,在表 3 – 7 中记录并计算数据。

表 3 – 7　$P = 5$ W 时的测量数据

频率 f/Hz							
电流 I/A							
电阻电压 U_R/V							
电感电压 U_L/V							
品质因数 $Q_{测}$							

谐振时电流 $I_0 = $ _____ A,谐振频率 $f_0 = $ _____ Hz,品质因数 $Q_{算} = $ _____

(4)保持频率值 $f_0 = \dfrac{1}{2\pi\sqrt{LC}}$ 不变,更改品质因数 Q 值。

方法①:改变电阻 R,将灯泡功率变为 20 W,其他值保持不变,使用上面方法计算出阻值 $R = $ _____,同时,保持输出电压不变,改变频率,记录数据并将其填入表 3 – 8 中。

表3-8 $P=20$ W 时的测量数据

频率 f/Hz							
电流 I/A							
电阻电压 U_R/V							
电感电压 U_L/V							
品质因数 $Q_{测}$							

谐振时电流 $I_0=$ ____ A,谐振频率 $f_0=$ ____ Hz,品质因数 $Q_{算}=$ ____

方法②:保持 LC 的乘积不变。例如,$L=1$ H,$C=1$ μF,重复以上实验步骤,将数据填入表3-9中。

表3-9 保护 LC 的乘积不变时重复测量数据

频率 f/Hz							
电流 I/A							
电阻电压 U_R/V							
电感电压 U_L/V							
品质因数 $Q_{测}$							

谐振时电流 $I_0=$ ____ A,谐振频率 $f_0=$ ____ Hz,品质因数 $Q_{算}=$ ____

四、实训报告要求

(1)通过表3-7数据分析串联谐振的条件及影响品质因数的因素。
(2)通过表3-7、表3-8、表3-9的数据绘制谐振曲线。
(3)总结串联谐振电路的特点。

3.7 功率因数的提高

3.7.1 提高功率因数的意义

通过前面的分析,已知交流电路有功功率的大小不仅取决于电压和电流的有效值,而且和电压、电流间的相位差 φ 有关,即:

$$P = UI\cos\varphi$$

$\cos\varphi$ 为电路的功率因数,它与电路的参数有关。纯电阻电路 $\cos\varphi=1$,纯电感和纯电容的电路 $\cos\varphi=0$,一般电路中,$0<\cos\varphi<1$。目前,在各种用电设备中,除白炽灯、电炉等少数电阻性负载外,大多属于电感性负载。例如工农业生产中广泛使用的三相异步电动机和日常生活中大量使用的日光灯、电风扇等都属于电感性负载,而且它们的功率因数往往比较低。功率因数低,会引起下列两个问题。

1. 降低了供电设备的利用率

供电设备的额定容量 $S_N = U_N I_N$ 是一定的,其输出的有功功率为:

$$P = U_N I_N \cos\varphi = S_N \cos\varphi$$

一般 $\cos\varphi < 1, P < S_N$；$\cos\varphi$ 越低，则输出的有功功率 P 越小，而无功功率 Q 越大，电源与负载交换能量的规模越大，供电设备所提供的能量就越不能充分利用。

2. 增加了供电设备和线路的功率损耗

负载从电源取用的电流为：

$$I = \frac{P}{U\cos\varphi}$$

在 P 和 U 一定的情况下，$\cos\varphi$ 越低，I 就越大，供电设备和输电线路的功率损耗就越大。因此，提高电路的功率因数就可以提高供电设备的利用率和减少供电设备和输电线路的功率损耗，具有非常重要的经济意义。

3.7.2 提高功率因数的措施

提高功率因数的方法之一是在感性负载两端并联一只适当容量的电容器，利用电容的无功功率 Q_C 对电感的无功功率 Q_L 进行补偿。如图 3-54 所示，负载的端电压为 $\dot{U}$，在未并联电容器时，感性负载中的电流为：

$$\dot{I}_1 = \frac{\dot{U}}{Z_1} = \frac{\dot{U}}{R + jX_L} = \frac{\dot{U}}{|Z_1|\underline{/\psi_1}} = \frac{\dot{U}}{|Z_1|}\underline{/-\psi_1}$$

当并上电容后，$\dot{I}_1$ 不变，而电容支路有电流为：

$$\dot{I}_C = -\frac{\dot{U}}{jX_C} = j\frac{\dot{U}}{X_C}$$

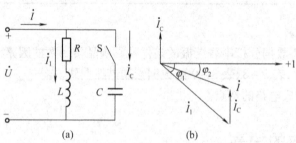

图 3-54 并联电容提高电路的功率因数

故线路电流为：

$$\dot{I} = \dot{I}_1 + \dot{I}_C$$

相量图 3-54(b) 表明，在感性负载两端并联适当的电容，可使电压与电流的相位差 φ_2 减小，即原来是 φ_1，现减小为 φ_2，$\varphi_1 < \varphi_2$，$\cos\varphi_1 > \cos\varphi_2$，同时线路电流由 I_1 减小为 I。这时能量互换部分发生在感性与电容器之间，因而使电源设备的容量得到充分利用，线路上的能耗和压降也减小了。

由于未并入电容时，电路的无功功率为：

$$Q = UI_1\sin\varphi_1 = UI_1\frac{\sin\varphi_1\cos\varphi_1}{\cos\varphi_1} = P\tan\varphi_1$$

而并入电容后，电路的无功功率为：

$$Q' = UI\sin\varphi_2 = UI\frac{\sin\varphi_2\cos\varphi_2}{\cos\varphi_2} = P\tan\varphi_2$$

因而电容需要补偿的无功功率为：

$$Q_C = Q - Q' = P(\tan\varphi_1 - \tan\varphi_2)$$

又因：

$$Q_C = \frac{U^2}{X_C} = \omega C U^2$$

所以,并入的电容器的电容为：

$$C = \frac{P}{2\pi f U^2}(\tan\varphi_1 - \tan\varphi_2) \tag{3-73}$$

式中,P 是负载所吸收的功率；U 是负载的端电压；φ_1 和 φ_2 分别是补偿前和补偿后的功率因数角。

工程上常采用查表的方法,根据 $\cos\varphi_1$、$\cos\varphi_2$ 和 P 从手册中直接查得所需并联电容的补偿容量。

在实际的电力系统中,并不要求将功率因数提高到 1。因为这样做经济效果不显著,还要增加大量的设备投资。通常是根据具体的电路,经过技术比较,将功率因数提高到适当的数值即可。

例 3-14 某电源 $S_N = 20\ \text{kV} \cdot \text{A}$，$U_N = 220\ \text{V}$，$f = 50\ \text{Hz}$。试求：

(1) 该电源的额定电流；
(2) 该电源若供给 $\cos\varphi_1 = 0.5$、40 W 的日光灯,最多可点多少盏?
(3) 若将电路的功率提高到 $\cos\varphi_2 = 0.9$,此时线路的电流是多少？需并联多大电容？

解：(1) 额定电流为：

$$I_N = \frac{S_N}{U_N} = \frac{20 \times 10^3}{220} = 91(\text{A})$$

(2) 设日光灯的盏数为 n，即：

$$n = \frac{S_N \cos\varphi_1}{P} = \frac{20 \times 10^3 \times 0.5}{40} = 250(\text{盏})$$

此时线路电流为额定电流,即 $I_1 = 91(\text{A})$。

(3) 因电路总的有功功率 $P = n \times 40 = 250 \times 40 = 10(\text{kW})$，故此时线路中的电流为：

$$I = \frac{P}{U\cos\varphi_2} = \frac{10 \times 10^3}{220 \times 0.9} = 50.5(\text{A})$$

将功率因数由 0.5 提高到 0.9 时,线路电流由 91 A 下降到 50.5 A,因而电源仍有潜力供电给其他负载。因 $\cos\varphi_1 = 0.5$，$\varphi_1 = 60°$，$\cos\varphi_2 = 0.9$，$\varphi_2 = 25.8°$,于是所需并联的电容器容量为：

$$C = \frac{P}{2\pi f U^2}(\tan\varphi_1 - \tan\varphi_2) = \frac{10 \times 10^3}{2\pi \times 50 \times 220^2}(\tan 60° - \tan 25.8°) = 820\ (\mu\text{F})$$

此外,合理使用用电设备,也可以提高电路的有功功率,减少电路对无功功率的占用,从而提高功率因数。如对感性负载电动机和变压器之类的用电设备,正确选择它们的容量,尽可能使其接近满负荷运行；如果设备容量选择过大,经常处于轻载或空载状态,功率因数必然很低。

【应用测试】

知识训练：

一、判断题（正确的打√,错误的打×）

1. 在电感性负载两端并联电容器可以提高负载的功率因数,因而可以减小负载电流。

（　　）

2. 根据公式 $I = P/(U\cos\varphi)$ 可知,当负载的额定电压 U 和额定功率 P 一定,则功率因数 $\cos\varphi$ 高时取用的电流 I 小。（　　）

3. 在供电线路中,经常利用电容器对电感电路的无功功率进行补偿。（　　）

二、选择题

1. 在电感性负载电路中,提高功率因数最有效、最合理的方法是(　　)。
   A. 串联阻性负载　　　　　　B. 并联适当的电容器
   C. 并联电感性负载　　　　　D. 串联纯电感

2. 荧光灯并联适当电容器后,使电路的功率因数提高,则荧光灯消耗的电功率将(　　)。
   A. 增大　　　　B. 减小　　　　C. 不变　　　　D. 不能确定

3. 提高功率因数的目的是(　　)。
   A. 节约用电,增加电动机的输出功率
   B. 增大无功功率,减少电源的利用率

三、分析与计算题

1. 提高功率因数的措施是什么？采用电容与电感性负载串联能否提高功率因数？为什么不采用？

2. 已知负载 $P_L = 100$ kW, $\lambda = 0.5(\varphi > 0)$, 为了提高功率因数, 并联接入 $Q_C = 200$ kvar 的电容, 结果如何？是否合理？

技能训练：

任务：日光灯的安装及功率因数的提高

一、技能训练目标

(1) 学习功率表的使用。
(2) 学会日光灯线路的连接,进一步理解提高感性电路功率因数的意义。
(3) 学会通过 U、I、P 的测量计算交流电路的参数。

二、实训器材

(1) 通用电学实验台(交流电源),1 台。
(2) 万用表,1 块。
(3) 30 W 日光灯管,1 只。
(4) 30 W 镇流器,1 个。
(5) 启辉器,1 个。
(6) 灯管座,1 对。
(7) 开关,1 只。
(8) 导线,若干。

三、技能训练内容

1. 测量交流参数

对照实验原理图 3-55 接线(不接电容 C)。调节自耦调压器输出,使 $U = 220$ V,进行测试,填表 3-10。

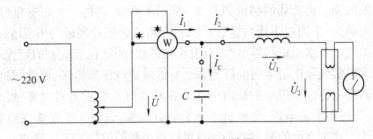

图 3-55 日光灯电路图

表 3-10 测量交流参数

U/V	测量值				计算值	
	I_1/A	U_1/V	U_2/V	P/W	$\cos\varphi$	S/V·A

2. 并联电容 C，按照表 3-11 改变电容器的容量，令 U = 220 V 不变，将测试结果填入表 3-11 中。

表 3-11 并联电容 C 后的测试结果

C/μF	测量值				计算值
	$\cos\varphi$	I_1/A	I_2/A	I_C/A	P/W
1					
2					
3					
4					
5					

四、注意事项

(1) 测电压、电流时，一定要注意表的挡位选择，测量类型、量程都要对应。
(2) 功率表电流线圈的电流、电压线圈的电压都不可超过所选的额定值。
(3) 自耦调压器输入输出端不可接反。
(4) 注意安全，线路接好后，须经指导教师检查无误后，再接通电源。

五、报告要求

(1) 说明功率因数提高的原因和意义。
(2) 分析是否是并联电容越多越能提高功率因数。
(3) 按时完成实验报告，要求书写规范，项目全面。

【知识拓展】

日 光 灯

如图 3-56(a) 所示是日光灯的电路图，它主要由灯管、镇流器和启辉器组成。镇流器是一个带铁芯的线圈。启辉器的结构如图 3-56(b) 所示，它是一个充有氖气的小玻璃泡，里面装上两个电极，一个固定不动的静触片和一个用双金属片制成的 U 形触片。灯管内充有稀薄的水银蒸气。当水银蒸气导电时，就发出紫外线，使涂在管壁上的荧光粉发出柔和的光。由于激发水银蒸气导电所需的电压比 220 V 的电源电压高得多，因此，日光灯在开始点燃时需要一个高出电源电压很多的瞬时电压。在日光灯点燃后正常发光时，灯管的电阻变得很小，只允许通过不大的电流，电流过强就会烧坏灯管，这时又要使加在灯管上的电压大大低于电源电压。这两方面的要求都是利用跟灯管串联的镇流器来达到的。

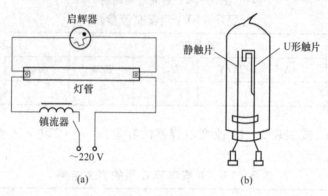

图 3-56　日光灯
(a) 日光灯电路结构图；(b) 启辉器结构图

开关闭合时，日光灯管不导电，全部电压加在启辉器两触片之间，使启辉器中氖气击穿，产生气体放电，此放电产生的一定热量使双金属片受热膨胀与固定片接通，于是有电流通过日光灯管的灯丝和镇流器。短时间后双金属片冷却收缩与固定片断开，电路中的电流突然减小；根据电磁感应定律，这时镇流器两端产生一定的感应电动势，使日光灯管两端电压产生 400~500 V 高压，灯管气体电离，产生放电，日光灯点燃发亮。日光灯点燃后，灯管两端的电压降为 100 V 左右，这时由于镇流器的限流作用，灯管中电流不会过大。同时并联在灯管两端的启辉器，也因电压降低而不能放电，其触片保持断开状态。在电路突然断开的瞬时，镇流器的两端就产生一个瞬时高电压，这个电压和电源电压都加在灯管两端，使灯管中的水银蒸气开始导电，于是日光灯管成为电流的通路开始发光。在日光灯正常发光时，与灯管串联的镇流器就起着降压限流作用，保证日光灯的正常工作。日光灯工作后，灯管相当于一电阻 R，镇流器可等效为电阻 R 和电感 L 的串联，启辉器断开，所以整个电路可等效为一个 RL 串联电路，其电路模型如图 3-57 所示。

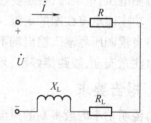

图 3-57　日光灯工作原理图

3.8　非正弦周期信号电路分析

前面几节所讨论的都是正弦交流电路，电路中各部分的电压、电流都是同频率的正弦量。通常，在生产实践中都采用的是正弦交流电。但在实际应用和科研领域里，常常遇到这样的电压、电流,该类电流或电压虽然做周期性变化,但不按正弦规律,称非正弦周期电流或电压。如图 3-58 所示就是几种非正弦周期电流。

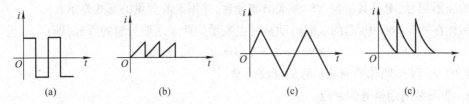

图 3-58 几种非正弦周期电流

产生非正弦周期电流的原因有很多,通常有以下 3 种情况:

(1)采用非正弦交流电源。实验室常用的信号发生器,除了产生正弦波信号,还能产生非正弦信号波,如矩形波、锯齿波、三角波等。

(2)同一电路中具有不同频率的电源共同作用。电路中将会出现不同频率信号的合成,从而改变原来的正弦规律。

(3)电路中存在非线性元件。如二极管的整流电路、三极管的交流放大电路,即使是正弦电源作用,电路也会产生非正弦周期的电压、电流信号,如图 3-59 所示的二极管整流电路。

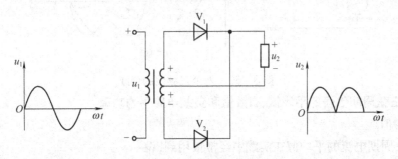

图 3-59 二极管整流电路

此外,无线电、通信设备所传递的信号都是由语言、音乐、图像等转换过来的电信号,其波形都不是正弦波。在自动控制及电子计算中大量使用的脉冲信号,也都不是正弦信号。

分析非正弦周期信号电路的方法与分析正弦电路有所不同。分析时需要将非正弦周期信号电路的计算转化为一系列正弦信号电路的计算,在此采用的是谐波分析法,即将一个非正弦波的周期信号看作是由一些不同频率的正弦波信号叠加的结果。

1. 非正弦周期信号的分解

把周期电压、周期电流表达成一个周期函数,当其满足狄里赫利条件时就可以展开为傅里叶级数为:

$$f(t) = A_0 + A_{1m}\cos(\omega_1 t + \psi_1) + A_{2m}\cos(2\omega_1 t + \psi_2) + \cdots + A_{km}\cos(k\omega_1 t + \psi_k) + \cdots$$

$$= A_0 \sum_{k=1}^{\infty} A_{km}\cos(k\omega_1 t + \psi_k)$$

式中第 1 项 A_0 称为周期函数 $f(t)$ 的恒定分量或直流分量,是不随时间变化的常数,有时也可以看成是频率为零的正弦波,叫零次谐波;第 2 项 $A_{1m}\cos(\omega_1 t + \psi_1)$ 称为一次谐波或基波分量,其频率与原非正弦周期函数 $f(t)$ 的频率相同;其余各项统称为高次谐波,其频率为原非正弦周期函数$f(t)$的频率的整数倍,谐波分量的频率是基波的几倍,就称它为几次谐波。例如$k=2、3、4、\cdots$的各项,分别称为2次谐波、3次谐波等。因此,谐波分析就是对一个已知的波形信号,求出其所包含的多次谐波分量,并用谐波分量的形式表示。

例如在图3-60中,总的电源电动势可以表示为两个谐波分量的形式,即:

$$e = e_1 + e_2 = E_{1m}\sin\omega t + E_{2m}\sin 3\omega t$$

其中,e_1和e_2叫作非周期信号的谐波分量。

2. 非正弦周期信号的合成

由上可知,一个非正弦波可以分解成几个频率不同的正弦波。反之,几个不同频率的正弦波也可合成一个非正弦波。

如图3-60(a)所示,将两个正弦信号串联,把e_1的频率调到100 Hz,e_2的频率调到300 Hz,则e_1和e_2合成后的波形如图3-60(b)实线所示,显然合成后的波形为一个非正弦波。

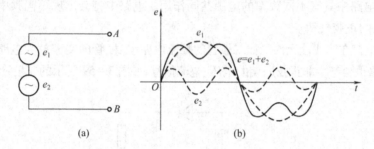

图3-60 两个正弦波的合成

3. 非正弦周期信号的平均值、有效值和负载电路平均功率

1)平均值

非正弦周期电流的平均值在实践中经常被用到,设:

$$i = I_0 + \sqrt{2}I_1\sin(\omega t + \varphi_{01}) + \sqrt{2}I_2\sin(\omega t + \varphi_{02}) + \cdots$$

$$u = U_0 + \sqrt{2}U_1\sin(\omega t + \varphi_{01}) + \sqrt{2}U_2\sin(\omega t + \varphi_{02}) + \cdots$$

则其平均值分别为:

$$I_{av} = \frac{1}{T}\int_0^T |i|\,dt$$

$$U_{av} = \frac{1}{T}\int_0^T |u|\,dt$$

即非正弦周期量的平均值等于其绝对值的平均值。

2)有效值

非正弦周期信号的有效值定义与正弦波一样。如果一个非正弦周期电流i流经电阻R时,电阻上产生的热量和一个直流电流I流经同一电阻R时,在同样时间内所产生的热量相同,则这个直流电流的数值I,叫作该非正弦电流i的有效值。设:

$$i = I_0 + \sqrt{2}I_1\sin(\omega t + \varphi_{01}) + \sqrt{2}I_2\sin(\omega t + \varphi_{02}) + \cdots$$

$$u = U_0 + \sqrt{2}U_1\sin(\omega t + \varphi_{01}) + \sqrt{2}U_2\sin(\omega t + \varphi_{02}) + \cdots$$

经数学推导可得其有效值计算公式为:

$$I = \sqrt{I_0^2 + I_1^2 + I_2^2 + \cdots}$$

$$U = \sqrt{U_0^2 + U_1^2 + U_2^2 + \cdots}$$

即非正弦周期量的有效值等于各分量有效值平方和的平方根。

3)平均功率

根据平均功率的定义：

$$P = \frac{1}{T}\int_0^T p\,dt$$

不难证明,电路消耗的平均功率为：

$$P = U_0 I_0 + U_1 I_1 \cos\varphi_1 + U_2 I_2 \cos\varphi_2 + U_3 I_3 \cos\varphi_3 + \cdots$$

其中：

$$\varphi_1 = \varphi_{1u} - \varphi_{1i}$$

$$\varphi_2 = \varphi_{2u} - \varphi_{2i}$$

$$\varphi_3 = \varphi_{3u} - \varphi_{3i}$$

可见,非正弦周期电路的平均功率为各次谐波平均功率代数和。必须指出的是,在这里所指的平均功率只适用于同频率的非正弦电压和电流。

例 3-15 某一非正弦电压为 $u = 30 + 40\sqrt{2}\sin(\omega t + 20°) + 50\sqrt{2}\sin(3\omega t + 30°)$ V,电流为 $i = 1 + 0.5\sqrt{2}\sin(\omega t - 10°) + 0.2\sqrt{2}\sin(3\omega t + 60°)$ A。求平均功率和电压、电流的有效值。

解:平均功率为：

$$\begin{aligned} P &= U_0 I_0 + U_1 I_1 \cos\varphi_1 + U_2 I_2 \cos\varphi_2 \\ &= 30 \times 1 + 40 \times 0.5 \times \cos 30° + 50 \times 0.2 \times \cos(-30°) \\ &= 56(\text{W}) \end{aligned}$$

电压的有效值为：

$$U = \sqrt{U_0^2 + U_1^2 + U_2^2} = \sqrt{30^2 + 40^2 + 50^2} = 70.71(\text{V})$$

电流的有效值为：

$$I = \sqrt{I_0^2 + I_1^2 + I_2^2} = \sqrt{1^2 + 0.5^2 + 0.2^2} = 1.14(\text{A})$$

【本项目小结】

本项目的主要内容有:交流电的基本概念、单一参数的正弦交流电路、正弦交流电路的串联和并联、正弦交流电路中各种功率及功率因数的提高、谐振电路及分析计算等问题。

(1)随时间按正弦规律周期性变化的电压和电流统称为正弦电量,或称为正弦交流电。其中,幅值(或有效值)、角频率(或周期、频率)和初相称为正弦量的三要素。

正弦量可用三角函数式、波形图和相量来表示,前两种是基本的表示方法,能将正弦量的三要素全面表示出来,但不便于计算;相量表示法是分析和计算交流电路的一种重要工具,它用相量图或复数表示正弦量的量值和相位关系,通过简单的几何或代数方法对同频率的正弦量进行分析计算,十分方便。正弦量用相量表示后,直流电路的分析方法便可全部应用到正弦交流电路中。

一般电力系统中所指的电压、电流及电气设备的额定电压、额定电流的数值均是指有效值,交流电压表、电流表所指示的也是有效值,在交流电路的计算中一般也是使用有效值。

通常小写字母(i、u、e)表示瞬时值,大写字母(I、U、E)表示有效值,带下标的大写字母(I_m、U_m、E_m、I_N、U_N、E_N)表示特殊的幅值(最大值、额定值),上带圆点的大写字母($\dot{U}$、$\dot{I}$、$\dot{E}$)表示相量。

(2)单一参数电路元件的电路是理想化的电路,各元件的电压、电流关系是分析交流电路的基础,其关系见表3-12。

(3)RLC 串联电路是具有一定代表性的电路,其欧姆定律的相量形式为:

$$\dot{U} = Z\dot{I}$$

其中复阻抗为:

$$Z = R + jX = R + j(X_L - X_C)$$

电压关系为:

$$\dot{U} = \dot{U}_R + \dot{U}_L + \dot{U}_C$$

功率关系为:

$$S^2 = P^2 + Q^2$$

其中有功功率为:

$$P = UI\cos\varphi_Z$$

无功功率为:

$$Q = UI\sin\varphi_Z$$

视在功率为:

$$S = UI$$

阻抗角即相位差或轴功率因数角为:

$$\varphi = \arctan\frac{X}{R} = \arctan\frac{U_X}{U_R} = \arctan\frac{Q}{P} = \arccos\frac{R}{|Z|}$$

以上关系可用三个相似三角形帮助记忆和分析。

当 $X_L > X_C$ 时,电压超前电流 φ 角,电路呈感性;当 $X_L < X_C$ 时,电压滞后电流 φ 角,电路呈容性;当 $X_L = X_C$ 时,电压电流同相,电路呈阻性。

表3-12 各元件的电压、电流关系

电路参数	电路图	基本关系	阻抗	电压、电流关系				功率	
				瞬时表达式	有效值表达式	相量图	相量式	有功功率	无功功率
R	u R	$u = iR$	R	设: $i = \sqrt{2}I\sin\omega t$ 则: $u = \sqrt{2}U\sin\omega t$	$U = IR$	$\dot{I}$ $\dot{U}$ u、i同相	$\dot{U} = \dot{I}R$	UI、 I^2R、 U^2/R	0

续表

电路参数	电路图	基本关系	阻抗	电压、电流关系				功率	
				瞬时表达式	有效值表达式	相量图	相量式	有功功率	无功功率
L	(电感电路图)	$u = L\dfrac{di}{dt}$	jX_L	设：$i=\sqrt{2}I\sin\omega t$ 则：$u=\sqrt{2}I\omega L\sin(\omega t+90°)$	$U=IX_L$ $X_L=\omega L$	$\dot{U}$超前$\dot{I}$ 90°	$\dot{U}=j\dot{I}X_L$	0	UI、$I^2 X_L$、U^2/X_L
C	(电容电路图)	$i = C\dfrac{du}{dt}$	$-jX_C$	设：$i=\sqrt{2}I\sin\omega t$ 则：$u=\sqrt{2}\dfrac{I}{\omega C}\sin(\omega t-90°)$	$U=IX_C$ $X_C=1/(\omega C)$	$\dot{U}$滞后$\dot{I}$ 90°	$\dot{U}=-j\dot{I}X_C$	0	UI、$I^2 X_C$、U^2/X_C

(4)正弦交流电路中基尔霍夫定律的相量形式为：

$$\sum \dot{I}_k = 0, \quad \sum \dot{U}_k = 0$$

将直流电路的规律扩展到正弦交流电路中进行分析计算的一般方法，是将直流电路中的 E、U、I 和 R 分别用交流电路中的 $\dot{E}$、$\dot{U}$、$\dot{I}$ 和 Z 来代替，将直流电路中的代数运算用交流电路中的复数运算代替。

(5)谐振是交流电路中的特殊现象，其实质是电路中 L 和 C 的无功功率实现完全的相互补偿，使电路呈电阻的性质。

RLC 串联谐振和电感线圈与电容器并联谐振具有不同的特点，见表 3-13。

(6)提高功率因数的意义在于提高电源设备的利用率和减小线路损耗，方法是给感性负载并联合适容量的电容器，其基本原理是用电容的无功功率对电感的无功功率进行补偿。

表 3-13 串联谐振与并联谐振

	RLC 串联谐振电路	电感线圈与电容器并联谐振电路
谐振条件	$X_L = X_C$	$X_L \approx X_C$
谐振频率	$f_0 = \dfrac{1}{2\pi\sqrt{LC}}$	$f_0 \approx \dfrac{1}{2\pi\sqrt{LC}}$
谐振阻抗	$Z_0 = R$（最小）	$Z_0 = \dfrac{L}{RC}$（最大）
谐振电流	$I_0 = \dfrac{U}{R}$（最大）	$I_0 = \dfrac{U}{Z_0}$（最小）
品质因数	$Q = \dfrac{\omega_0 L}{R} = \dfrac{1}{\omega_0 RC}$	$Q = \dfrac{\omega_0 L}{R} = \dfrac{1}{\omega_0 RC}$
元件上电压或电流	$U_L = U_C = QU$（电压谐振）	$I_{RL} \approx I_C \approx QI_0$（电流谐振）
失谐时阻抗性质	$f > f_0$，感性 $f < f_0$，容性	$f > f_0$，容性 $f < f_0$，感性
对电源要求	适用于低内阻信号源	适用于高内阻信号源

(7)非正弦周期函数利用傅里叶级数分解,有效值、平均值、平均功率的计算。

【思考与练习】

一、判断题(正确的打√,错误的打×)

1. 做周期性变化的电量称为交流电。 ( )
2. 无功功率的概念可以理解为这部分功率在电路中不起任何作用。 ( )
3. 电容器具有"隔直流通交流"的特点。 ( )
4. 正弦交流电的三要素是最大值、频率和周期。 ( )
5. $u_1 = 220\sqrt{2}\sin 314t$ V 超前 $u_2 = 311\sin(628t - 45°)$ V 45°。 ( )
6. 正弦交流电路的视在功率等于有功功率和无功功率之和。 ( )
7. 两个同频率交流电在任何时候相位差不变。 ( )
8. 正弦交流电不论频率是否相同,都可以用矢量法进行加法运算。 ( )
9. 电阻、电感、电容在电路中都有限流的作用,但其限流的本质不一样。 ( )
10. 电路发生谐振时,$X_L = X_C$,这时电路的阻抗最小,电流最大。 ( )

二、选择题

1. 已知某电路端电压 $u = 150\sin(\omega t + 120°)$ V,通过电路的电流 $i = 15\sin(\omega t + 30°)$ A,u、i 为关联参考方向,该电路负载是( )。

   A. 容性   B. 感性   C. 电阻性   D. 无法确定

2. 某一灯泡上写着额定电压 220 V,这是指电压的( )。

   A. 最大值   B. 有效值   C. 瞬时值   D. 平均值

3. 正弦交流电的三要素是( )。

   A. 电阻、电感和电容   B. 最大值、频率和初相
   C. 电流、电压和相位差   D. 瞬时值、最大值和有效值。

4. 正弦交流电的有效值等于最大值的( )。

   A. 1/3   B. 1/2   C. 2   D. $1/\sqrt{2}$

5. 提高功率因数的目的是( )。

   A. 提高用电器的效率

   B. 减少无功功率,提高电源的利用率

   C. 增加无功功率,提高电源的利用率

   D. 以上都不对

6. RLC 串联电路只有哪一项属于电感性电路?( )

   A. $R = 4\ \Omega$、$X_L = 3\ \Omega$、$X_C = 2\ \Omega$ B. $R = 5\ \Omega$、$X_L = 0$、$X_C = 2\ \Omega$
   C. $R = 4\ \Omega$、$X_L = 1\ \Omega$、$X_C = 2\ \Omega$ D. $R = 4\ \Omega$、$X_L = 3\ \Omega$、$X_C = 3\ \Omega$

7. 如图 3-61 所示交流电路的相量图,其中( )为纯电容电路,( )为纯电感电路。

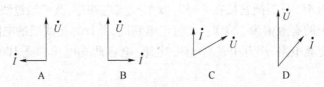

图 3-61 选择题 8 的图

8. 我国电网交流电的频率是( )
A. 50 Hz   B. 60 Hz   C. 100 Hz   D. 80 Hz

三、计算题

1. 已知交流电的波形图如图 3-62 所示,求:
(1)最大值及有效值;
(2)角频率、频率和周期;
(3)初相;
(4)写出解析式。

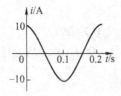

图 3-62 计算题 1 的图

2. 已知 $u = 10\sin\left(314t - \dfrac{\pi}{3}\right)$ V, $i = 10\sqrt{2}\sin\left(314t + \dfrac{\pi}{2}\right)$ A。求:
(1)电压和电流的最大值和有效值;
(2)频率和周期;
(3)电压和电流的相位角、初相角和它们的相位差。

3. 已知 $i_1 = 10\sin 100\pi t$ A, $i_2 = 10\sin\left(100\pi t - \dfrac{\pi}{2}\right)$ A:
(1)绘出这两个电流的相量图和曲线图;
(2)用矢量法求 $i = i_1 + i_2$,并写出 i 的瞬时表达式。

4. 已知 $u = 10\sqrt{2}\sin 314t$ V, $i = 5\sqrt{2}\sin(314t + \pi/2)$ A。求:
(1)电压、电流的最大值及有效值;
(2)频率和周期;
(3)电流的初相和相位差。

5. 有一日光灯电路,额定电压为 220 V,电路中的电阻为 60 Ω,电感为 255 mH,电源为工频频率。
(1)画出电路原理图;
(2)计算电流。

6. 有一电感线圈,已知电阻 $R = 6$ Ω,电感 $L = 8$ H。将其接入频率为 50 Hz、电压为 220 V 的电路上,分别求 X_L、I、U_R、U_L、λ、P、S,画出相量图。

7. 有一只具有电阻和电感的线圈,当把它接在直流电路中时,测得线圈中的电流为 8 A,

线圈两端的电压为 48 V；当把它接在 $f=50$ Hz 的交流电路中，测得通过线圈的电流为 12 A，加在线圈两端电压的有效值为 120 V。试绘出电路图，并计算出线圈的电阻和电感。

8. RLC 串联交流电路，用万用表测电阻、电感、电容两端电压都是 100 V，则电路端电压是多少？

9. RLC 串联电路，已知 $R=60\ \Omega$，$L=90$ mH，$C=100\ \mu$F，外加电压 $u=220\sqrt{2}\sin(100\pi t+60°)$ V，在关联参考方向下：

(1) 计算电流；

(2) 计算 U_R、U_L、P、Q、S、λ；

(3) 画相量图。

10. RLC 串联电路中，电阻为 40 Ω，电感为 300 mH，电容为 50/3 μF，电源 $U=100\sqrt{2}$ V，求电路中的总电流 I 和 P、Q、S、λ。

11. 已知 RLC 串联电路中的 $R=40\ \Omega$、$L=40$ mH、$C=100\ \mu$F，输入电压 $u=220\sqrt{2}\sin(1\,000t+37°)$ V。求：

(1) 求 i、u_R、u_L；

(2) 求功率因数 λ、有功功率 P、无功功率 Q。

12. 已知 RLC 串联电路中的 $R=10\ \Omega$、$L=0.125$ mH、$C=323$ pF，接在有效值为 2 V 的正弦交流电源上。试求：

(1) 电路的谐振频率 f_0；

(2) 电路的品质因数 Q；

(3) 谐振时的电流 I_0；

(4) 谐振时各元件上电压的有效值。

项目四 三相交流电路

【知识目标】

1. 掌握三相交流电路的基本概念；
2. 掌握对称三相电源的连接方式及其线电压与相电压的关系；
3. 掌握三相负载连接方式及其电压、电流关系；
4. 掌握对称三相电路的分析与计算方法；
5. 掌握简单不对称三相电路的分析与计算方法；
6. 掌握三相电路的功率的分析与计算方法。

【技能目标】

1. 能够正确进行三相交流电路的连接；
2. 能够正确测量三相交流电路的电压、电流和功率；
3. 能够检测并排除三相交流电路的故障。

【相关知识】

目前世界各国的主要供电方式大多采用的是三相制。所谓三相制，是指由三相交流电源供电的交流电路组成的电力系统。三相交流电路，由三相交流电源供电的电路，简称三相电路。三相电路根据三相负载情况可分为对称三相电路和不对称三相电路。三相负载是需要三相电源供电的负载，有两种类型，一种是负载本身就是三相的，如三相异步电动机、大功率电炉等，它们必须接在三相电源上才能正常工作；另一种则是白炽灯、电烙铁、计算机及各种家用电器等负载本身只需要单相电源供电的负载（单相负载）按一定的规则连接在一起而组成的三相负载。在三相负载中，如果每相负载的电阻、电抗均相等，这样的负载称为对称三相负载，如三相电动机，它具有对称的三个绕组，在电路模型中用三个相同的阻抗代表；在三相负载中，只要有一相负载的电阻、电抗与其他两相不相同就称为不对称三相负载。

三相电的应用极为广泛，工业中大部分的交流用电设备，都采用三相交流电，就是在需要单相电供电的地方，也是采用的三相电中的某一相，如日常生活用电中的照明、取暖、煮饭等均是采用三相电中的一相。三相电之所以得到如此广泛的应用，是因为三相电与单相交流电相比具有很多优点。

1. 节能高效

（1）制造三相电的发生装置（如三相发电机和变压器）比制造同样尺寸的单相电发生装置（如单相发电机和单相变压器）省材料。

（2）在输送功率相同、电压相同和距离、线路损失相同的情况下，采用三相制输电比采用单相输电时可节约25%的线材。

(3)三相交流发电机比同尺寸的单相交流发电机输出和传递的功率大,而且效率高。

2. 简单方便

(1)三相发电机、变压器的结构及制造简单、性能可靠,且使用和维护方便。

(2)需要三相电供电的三相异步电动机与需要单相电供电的单相异步电动机相比较,在输出相同功率的情况下,具有结构及制造简单、体积小、价格低、噪声小、性能好且工作可靠等优点。

正是因为三相电具有如此之多的优点,所以三相电一直是电力系统发电、输电和配电的主要方式。

4.1 三相交流电源

三相交流电源是一个由三个频率相同、最大值相等、相位互差120°电角度的单相交流电源按一定方式组合而成的整体供电系统,简称三相电源。三相交流发电机是目前最普遍的三相电源。

4.1.1 三相交流电源的产生

三相交流电源是利用(电磁感应)动磁生电的原理,由三相交流发电机来产生的。三相交流发电机的结构示意图如图4-1所示,主要由磁极和电枢组成,其中转动的部分叫转子,不动的部分叫定子。电枢是由三个结构相同,彼此相隔120°机械角的绕组(由线圈绕在铁芯上制成)构成的。为了区分三个绕组,不同国家采用不同的标注方法,美国规定为 A、B、C 三相,英国规定为红(R)、黄(Y)、蓝(B)三相,我国则分别规定为 U 相、V 相和 W 相。U_1-U_2、V_1-V_2 和 W_1-W_2 分别表示三个绕组,其中 U_1、V_1 和 W_1 分别表示三个绕组的首端,U_2、V_2 和 W_2 分别表示三个绕组的末端。当转子以角速度 ω 逆时针匀速旋转时,三个绕组由于切割磁感线便产生了三个频率相同、最大值相等、相位互差120°的正弦电动势,这样的电动势,称为三相对称电动势,即三相对称电源。

图4-1 三相发电机结构示意图

三相绕组及其电动势示意图如图4-2所示。若不考虑三相绕组的电阻和电抗,三相电源可用三个电压源进行等效,其电路符号如图4-3所示。

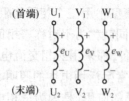

图4-2 三相绕组及其电动势示意图　　图4-3 三相电源电路符号

1. 表达方法及特点

1)解析式(瞬时值表达式)表示法

假设每个绕组的电动势参考方向都是由绕组的末端指向首端,若以 U 相电动势作为参

考相,则三个电动势的解析式为:

$$e_U(t) = E_m\sin\omega t = \sqrt{2}E\sin\omega t \qquad (4-1)$$
$$e_V(t) = E_m\sin(\omega t - 120°) = \sqrt{2}E\sin(\omega t - 120°)$$
$$e_W(t) = E_m\sin(\omega t - 240°) = \sqrt{2}E\sin(\omega t - 240°)$$
$$= E_m\sin(\omega t + 120°) = \sqrt{2}E\sin(\omega t + 120°)$$

2)波形图表示法

三相交流电动势的波形图如图4-4所示,由波形图可以看出,任意时刻三相对称电源的电动势瞬时值之和为零,即:

$$e_U(t) + e_V(t) + e_W(t) = 0$$

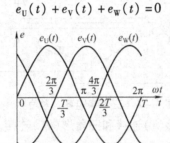

图4-4 三相交流电动势的波形图

3)相量表示法及相量图

三相交流电动势用相量形式表示为:

$$\dot{E}_U = E\angle 0° = Ee^{j0°}$$
$$\dot{E}_V = E\angle -120° = Ee^{-j120°}$$
$$\dot{E}_W = E\angle 120° = Ee^{j120°} \qquad (4-2)$$

三相交流电动势的相量图如图4-5所示,可见三相对称电源的电动势的相量和为零,即 $\dot{E}_U + \dot{E}_V + \dot{E}_W = 0$,如图4-6所示。

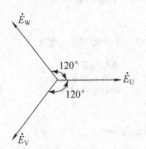 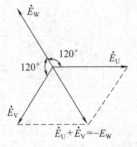

图4-5 三相对称电动势的相量图　　图4-6 三相对称电动势的相量合成

2. 相序

三相电瞬时值达到正的最大值的先后顺序称为相序。如果三个电动势的相序为U相→V相→W相,则称为正序;若三个电动势的相序为U相→W相→V相,则称为逆序,若不加特殊说明,三相电动势的相序均指正序。在实际应用中往往要事先判定好三相电源的相序。

例如,三相电动机的旋转方向与加到电动机上的三相电源的相序有关。工业上一般用黄、绿、红三色分别作为 U 相、V 相和 W 相的标志。

4.1.2 三相电源的连接

三相绕组的每相绕组都可以作为独立电源,分别向负载供电,如图 4-7 所示,不过这样连接得需要 6 根导线,体现不出三相交流电的优越性。因此,在实际应用中,三相发电机的每相绕组并不是各自独立供电的,而是通过一定方式连接在一起供电的。

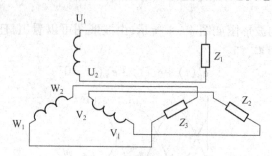

图 4-7 三个绕组各自独立供电

三相电源的连接方式有星形(Y)连接和三角形(△)连接。

1. 三相电源的星形连接

将三相交流电源的三个绕组的末端连在一起,首端分别与负载相连的接法称为三相电源的星形连接。

1) 电路结构

如图 4-8 所示,三相绕组的末端连接在一起而形成的公共点 N 称为中性点,由中性点引出的线称为中性线(负载对称时可以省略),俗称零线;由三相绕组的首端引出的三根线,称为端线(也称为相线),俗称火线。这样的供电线路称为三相四线制。在低电压供电时,多采用三相四线制。在星形接线中,如果中性点与大地相连,中线也称为地线。我们常见的三相四线制供电设备中引出的四根线,就是三根火线和一根地线。

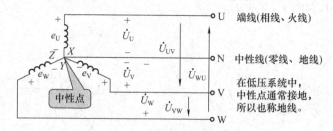

图 4-8 三相电源的星形连接

2) 电压特点

三相电源采用星形连接时,可以得到两组电压,即相电压和线电压。

(1) 相电压。相电压是指端线与中性线之间的电压,也就是每相绕组首末两端之间的电压,其瞬时值用 u_U、u_V、u_W 表示,通用符号用 u_P 表示,有效值用 U_U、U_V 和 U_W 来表示,通用符号用 U_P 表示。相电压的方向由绕组的首端指向末端,如图 4-8 所示。由于三相电动势是对称的,所以三个相电压也是对称的,即它们的最大值相等,频率相同,相位互差 120°,因此三个相电压有效值是相等的,即 $U_U = U_V = U_W = U_P$。

三个相电压的解析式如下：

$$u_U = U_m \sin\omega t = \sqrt{2}U\sin\omega t$$
$$u_V = U_m \sin(\omega t - 120°) = \sqrt{2}U_P\sin(\omega t - 120°)$$
$$u_W = U_m \sin(\omega t - 240°) = \sqrt{2}U_P\sin(\omega t - 240°)$$
$$= U_m \sin(\omega t + 120°) = \sqrt{2}U_P\sin(\omega t + 120°)$$

(4-3)

三个相电压的相量式为：

$$\dot{U}_U = U_P \angle 0° = U_P e^{j0°}$$
$$\dot{U}_V = U_P \angle -120° = U_P e^{-j120°}$$
$$\dot{U}_W = U_P \angle 120° = U_P e^{j120°}$$

(4-4)

三个相电压的波形图如图4-9所示；相量图如图4-10所示。

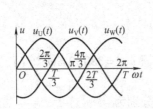

图4-9 三个相电压的波形图

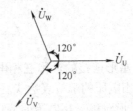

图4-10 三个相电压的相量图

(2) 线电压。线电压是指端线与端线之间的电压，其瞬时值用 u_{UV}、u_{VW}、u_{WU} 表示，通用符号用 u_L 表示，有效值用 U_{UV}、U_{VW} 和 U_{WU} 来表示，通用符号用 U_L 表示。线电压的方向可根据三相电源的相序来确定，按照图4-8的电压参考方向。

3) 线电压和相电压的关系

$$u_{UV} = u_U - u_V$$
$$u_{VW} = u_V - u_W$$
$$u_{WU} = u_W - u_U$$

将电压的瞬时值用相量表示，则有：

$$\dot{U}_{UV} = \dot{U}_U - \dot{U}_V = \dot{U}_U + (-\dot{U}_V)$$
$$\dot{U}_{VW} = \dot{U}_V - \dot{U}_W = \dot{U}_V + (-\dot{U}_W)$$
$$\dot{U}_{WU} = \dot{U}_W - \dot{U}_U = \dot{U}_W + (-\dot{U}_U)$$

根据相量计算，可作出线电压和相电压的相量合成，如图4-11所示。因为三个相电压是对称的，则三个线电压也是对称的，即它们的最大值相等、频率相同、相位互差120°。

由相量图（见图4-11）可知，$\dot{U}_U$、$-\dot{U}_V$ 和 $\dot{U}_{UV}$ 构成一个等腰三角形，其顶角为120°，两底角为30°，作这个三角形的高可获得两个全等直角三角形，则通过计算可得线电压的有效值，即：

$$U_{UV} = 2U_U\cos 30° = \sqrt{3}U_U$$

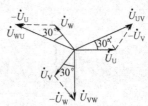

图4-11 线电压与相电压的相量合成

同理可知：

$$U_{VW} = \sqrt{3}\,U_V$$
$$U_{WU} = \sqrt{3}\,U_W$$

对于三相对称电源有：

$$U_L = \sqrt{3}\,U_P \tag{4-5}$$

通过以上分析，我们知道三相对称电源作星形连接时，三个线电压和三个相电压都是对称的，各线电压的有效值等于相电压有效值的 $\sqrt{3}$ 倍，而且各线电压在相位上比其对应的相电压超前 30°。

我们通常所说的 220 V、380 V 电压，就是指三相对称电源作星形连接时的相电压和线电压的有效值。

例 4-1 已知三相四线制供电系统，线电压为 380 V，试求相电压的大小。

解：

$$U_P = \frac{\sqrt{3}}{3}U_L = \frac{380}{\sqrt{3}} = 220\,(\text{V})$$

例 4-2 星形连接的对称三相电源中，已知线电压 $u_{UV} = 380\sqrt{2}\sin\omega t\,(\text{V})$，试求出其他各线电压和各相电压的解析表达式。

解： 根据星形对称三相电源的特点，求得各线电压分别为：

$$u_{VW} = 380\sqrt{2}\sin(\omega t - 120°)\,\text{V}$$
$$u_{WU} = 380\sqrt{2}\sin(\omega t + 120°)\,\text{V}$$

则各相电压分别为：

$$u_U = 220\sqrt{2}\sin(\omega t - 30°)\,\text{V}$$
$$u_V = 220\sqrt{2}\sin(\omega t - 150°)\,\text{V}$$
$$u_W = 220\sqrt{2}\sin(\omega t + 90°)\,\text{V}$$

2. 三相电源的三角形连接

将三相电源的三个绕组首尾依次相连形成一个闭合回路，再从两两连接点引出端线，这样的连接方式称为三相电源的三角形连接。

1）电路结构

如图 4-12 所示，三相电源的三个绕组中 U 相绕组的末端 U_2 与 V 相绕组的首端 V_1，V 相绕组的末端 V_2 与 W 相绕组的首端 W_1，W 相绕组的末端 W_2 与 U 相绕组的首端 U_1，顺次相连，就构成了三相电源的三角形连接。

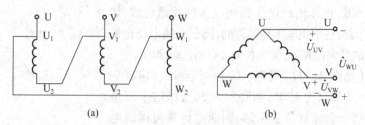

图 4-12 三相电源的三角形连接

2）电压特点

三相电源的三角形连接只有三个端点,引出三根端线,如图4-12所示,很明显,各线电压就等于各相应的相电压,即:

$$U_L = U_P \tag{4-6}$$

其相量图如图4-13所示。

应该注意,三相电源的三角形连接中三个具有电动势的绕组接成了闭合回路,如果是对称三相电源,三个电动势之和等于零,在外部没有接上负载时,这一闭合回路中没有电流,即每一相绕组都没有电流通过;但是,如果三相电源不对称,或者虽然对称,但有一相接反了,则因每相绕组内阻抗很小,将会在回路中形成很大的环形电流,有烧坏三相电源的危险。因此,在大容量的三相交流发电机中很少采用三角形连接。三相电源作三角形连接时必须严格按照每一相的末端与次一相的首端依次连接。在判别不清时,应保留最后两端钮不接

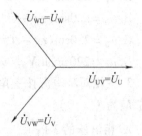

图4-13 线电压与相电压的相量图

(例如 W_2 端与 U_1 端),成为开口三角形,用电压表测量开口处电压(例如 U_{WU}),如果读数为零,表示接法正确,再接成封闭三角形。

【应用测试】

知识训练:

一、判断题(正确的打√,错误的打×)

1.所谓三相制就是由三个频率相同而相位也相同的电动势供电的电源系统。（　　）

2.在三相四线制供电线路中,可获得两种电压,它们分别是电源电压和负载电压。
（　　）

3.目前我国低压三相四线制供电线路供给用户的线电压是380 V,相电压是220 V。
（　　）

4.同一台交流发电机的三相绕组作星形连接时的线电压是作三角形连接时线电压的$\sqrt{3}$倍。（　　）

5.三相交流电的相电压一定大于线电压。（　　）

6.同一台三相发电机的三相绕组不论是星形连接还是三角形连接,其线电压大小都是相等的。（　　）

7.三个频率相等,最大值相同,相位角相差120°的正弦电源统称为对称三相电源,三相发电机是最普遍的三相电源。（　　）

8.对称三相电源接成星形连接时,有四个端钮,两组电压,即线电压与相电压。相电压和线电压都是对称的,线电压等于相电压的$\sqrt{3}$倍,其相位超前对应的相电压30°。（　　）

9.对称三相电源接成三角形连接时,只有三个端钮,线电压等于相电压。（　　）

二、选择题

1. 一个对称三相电源接成星形连接,已知相电压为 220 V,线电压应为( )。

A. 220 V　　B. $220\sqrt{3}$ V　　C. $220\sqrt{2}$ V　　D. 660 V

2. 下列各组电压是三相对称电压的是( )。

A. $u_U = 220\sin(\omega t - 30°)$ V, $u_V = 220\sin(\omega t - 150°)$ V, $u_W = 220\sin(\omega t + 90°)$ V

B. $u_U = 220\sin(\omega t - 60°)$ V, $u_V = 220\sin(\omega t - 120°)$ V, $u_W = 220\sin(\omega t + 120°)$ V

C. $u_U = 220\sin(\omega t - 30°)$ V, $u_V = 220\sin(2\omega t - 150°)$ V, $u_W = 220\sin(3\omega t + 90°)$ V

D. $u_U = 220\sin\omega t$ V, $u_V = 380\sin(\omega t - 120°)$ V, $u_W = 220\sin(\omega t + 120°)$ V

3. 三相对称电源按三角形连接时,封口前要先用电压表测试,若连接正确,则测得的电压值应为( )。

A. 相电压的 3 倍　　　　　　B. 相电压的 $\sqrt{3}$ 倍

C. 相电压的 $\sqrt{2}$ 倍　　　　　D. 零

13. 对称三相交流电路,下列说法正确的是( )。

A. 三相交流电各相之间的相位差为 90°

B. 三相交流电各相之间的相位差为 60°

C. 三相交流电各相之间的相位差为 30°

D. 三相交流电各相之间的相位差为 120°

三、填空题

1. 由 3 个_____、_____、_____的单相交流电源按一定方式组合而成的整体供电系统称为三相电源。

2. 在三相负载中,如果每相负载的电阻、电抗均相等,这样的负载称为_____三相负载,如三相电动机,只要有一相负载的电阻、电抗与其他两相不相同就称为_____三相负载。

3. 作星形连接的三相电源,如果相电压是对称的,则_____电压也是对称的,其有效值是相电压有效值的_____倍,其相位分别比相应的相电压超前_____。

4. 当发电机的三相绕组作星形连接时,设线电压 $u_{UV} = 380\sqrt{2}\sin\omega t$ V,则相电压 $u_V = $ _____。

5. 某三相电源三角形连接时,相电压是 6 kV,则它的线电压是_____。

6. 三相四线制供电线路可以提供两种电压,火线与零线之间的电压叫_____,火线与火线之间的电压叫作_____。

7. 有中线的三相供电线路称为_____,如不引出中线,则称为_____制。

8. 已知星形连接的三相电源的相电压为 220 V,则线电压为_____,线电压的相位比相电压的相位_____。

技能训练:

任务一:三相交流电源相序的测定

一、技能训练目标

正确判断三相交流电源的相序。

二、技能训练目的

理解三相交流电相序的概念及作用。

三、器材

电学实验台、三相调压器、三相异步电动机、白炽灯、电容器、万用表及导线。

四、内容与步骤

1. 基本原理

相序是指三相电源中,各相电压达到最大值的先后次序。在实际应用中,例如三相异步电动机的旋转方向与加到电动机上的三相电源的相序有关,因此往往要事先判定好三相电源的相序。测定三相电源相序的仪器称为相序指示器,简称相序器,其工作原理如图 4-14 所示。在相序器电路图中,若能使电路参数满足 $1/(\omega C) = R$,则在线电压对称的情况下,就能够根据两个白炽灯 HL_1 和 HL_2 所承受电压的大小或白炽灯的亮度来确定相序。

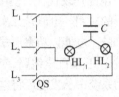

图 4-14 三相电源相序测定原理图

2. 操作步骤

(1) 按照原理图连接电路。

取 HL_1 和 HL_2 均为 220 V、40 W 的白炽灯($R \approx 1\,210\ \Omega$)和电容 $C = 2 \sim 4\ \mu F$ 的电容器,按照原理图连接电路,并将电容 C 接 U 相。

(2) 调节三相调压器,使三相调压从零开始逐步升高,到能明确判别两个白炽灯亮度差别时即停止升压,则白炽灯较亮的一相为 V 相,较暗的一相为 W 相。

3. 注意事项

(1) 在操作时应注意三相调压从零开始逐步升高,到能明确判别两个白炽灯亮度差别时即停止,以免不小心烧毁白炽灯。

(2) 如果不用三相调压器,则 HL_1、HL_2 可分别用四个 200 V、40 W 的白炽灯用先两串再两并的方法代替。

任务二:对称三相交流电源的连接情况分析

一、技能训练目标

对称三相电源的正确连接。

二、技能训练目的

熟悉三相电源的连接特点及使用方法。

三、内容与步骤

由于三相对称电压在任何时刻电压之和都等于零。因此,当电源连接成三角形时,在这个三角形的闭合回路中也不会产生回路电流。但如果某一相的首端与末端接反,因电源内阻很小,则会在电源回路中产生很大的电流,从而导致电源绕组烧毁。为了避免接反,可按图 4-15 所示将一电压

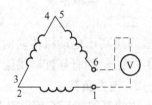

图 4-15 三相电源三角形连接电路图

表(量程大于2倍相电压)串联在三绕组的闭合回路中,若发电时电压表读数为零,说明连接正确。

【知识拓展】

电力系统

电能是现代社会使用的主要能源,它既清洁,又方便,因而在人们的生产、生活等诸方面得到广泛的应用。电能是二次能源,它是由煤炭、水力、石油、天然气、太阳能及原子能等一次能源转换而来的。电能以功率形式表达时,俗称电力。它的生产、传输和分配是通过电力系统来实现的。由发电机、输配电线路、变压设备、配电设备、保护电器和用电设备等组成一个总体即为电力系统。电力系统中从发电厂将电能输送到用户的部分则为电力网,如图4-16所示。

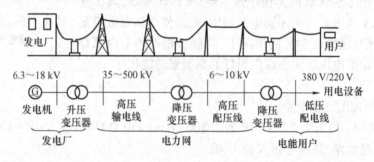

图4-16 电力系统示意图

1. 发电、输电和配电

发电厂是电力系统中提供电能的部分。按转化为电能的一次能源的不同,发电厂可分为火力发电厂、水力发电厂、核能发电厂、风力发电厂、地热发电厂、潮汐能发电厂和太阳能发电厂等。我国目前由于煤矿资源和水力资源比较丰富,火力发电和水力发电占据了主导地位,核电的发展也相当快,其所占的地位日趋重要,而风力发电、地热发电、潮汐能发电、太阳能发电还只在局部地方使用。但太阳能和风能等是取之不尽、没有污染的绿色能源,是应该大力发展的,在未来一次能源短缺的社会中,其重要性必将更加凸显。各种发电厂中的发电机几乎都是三相交流发电机。电能从发电厂传输到用户要经过电力网,电力网分为输电网和配电网两大部分。电力网的电压等级:低压(1 kV 以下)、中压(1~10 kV)、高压(10~330 kV)、超高压(330~1 000 kV)、特高压(1 000 kV)。我国常用的输电电压等级:有 35 kV、110 kV、220 kV、330 kV、500 kV 等多种;常用的配电电压为:高压 10 kV/6 kV,低压:380 V/220 V。

2. 工厂供电系统

工厂配电一般有 6~10 kV 高压和 380 V/220 V 低压两种。对于容量较大的泵、风机等一些采用高压电动机传动的设备,直接由高压配电供给;大量的低压电气设备需要 380 V/220 V 电压,由低压配电供给。

3. 电力负荷

电力系统中所有用电设备所耗用的功率,简称负荷。在电力系统中,发电机的发电与负荷用电是一个统一的整体。负荷因其用途或供电条件等的不同,有各种分类方法。我国主要是按产业分类和按用途分类。

按产业分类,可分为:工、矿业负荷;农业负荷;交通运输负荷;市政及居民负荷(其中包括一般商业负荷)。

按用途分类,可分为:照明负荷;电力负荷。电力负荷根据能量转换的不同,又可分为动力负荷、电热负荷、电解负荷及整流负荷。

此外,在规划和设计中,按照对供电可靠性的要求不同,还分为一类负荷、二类负荷、三类负荷。其中一类负荷对供电可靠性的要求最严格。一类负荷是指中断供电将造成人身伤亡、重大的政治经济影响的负荷,应有两个或以上独立电源供电。二类负荷是指中断供电将造成较大的政治经济影响的负荷,尽可能要有两个独立的电源供电。三类负荷是指不属于一、二类电力负荷,对供电没有什么特别要求。

4.2 三相负载的星形(Y)连接

使用任何电气设备时,都要求负载所承受的电压应等于它的额定电压,因此,负载要采用一定的连接方法,来满足负载对电压的要求。

图4-17所示为常见的照明电路和动力电路,包括大量的单相负载(如照明灯具)和对称的三相负载(如三相异步电动机)。这些单相负载被接在每条相线与中性线之间,组成一条供电线路,由于各楼层负载不尽相同,也不可能在同一时间内使用,所以这是一典型的不对称负载,应尽量均衡地分别接到三相电路中去,以减少中性线的电流,而不应把它们集中在三相电路中的某一相电路里。像这样把各相负载分别接在每条相线与中性线之间的供电形式称为三相四线制,目前我国低压配电系统普遍采用三相四线制,线电压是380 V,相电压为220 V。我们平时所接触的负载,如电灯、电视机、电冰箱、电风扇等家用电器,它们工作时都是用两根导线接到电路中,采用的就是三相四线制。

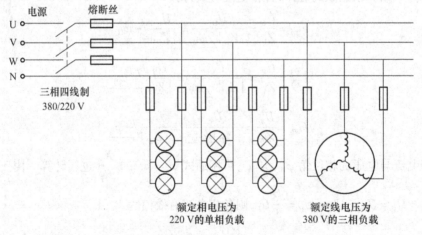

图4-17 三相四线制供电电路图

4.2.1 电路结构

三相负载的星形(Y)连接的电路原理图如图4-18所示。图中Z_U、Z_V和Z_W分别表示U、V、W三相的负载。三相负载的首端分别接到电源的三根相线上,其末端连接在一起,接到电源的中性线上,就形成了三相负载的星形(Y)连接。

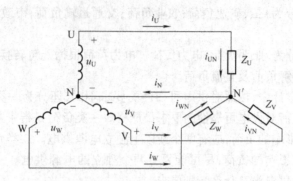

图 4-18 三相负载的星形连接电路原理图

1. 电压关系

如图 4-18 所示，三相负载星形（Y）连接时，由于各相负载是分别接在每条相线与中性线之间的，若略去输电线上的电压降，则各相负载两端的电压就等于电源的相电压，也就是 $\frac{\sqrt{3}}{3}$ 倍电源的线电压。由于电源的相电压是对称的，所以三个负载的电压也是对称的，即它们的最大值相等，频率相同，相位互差 120°。三相负载星形（Y）连接时各相负载两端的电压有效值用 U_{YP} 表示，则有：

$$\dot{U}_U = \dot{U}_V = \dot{U}_W \tag{4-7}$$

$$U_U = U_V = U_W = U_{YP} = U_P = \frac{\sqrt{3}}{3} U_L \tag{4-8}$$

2. 电流关系

（1）相电流。如图 4-18 所示，三相电路中，流过每相负载的电流叫相电流，其瞬时值用 i_{UN}、i_{VN} 和 i_{WN} 表示，一般用 i_{YP} 表示；其有效值用 I_{UN}、I_{VN} 和 I_{WN} 表示，一般用 I_{YP} 表示，其方向与相电压方向一致。根据欧姆定律，各相电流向量为：

$$\dot{I}_{UN} = \frac{\dot{U}_U}{Z_U} = \frac{\dot{U}_U}{|Z_U|\angle\varphi_U} = \frac{\dot{U}_U}{|Z_U|}\angle -\varphi_U$$

$$\dot{I}_{VN} = \frac{\dot{U}_V}{Z_V} = \frac{\dot{U}_V}{|Z_V|\angle\varphi_V} = \frac{\dot{U}_V}{|Z_V|}\angle -\varphi_V \tag{4-9}$$

$$\dot{I}_{WN} = \frac{\dot{U}_W}{Z_W} = \frac{\dot{U}_W}{|Z_W|\angle\varphi_W} = \frac{\dot{U}_W}{|Z_W|}\angle -\varphi_W$$

其中各相电流与电压的相位角 φ_U、φ_V、φ_W 可用通式 $\varphi_P = \arctan\frac{X_P}{R_P}$ 进行计算。由于对称三相电源：$U_U = U_V = U_W = U_{YP} = U_P = \frac{\sqrt{3}}{3} U_L$，则各相电流有效值为：

$$I_{UN} = \frac{U_{YP}}{|Z_U|} = \frac{\sqrt{3} U_L}{3|Z_U|}$$

$$I_{VN} = \frac{U_{YP}}{|Z_V|} = \frac{\sqrt{3} U_L}{3|Z_V|} \tag{4-10}$$

$$I_{WN} = \frac{U_{YP}}{|Z_W|} = \frac{\sqrt{3} U_L}{3|Z_W|}$$

式(4-9)、式(4-10)适用于任何负载情况,三相负载星形连接时的电压与电流的相量图如图4-19所示。

在三相负载星形连接中,如果负载是对称的,因各相电压对称,则三个相电流也是对称的,即它们的最大值相等,频率相同,相位互差120°,则有:

$$\dot{I}_{UN} = \dot{I}_{VN} = \dot{I}_{WN} = \dot{I}_{YP} \tag{4-11}$$

$$I_{UN} = I_{VN} = I_{WN} = I_{YP} \tag{4-12}$$

其相量图如图4-20所示,可知三个相电流的相量和为零,即:

$$\dot{I}_{UN} + \dot{I}_{VN} + \dot{I}_{WN} = 0 \tag{4-13}$$

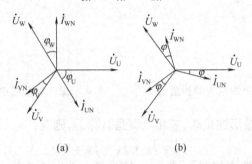

图4-19 三相负载星形连接时的相量图
(a)负载不对称;(b)负载对称

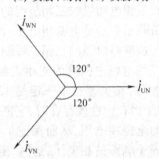

图4-20 三个相电流的相量图

(2)线电流。三相电路中,流过每根相线的电流叫线电流,其瞬时值用 i_U、i_V 和 i_W 表示,一般用 i_{YL} 表示;其有效值用 I_U、I_V 和 I_W 表示,一般用 I_{YL} 表示,其方向规定为电源流向负载。如图4-18所示,很显然,三相负载星形连接时各线电流与相应的相电流是相等的。

如果负载是对称的,则三个线电流也是对称的,即它们的最大值相等,频率相同,相位互差120°,则有:

$$\begin{aligned} \dot{I}_U &= \dot{I}_{UN} & I_U &= I_{UN} \\ \dot{I}_V &= \dot{I}_{VN} & I_V &= I_{VN} \\ \dot{I}_W &= \dot{I}_{WN} & I_W &= I_{WN} \end{aligned} \tag{4-14}$$

其相量图如图4-21所示,可知三个线电流的相量和为零,即:

$$\dot{I}_U + \dot{I}_V + \dot{I}_W = 0 \tag{4-15}$$

(3)中性线电流。三相四线制电路中,流过中性线的电流叫中性线电流,其瞬时值用 i_N 表示;其有效值用 I_N 表示,其方向规定为由负载中性点 N′ 指向电源中性点 N,如图4-18所

示,根据基尔霍夫第一定律可知:

$$i_N = i_U + i_V + i_W \tag{4-16}$$

其相量形式为:

$$\dot{I}_N = \dot{I}_U + \dot{I}_V + \dot{I}_W \tag{4-17}$$

相量合成如图4-22所示。

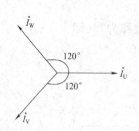

图4-21 三个线电流的相量图　　图4-22 中性线电流的相量合成

当三相对称负载作星形连接时,三相电流是对称的,则有:

$$\dot{I}_N = \dot{I}_U + \dot{I}_V + \dot{I}_W = 0 \tag{4-18}$$

三相对称负载作星形连接时,中性线电流为零。此时中性线可以省去,如图4-23所示,并不影响三相负载的正常工作,各相负载的相电压仍为对称的电源相电压,这样三相四线制就变成了三相三线制。例如,三相电动机的三相绕组的首端分别接在相线上,而末端接在一起,这时三相电动机的每相负载承受的是电源相电压,这种供电方式的特点是三根导线就可以完成三相负载的供电连接,这就是典型的三相三线制。

实际上,多个单相负载接到三相电路中构成的三相负载不可能完全对称。当三相负载不对称时,各相电流的大小就不相等,相位差也不一定是120°,因此,中性线电流不一定为零。此时中性线绝不可断开。因为当有中性线存在时,它能使作星形连接的各相负载,即使在不对称的情况下,也均有对称的电源相电压,从而保证了各相负载能正常工作;如果中性线断开,各相负载的电压就不再等于电源的相电压,这时,阻抗较小的负载的相电压可能低于其额定电压;阻抗较大的负载的相电压可能高于其额定电压,使负载不能正常工作,甚至会造成严重事故。所以,在三相四线制中,一方面规定中性线不准安装熔断丝和开关,有时中性线还采用钢芯导线来加强其机械强度,以免断开;另一方面,在连接三相负载时,应尽量使其平衡,以减小中性线电流。

3. 电压与电流的相位关系

对称三相负载作星形连接时,电压与电流的相位关系如图4-24所示,其相位差角为:

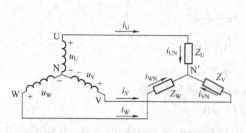
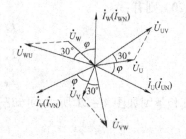

图4-23 三相三线制电路图　　图4-24 三相负载星形连接时电压与电流的相位关系

$$\varphi_U = \varphi_V = \varphi_W = \varphi_P = \arctan\frac{X_P}{R_P}$$

4.2.2 三相负载星形(Y)连接的电路计算

1. 计算方法

在三相四线制中,如果三相负载对称,则每相负载中的电流以及电流与电压的相位差均相等,这样在电路计算时,就可以只对一相电路进行计算,另两相电流可根据对称性直接写出;三相负载星形连接负载不对称时,可将各相分别看作单相电路进行计算。

2. 应用举例

例 4-3 某对称三相电路,负载为Y形连接,每相的电阻 $R=6\ \Omega$,感抗 $X_L=8\ \Omega$。电源电压对称,设 $u_{UV}=380\sqrt{2}\sin(\omega t+30°)$ V 忽略输电线路阻抗。求负载的相电流、线电流和中性线电流。

解:因负载对称,故只计算一相电路。由题意,相电压有效值 $U_U=220$ V,其相位比线电压滞后30°,即:

$$u_{UV}=380\sqrt{2}\sin(\omega t+30°)\text{ V}$$

U 相电流为:

$$I_U=\frac{U_U}{|Z_U|}=\frac{U_U}{|Z_U|}=\frac{220}{\sqrt{6^2+8^2}}=22\text{ (A)}$$

在 U 相,电流 i_U 比电压 u_U 滞后角为:

$$\varphi=\arctan\frac{X_L}{R}=\arctan\frac{8}{6}=53°$$

所以,得:

$$i_U=22\sqrt{2}\sin(\omega t-53°)\text{ A}$$

根据对称关系,其他两相电流为:

$$i_V=22\sqrt{2}\sin(\omega t-53°-120°)=22\sqrt{2}\sin(\omega t-173°)\text{ A}$$

$$i_W=22\sqrt{2}\sin(\omega t-53°+120°)=22\sqrt{2}\sin(\omega t+67°)\text{ A}$$

因负载作星形连接,故各线电流与相应的相电流相等。即:

$$i_U=22\sqrt{2}\sin(\omega t-53°)\text{ A}$$

$$i_V=22\sqrt{2}\sin(\omega t-53°-120°)=22\sqrt{2}\sin(\omega t-173°)\text{ A}$$

$$i_W=22\sqrt{2}\sin(\omega t-53°+120°)=22\sqrt{2}\sin(\omega t+67°)\text{ A}$$

因电路对称,求得中线电流为零。即:

$$\dot{I}_N=\dot{I}_U+\dot{I}_V+\dot{I}_W=0$$

例 4-4 如图 4-25 所示的对称三相电路中,负载每相阻抗 $Z=6+j8\ \Omega$,端线阻抗 $Z_L=1+j1\ \Omega$,电源线电压有效值为 380 V。求电路的相电流、线电流和负载各相电压。

解:由已知 $U_L=380$ V 可得 $U_U=\frac{U_L}{\sqrt{3}}=\frac{380}{\sqrt{3}}=220\text{ (V)}$,单独画出 U 相电路,如图 4-26 所示。设 $\dot{U}_U=220\underline{/0°}$ V,负载是星形连接,则负载相电流和线电流相等。即:

$$\dot{I}_\mathrm{U} = \frac{\dot{U}_\mathrm{U}}{Z_\mathrm{L}+Z} = \frac{220\mathrm{e}^{\mathrm{j}0°}}{(1+\mathrm{j}1)+(6+\mathrm{j}8)} = \frac{220\mathrm{e}^{\mathrm{j}0°}}{11.4\mathrm{e}^{\mathrm{j}52.1°}} = 19.3\mathrm{e}^{-\mathrm{j}52.1°}\,(\mathrm{A})$$

$$\dot{I}_\mathrm{V} = \dot{I}_\mathrm{U}\mathrm{e}^{-\mathrm{j}120°} = 19.3\mathrm{e}^{-\mathrm{j}172.1°}\,(\mathrm{A})$$

$$\dot{I}_\mathrm{W} = \dot{I}_\mathrm{U}\mathrm{e}^{\mathrm{j}120°} = 19.3\mathrm{e}^{-\mathrm{j}67.9°}\,(\mathrm{A})$$

$$\dot{U}_{\mathrm{U}'} = \dot{U}_{\mathrm{U}'\mathrm{N}'} = Z\dot{I}_\mathrm{U} = 19.3\mathrm{e}^{-\mathrm{j}52.1°} \times (6+\mathrm{j}8) = 192\mathrm{e}^{\mathrm{j}1°}\,\mathrm{V}$$

$$\dot{U}_{\mathrm{V}'} = \dot{U}_{\mathrm{V}'\mathrm{N}'} = \dot{U}_{\mathrm{U}'\mathrm{N}'}\mathrm{e}^{-\mathrm{j}120°} = 192\mathrm{e}^{-\mathrm{j}119°}\,\mathrm{V}$$

$$\dot{U}_{\mathrm{W}'} = \dot{U}_{\mathrm{W}'\mathrm{N}'} = \dot{U}_{\mathrm{U}'\mathrm{N}'}\mathrm{e}^{\mathrm{j}120°} = 192\mathrm{e}^{\mathrm{j}121°}\,\mathrm{V}$$

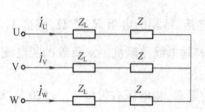
图 4-25 例 4-4 的图

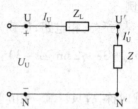
图 4-26 U 相电路

例 4-5 如图 4-27 所示一星形连接的三相电路,电源电压对称。设电源线电压 $u_\mathrm{UV} = 380\sqrt{2}\sin(314t+30°)\,\mathrm{V}$。负载为电灯组,若 $R_\mathrm{U}=R_\mathrm{V}=R_\mathrm{W}=5\,\Omega$,求线电流及中性线电流;若 $R_\mathrm{U}=5\,\Omega$,$R_\mathrm{V}=10\,\Omega$,$R_\mathrm{W}=20\,\Omega$,求线电流及中性线电流。

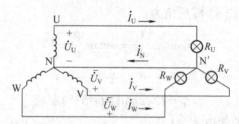
图 4-27 例 4-5 的图

解: 已知:

$$\dot{U}_\mathrm{UV} = 380\,\underline{/30°}\,(\mathrm{V}) \qquad \dot{U}_\mathrm{U} = 220\,\underline{/0°}\,(\mathrm{V})$$

(1) 线电流为:

$$\dot{I}_\mathrm{U} = \frac{\dot{U}_\mathrm{U}}{R_\mathrm{U}} = \frac{220\,\underline{/0°}}{5} = 44\,\underline{/0°}\,(\mathrm{A})$$

因三相对称,则:

$$\dot{I}_\mathrm{V} = 44\,\underline{/-120°}\,(\mathrm{A}) \qquad \dot{I}_\mathrm{W} = 44\,\underline{/+120°}\,(\mathrm{A})$$

中性线电流为:

$$\dot{I}_\mathrm{N} = \dot{I}_\mathrm{U} + \dot{I}_\mathrm{V} + \dot{I}_\mathrm{W} = 0$$

(2) 因三相负载不对称 ($R_\mathrm{U}=5\,\Omega$, $R_\mathrm{V}=10\,\Omega$, $R_\mathrm{W}=20\,\Omega$),分别计算各线电流为:

$$\dot{I}_\mathrm{U} = \frac{\dot{U}_\mathrm{U}}{R_\mathrm{U}} = \frac{220\,\underline{/0°}}{5} = 44\,\underline{/0°}\,(\mathrm{A})$$

$$\dot{I}_\text{V} = \frac{\dot{U}_\text{V}}{R_\text{V}} = \frac{220 \angle -120°}{10} = 22 \angle -120° \text{(A)}$$

$$\dot{I}_\text{W} = \frac{\dot{U}_\text{W}}{R_\text{W}} = \frac{220 \angle +120°}{20} = 11 \angle +120° \text{(A)}$$

中性线电流为:

$$\dot{I}_\text{N} = \dot{I}_\text{U} + \dot{I}_\text{V} + \dot{I}_\text{W} = 44 \angle 0° + 22 \angle -120° + 11 \angle 120° = 29 \angle -19° \text{(A)}$$

总结:负载星形连接三相电路的分析和计算要点如下。

(1)各负载的电压 = 电源相电压(线路的阻抗忽略不计)。

(2)各线电流 = 相应负载的相电流。

(3)中线电流 $\dot{I}_\text{N} = \dot{I}_\text{U} + \dot{I}_\text{V} + \dot{I}_\text{W}$。

(4)如果电路对称,只需计算其中一相,另两相根据对称性直接写出(大小相等、频率相同、相位互差120°)。

(5)如果电路不对称,可看作单相电路逐相进行计算。

例4-6 照明系统故障分析,电路如图4-28所示,$U_\text{L} = 380$ V。

(1)U相短路,中性线未断时,求各相负载电压;中性线断开时,求各相负载电压。

(2)U相断路,中性线未断时,求各相负载电压;中性线断开时,求各相负载电压。

解:(1)U相短路。

①中性线未断,如图4-29所示。此时U相短路电流很大,将U相熔断丝熔断,但V相和W相未受影响,其相电压仍为220 V,正常工作。

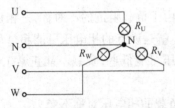

图4-28 照明系统示意图

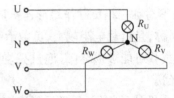

图4-29 照明系统U相短路示意图

②中性线断开时,如图4-30所示,此时负载中性点N即为U,因此负载各相电压为:

$$U_\text{V} = U_\text{W} = U_\text{L} = 380 \text{ V}$$

此情况下,V相和W相的电灯组由于承受电压上所加电压都超过额定电压(220 V),这是不允许的。

(2)U相断路。

①中性线未断,如图4-31所示,此情况下,V相和W相的电灯组仍承受220 V电压,正常工作。

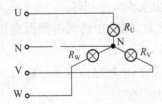

图4-30 照明系统U相短路且中性线断开示意图

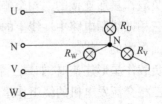

图4-31 照明系统U相断路示意图

②中性线断开,如图4-32所示。此时三相电路变为单相电路,如图4-33所示。由图可求得:

$$U_V = \frac{R_V}{R_V + R_W} \times U_L$$

$$U_W = \frac{R_W}{R_V + R_W} \times U_L$$

当 $R_V < R_W$ 时:

$$U_V < 220\text{ V}, U_W > 220\text{ V}$$

从计算结果看,V相负载因为所加电压低于220 V额定电压,不能正常工作;W相负载则因为所加电压高于220 V额定电压,将会造成过压损坏。

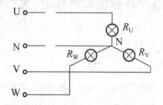
图4-32 照明系统U相断路且中性线断开示意图

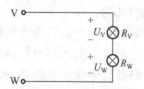
图4-33 照明系统U相断路且中性线断开等效电路

通过对照明系统故障的分析,可知:

(1)不对称三相负载作星形连接且无中性线时,由于负载阻抗的不对称,三相负载的相电压不对称,且负载电阻越大,负载承受的电压越高。就是说有的相电压可能超过负载的额定电压,负载可能被损坏(灯泡过亮烧毁);有的相电压可能低些,负载不能正常工作(灯泡暗淡无光)。

(2)中性线的作用:保证星形连接时三相不对称负载的相电压对称不变。

(3)对于不对称的三相负载,如照明系统,必须采用三相四线制供电方式,中性线不能去掉,且中性线上不允许接熔断器或刀闸开关。

(4)有时为了增加中性线的强度以防拉断,还要采用带有钢丝芯的导线作中性线。

【应用测试】

知识训练:

一、判断题(正确的打√,错误的打×)

1. 三相交流电的线电流一定大于相电流。　　　　　　　　　　　　　　　(　　)
2. 负载作星形连接的三相交流电路中,线电流与相电流大小相等。　　　(　　)
3. 三相四线制电路中性线上的电流是三相电流之和,因此中性线的截面应该选用比端线的截面更大的导线。　　　　　　　　　　　　　　　　　　　　　　(　　)
4. 负载作星形连接时,如果三个相电压是对称的,则三个相电流也是对称的。(　　)
5. 三相交流发电机的绕组作星形连接,不一定引出中性线。　　　　　　(　　)
6. 三相三线制供电系统中,只有当负载对称时,三个线电流之和才等于零。(　　)

7. 三相四线制中,两中性点间电压为零,中性线电流一定为零。（ ）
8. 三相四线制供电系统中,三相负载越接近对称,中性线电流就越小。（ ）
9. 三相电路的线电压与线电流之比等于导线的阻抗。（ ）
10. 负载不对称的三相电路,负载端的相电压、线电压、相电流、线电流均不对称。（ ）

二、选择题
1. 对称三相四线制中,某相负载发生变化时,对其他各相的影响为(   )。
   A. 较大　　　　　B. 较小　　　　　C. 无影响　　　　D. 不能判断
2. 在对称三相四线制供电线路上,每相负载连接相同的白炽灯（正常发光）,当中性线断开时,将会出现(   )。
   A. 三个白炽灯都变暗
   B. 三个白炽灯都因过亮而烧坏
   C. 三个白炽灯仍然能正常发光
3. 对称三相四线制供电线路中,每相负载连接相同的白炽灯（正常发光）,当中性线断开时,又有一相负载断路,而未断路的其他两相的白炽灯将会出现(   )。
   A. 都变暗　　　B. 因过亮而烧坏　C. 仍然能正常发光　D. 立即熄灭
4. 对称三相四线制供电线路中,每相负载连接相同的白炽灯（正常发光）,当中性线断开时,又有一相负载短路,那么未短路的其他两相的白炽灯将会出现(   )。
   A. 变暗　　　　B. 因过亮而烧坏　C. 仍然能正常发光　D. 立即熄灭
5. 对称三相四线制电路中,每相负载连接相同的白炽灯（正常发光）,当某相负载发生故障而中性线未断开时,其他两相的白炽灯将会出现(   )。
   A. 变暗　　　　B. 因过亮而烧坏　C. 仍然能正常发光　D. 立即熄灭
6. 三相负载不对称时应采用的供电方式为(   )。
   A. 三角形连接　　　　　　　　B. 星形连接
   C. 星形连接并加装中性线　　　D. 星形连接并在中性线上装熔断丝
7. 已知三相对称负载连接成星形,各相负载相电压为220 V,则电源线电压为(   )。
   A. $220\sqrt{3}$ V　　B. 220 V　　C. 440 V　　D. $220\sqrt{2}$ V
8. 星形连接的对称三相电源给三相星形连接负载供电时,中性点偏移电压为零的条件是(   )。
   A. 三相负载对称　　　　　　B. 三相电压对称
   C. 中性线不存在　　　　　　D. 任何条件都行

三、填空题
1. 三相负载的连接方式有两种:即_____连接和_____连接。
2. 在三相对称电路中,线电压超前相电压30°的是_____连接,相电流超前线电流30°的是_____连接。
3. 三相四线制电路中,各相负载所承受的电压为电源电压的_____倍,各相负载的相电流与线电流的关系是_____。
4. 目前我国低压三相四线制供电线路供给用户的相电压是_____,线电压是_____。

5. 三相四线制供电电路中,若负载对称则中性线电流等于_____。

四、计算题

1. 对称三相电源的线电压为 380 V,对称负载为星形连接,未接中性线。如果某相导线突然断掉,试计算其余两相负载的电压。

2. 每组负载电阻为 30 Ω,感抗为 40 Ω 的三相对称负载,星形连接在线电压为 380 V 的对称三相电源上,试求相电流和线电流。

3. 有一星形连接的三相负载,每相的电阻 $R = 6$ Ω,感抗 $X_L = 8$ Ω,电源电压对称。设 $u_{UV} = 380\sqrt{2}\sin(314t + 30°)$ V,试求负载中电流的解析式。

技能训练:

任务一:三相负载的星形连接

一、技能训练目标

正确完成三相负载的星形连接并测量三相电路的电压和电流,会处理和分析实验数据。

二、技能训练目的

(1)学习三相电路中负载的星形连接方法。

(2)通过实验验证负载星形连接时,线电压 U_L 和相电压 U_P、线电流 I_L 和相电流 I_P 间的关系。

(3)了解不对称负载星形连接时中性线的作用。

三、器材

通用电学实验台、三相调压器、白炽灯组、万用表、500 mA 交流电流表及导线。

四、内容与步骤

(1)选取白炽灯组,按图 4-34 实验电路的接法连接电路。

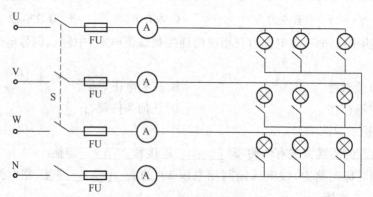

图 4-34 三相负载的星形连接

(2)每相均开 3 盏灯(对称负载),测量各线电压、线电流、相电压及中性线电流,并将所测得的数据填入表 4-1 中。

(3)将三相负载分别开1盏灯、2盏灯和3盏灯(不对称负载),再分别测量各线电压、线电流、相电压及中性线电流,并将所测得的数据填入表4-1中。

表4-1 三相负载的星形连接的测量数据

负载情况	中性线	线电压			相电压			灯泡亮度		
		U_{L1}	U_{L2}	U_{L3}	U_{P1}	U_{P2}	U_{P3}	L_U	L_V	L_W
对称	有									
	无									
不对称	有									
	无									

负载情况	中性线	线电流			相电流			中性线电流
		I_{L1}	I_{L2}	I_{L3}	I_{P1}	I_{P2}	I_{P3}	I_N
对称	有							
	无							
不对称	有							
	无							

五、注意事项

每次实验完毕,均需将三相调压器旋钮调回零位,如改变接线,切断三相电源,待教师检查无误后重新接通电源,以确保人身安全。

六、思考题

(1)用实验数据具体说明中性线的作用以及线电压 U_L 和相电压 U_P、线电流 I_L 和相电流 I_P 间的关系,并画出它们的相量图。

(2)为什么照明供电电路均采用三相四线制?

(3)在三相四线制中,中性线是否允许接入熔断丝或开关?

任务二:三相四线制电路故障分析

一、技能训练目标

(1)画出本系统供电线路图。

(2)分析故障产生的原因,找出故障原因。

二、技能训练内容

某大楼电灯发生故障:

(1)第二层楼和第三层楼所有电灯都突然暗下来,而第一层楼电灯亮度不变。

(2)同时发现,第三层楼的电灯比第二层楼的电灯还暗些。

【知识拓展】

接地系统

为了人身安全和电力系统工作的需要,要求电气设备采取接地措施。按接地目的的不同,主要分为工作接地、保护接地。

一、工作接地

电源中性线与大地相连接,称为工作接地,如图4-35所示。工作接地的作用主要有以下三点。

1. 迅速切断故障设备

在中性点不接地的系统中,当一相故障接地时,故障电流很小,不足以使保护装置动作而切断电源,接地故障不易被发现,将长时间持续下去,对人身不安全。而在中性点接地的系统中,一相接地后的故障电流很大(接近单相短路),保护装置迅速动作切断电源。

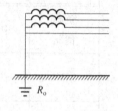

图4-35 工作接地

2. 降低触电电压

当一相接地而人体触及另外两相之一时,在中性点不接地的系统中,触电电压为线电压。而在中性点接地的系统中,即使保护装置不动作,触电电压也会降低到等于或接近于相电压。

3. 降低电气设备和配电线路对绝缘水平的要求

中性点接地后各相对地的绝缘要求也由线电压降为相电压,从而降低了设备成本。

为了接地的可靠性并防止中性线由于偶然事故出现断路,通常将各车间的中性线都连接起来,成为一个网络,并每隔一定的距离进行重复接地。

二、保护接地

将电气设备的外壳与大地连接称为保护接地,其目的是为了防止设备外壳意外带电造成间接接触触电。保护性接地装置的接地电阻应不大于4 Ω,接地体可用埋入地下的钢管或角钢。通常是在电气设备比较集中的地方或必要的地方装设接地极,称为局部接地极,同时在接地条件较好的地方设主接地极,然后将各接地极用干线连接起来,凡需要接地的设备都与接地干线连接,这样就形成了一个保护接地系统。

根据三相电力系统和电气装置外露可导电部分的对地关系,保护接地可分为TT系统、IT系统和TN系统三种不同类型。TT、IT和TN中第一个字母表示电力系统的对地关系,即T表示系统一点(通常指中性点)直接接地;I表示所有带电部分与地绝缘或一点经高阻抗接地。第二个字母表示电气装置外露可导电部分的对地关系,即T表示外露可导电部分对地直接电气连接,与电力系统的任何接地点无关;N表示外露可导电部分与电力系统的接地点(通常就是中性点)直接电气连接。一般将TT、IT系统称为保护接地,TN系统称为保护接零。

1. TT 系统

TT 系统是指电源的中性点接地,而电气设备的外壳、底座等外露可导电部分接到电器上与电力系统接地点无关的独立接地装置上。其工作原理如图 4-36 所示,图中 PE 为保护接地线,当发生单相碰壳故障时,接地电流经保护线 PE、设备接地装置 R_d、大地、电源的工作接地装置 R_0 所构成的回路流过。此时若有人触及带电的外壳,则由于设备接地装置的电阻远小于人体的电阻,根据并联电流的分配规律,接地电流主要通过接地电阻,而通过人体的电流很小,从而对人体起到保护作用。

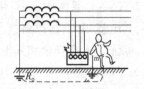

图 4-36 TT 系统工作原理

在 TT 系统中,保护接地降低了触电电压,分流了触电电流,起到了一定的保护作用,但如果不能及时切断电源,则设备外壳始终带电,这时电源相电压降落在两个接地电阻上,设备外壳的对地电压大约是相电压的一半,这对人体来说仍然是危险的,也可能会引起电击事故。因此,TT 系统应该安装漏电保护器,以提高切除故障设备电源的灵敏度。

TT 系统适用于负荷小而分散的农村低压电网,也广泛应用于城镇、居民区和由公共变压器供电的小型工业企业和民用建筑中。对于接地要求较高的数据处理设备和电子设备,可优先考虑使用 TT 系统,因其设备接地装置与工作接地装置分开,故 TT 系统正常运行时接地电位稳定,不会有干扰电流侵入。

2. IT 系统

在电源中性点不接地的三相三线制供电系统中,将用电设备的外露可导电部分通过接地装置与大地作良好的导电连接,这样的系统称为 IT 系统,如图 4-37(a) 所示。在 IT 系统中,当电气设备的绝缘损坏,某一相碰壳时,如图 4-37(b) 所示,接地电流经保护线 PE、设备接地装置、大地和分布电容所构成的回路流过,此电流比 TT 系统中的接地电流小得多。此时若有人触及带电的外壳,流过人体的电流极小,能够保障人身安全,不需要立即切断故障回路,故可维持供电的连续性。IT 系统没有中性线 N,只有线电压,没有相电压。供电线路简单,成本低,发生接地故

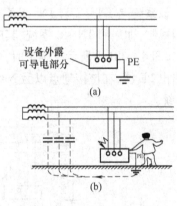

图 4-37 IT 系统
(a)正常情况;(b)碰壳故障

障时能延续一段时间供电,供电连续性好,正常情况下保护接地线 PE 不带电,和 TT 系统一样,接地电位稳定。

IT 系统适用于某些不间断供电要求较高的场所,但不适用于有大量三相及单相用电设备混合使用的场所。IT 系统只在煤矿、应急电源、医院手术室等一些场所被采用,其他地方因普遍采用的是电源中性点接地的三相四线制供电系统,故而很少被采用。

3. TN 系统

在电源中性点接地的供电系统中,将用电设备的外露可导电部分与中性线可靠连接,这样的系统称为 TN 系统。TN 系统在低压供电系统中得到普遍采用。根据其保护线是否与工作零线分开,TN 系统又可分为 TN-C 系统、TN-S 系统、TN-C-S 系统等几种。

1) TN-C 系统(三相四线制)

这种供电系统中工作零线兼作保护线,称为保护中性线,用 PEN 表示,如图 4-38(a)所示。在 TN-C 系统中,一旦用电设备某一相绕组的绝缘损坏而与外壳相通时,就形成单相短路,其电流很大,足以将这一相的熔丝烧断或使电路中的自动开关断开,因而使外壳不再带电,保证了人身安全和其他设备或电路的正常运行。

为了确保安全,严禁在中性线的干线上装设熔断器和开关。除了在电源中性点进行工作接地外,还要在中性线干线的一定间隔距离及终端进行多次接地,即重复接地。

TN-C 方式供电系统只适用于三相负载基本平衡的场合,如普遍用于有专用变压器、三相负荷基本均衡的工业企业。如果三相负载严重不平衡,工作零线上有较大不平衡电流,则对地有一定电压,与保护线连接的用电设备外露可导电部分都将带电。如果中性线断线,则漏电设备的外露可导电部分带电,人触及时会触电。

2) TN-S 系统(三相五线制)

TN-S 系统如图 4-38(b)所示,在 PE 线上的其他设备产生电磁干扰,是一个较为完善的系统,适用于对安全要求较高以及对电磁干扰要求较严的场所。例如,有火灾或爆炸危险的工业厂房、有附设变电所的高层建筑和重要的民用建筑以及国家的政治、经济和文化中心、科研单位、邮电通信、电子行业等都应采用 TN-S 系统。

3) TN-C-S 系统(三相四线制与三相五线制混合系统)

该系统是 TN-C 与 TN-S 系统的综合,兼有两个系统的特点。供电线路进户前采用三相四线制,即采用 TN-C 系统,其施工方便,成本低廉,进户后采用三相五线制,即 TN-S 系统,如图 4-38(c)所示。施工时,将 TN-C 系统的 N 线在入户时重复接地,并在接地点另外引出 PE 线,在该接地点以后 N 线与 PE 线不应有任何电气连接,这样在户内便成为 TN-S 系统。

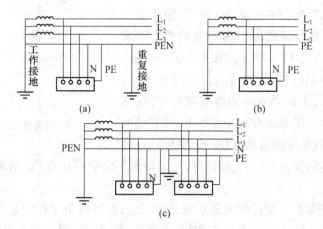

图 4-38 TN 系统
(a)TN-C 系统;(b)TN-S 系统;(c)TN-C-S 系统

TN-C-S 系统适用于配电系统环境条件较差而局部用电对安全可靠性要求较高的场所。例如,在建筑施工临时供电中,如果前部分是 TN-C 方式供电,而施工规范规定施工现场必须采用 TN-S 方式供电,则可以在供电系统后部分现场总配电箱中分出 PE 线。

4. 单相三极插座的接线

单相三极插座在工厂、办公楼及家庭中广泛应用,其接线是否正确,对安全用电至关重要。通常三极插座下面两个较细的是工作插孔,应按"左零右相"接线;上面较粗的是保安插孔,应按所在系统的保安方式进行接线:

(1)在 TT 系统中,采用保护接地方式,保安插孔应与接地体连接,如图 4-39(a)所示。

(2)在 TN-C 系统中,采用保护接零方式,保安插孔应与保护中性线 PEN 连接,如图 4-39(b)所示。

(3)在 TN-S 系统中,采用保护接零方式,保安插孔应与保护零线 PE 连接,如图 4-39(c)所示。

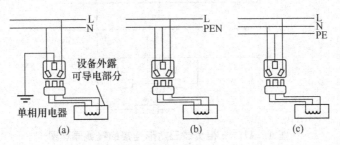

图 4-39 单相三极插座的接线
(a)TT 系统中;(b)TN-C 系统中;(c)TN-S 系统中

保护线的连接必须正确、牢靠。在 TN 系统中还要注意,保护线必须连接在 PEN 的干线上,不可把保护线就近接在用电设备的中性线端子上,这样当中性线断开时,即使设备不漏电,也会将相线的电位引至外壳造成触电事故。

但是,在三相四线制的供电系统中,多采用单相两线制供给单相用户,要将三极插座的保安插孔连接到 PEN 的干线上往往难以实现。在这种情况下,宁可将保安插孔空着,也绝不可采用错误的接法。解决这一问题最有效的办法是大力推进和应用 TN-S 或 TN-C-S 系统。TN-S 系统有专门的保护零线,一般采用单相三线制供给单相用户,即一根相线 L,一根工作零线 N,一根保护线 PE,如图 4-39(c)所示。使用时接线方便,能很好地起到保护作用。

4.3 三相负载的三角形(△)连接

三相负载的连接方式除了前面介绍的星形连接,还有一种连接方式:三角形(△)连接,也是为了满足负载对电压的要求。三相负载的三角形连接具有哪些特点呢?

4.3.1 电路结构

将三相负载分别接在三相电源的两根相线之间的接法,称为三相负载的三角形连接,电路原理图如图 4-40 所示,接线原理图如图 4-41 所示。三相负载三角形连接的特点是每相负载首尾相连,形成一个闭合回路,并且三个连接点分别连在三相电源的三根相线上。

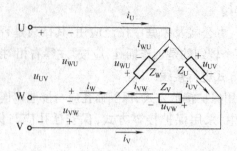

图 4-40　三相负载三角形连接的电路原理图

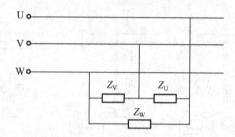

图 4-41　三相负载三角形连接的接线原理图

4.3.2　电压、电流的关系

1. 电压关系

从图 4-40 中可以看出,三相负载作三角形连接时,一般电源线电压对称,因此不论负载是否对称,各相负载所承受的电压均为对称的电源线电压,用 $U_{\triangle P}$ 表示各相负载所承受的电压有效值,则有:

$$\dot{U}_U = \dot{U}_V = \dot{U}_W = \dot{U}_{\triangle P} = \dot{U}_L = \dot{U}_P \tag{4-19}$$

$$U_U = U_V = U_W = U_{\triangle P} = U_L = U_P \tag{4-20}$$

2. 电流关系

从图 4-40 中还可以看出,三相负载作三角形连接时,相电流与线电流是不一样的,下面仅分析三相负载对称时的电流特点。

1) 相电流

因为电源线电压对称,当三相负载对称时,则各相电流也是对称的,即三个相电流的大小相等、相位差互为 120°,各相电流的方向与该相的电压方向一致。各相电流分别用 $\dot{I}_{UV}$、$\dot{I}_{VW}$ 和 $\dot{I}_{WU}$ 表示,一般用 $\dot{I}_{\triangle P}$ 表示,用 Z_P 表示各相负载,则有:

$$\dot{I}_{UV} = \frac{\dot{U}_{UV}}{Z_{UV}} = \frac{\dot{U}_L}{|Z_P|} \underline{/-\varphi_P}$$

$$\dot{I}_{VW} = \frac{\dot{U}_{VW}}{Z_{VW}} = \frac{\dot{U}_L}{|Z_P|} \underline{/\varphi(-\varphi_P - 120°)} \tag{4-21}$$

$$\dot{I}_{WU} = \frac{\dot{U}_{WU}}{Z_{WU}} = \frac{\dot{U}_L}{|Z_P|} \underline{/(-\varphi_P + 120°)}$$

其中:

$$\varphi_P = \arctan\frac{X_P}{R_P}$$

则各相电流有效值为：

$$I_{\triangle P} = \frac{U_{\triangle P}}{|Z_P|} = \frac{U_L}{|Z_P|} \tag{4-22}$$

2）线电流

各线电流仍用 $\dot{I}_U$、$\dot{I}_V$ 和 $\dot{I}_W$ 表示，一般用 $\dot{I}_{\triangle L}$ 表示；有效值 I_U、I_V 和 I_W 一般用 $I_{\triangle L}$ 表示，其方向规定为电源流向负载。根据基尔霍夫第一定律可知：

$$\dot{I}_U = \dot{I}_{UV} - \dot{I}_{WU} = \dot{I}_{UV} + (-\dot{I}_{WU})$$
$$\dot{I}_V = \dot{I}_{VW} - \dot{I}_{UV} = \dot{I}_{VW} + (-\dot{I}_{UV}) \tag{4-23}$$
$$\dot{I}_W = \dot{I}_{WU} - \dot{I}_{VW} = \dot{I}_{WU} + (-\dot{I}_{VW})$$

因为相电流是对称的，由此可作出线电流和相电流的相量图，如图4-42所示。从图中可以看出：线电流也是对称的，各线电流大小相等，相位互差120°，并且各线电流在相位上比各相应的相电流滞后30°。从相量图中还可得到线电流和相电流的大小关系（其方法与第一节中对线电压和相电压的分析相同），线电流的有效值为相电流有效值的$\sqrt{3}$倍，即：

$$I_{\triangle L} = \sqrt{3} I_{\triangle P} \tag{4-24}$$

则有：

$$\dot{I}_U = \sqrt{3}\, \dot{I}_{UV} \underline{/-30°}$$
$$\dot{I}_V = \sqrt{3}\, \dot{I}_{VW} \underline{/-30°} \tag{4-25}$$
$$\dot{I}_W = \sqrt{3}\, \dot{I}_{WU} \underline{/-30°}$$

3. 电压与电流的相位关系

在三相对称负载的三角形连接中，由于各相负载所承受的是对称的电源线电压，则每相负载中的电流与电压的相位差均是相等的，如图4-42所示。

$$\varphi_U = \varphi_V = \varphi_W = \varphi_P = \arctan\frac{X_P}{R_P}$$

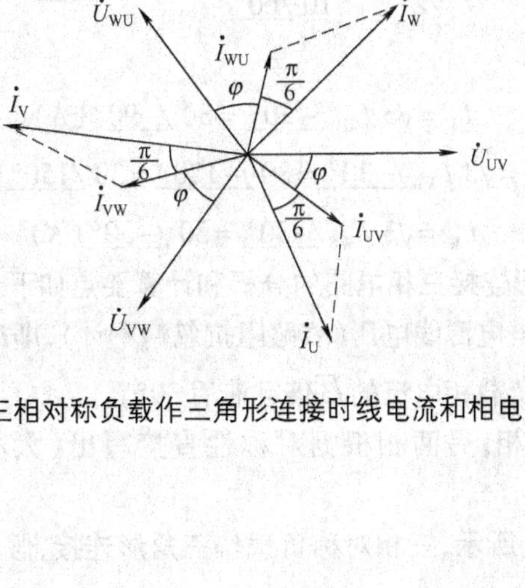

图4-42 三相对称负载作三角形连接时线电流和相电流的相量图

4.3.3 三相负载三角形(△)连接的电路计算

1. 计算方法

对于三相负载三角形(△)连接的电路,如果三相负载是对称的,仍是先计算其中一相,另两相则可以根据电路的对称性直接写出。如果三相负载不对称,就某一相而言,可以按照单相交流电路的方法来计算相电流,再根据基尔霍夫第一定律来计算各线电流。下面仅讨论三相负载对称时的情况。

2. 应用举例

例 4-7 三角形接法的对称三相负载,各相负载的复阻抗 $Z = (6 + j8)\,\Omega$,外加线电压 $U_L = 380\,V$,试求正常工作时负载的相电流和线电流大小。

解:由于正常工作时是对称电路,故可归结到一相来计算。

每相阻抗为:

$$|Z| = \sqrt{R^2 + X^2} = \sqrt{6^2 + 8^2} = 10(\Omega)$$

则相电流为:

$$I_{\triangle P} = \frac{U_L}{|Z_P|} = \frac{380}{10} = 38(A)$$

线电流为:

$$I_{\triangle L} = \sqrt{3}\,I_{\triangle P} = \sqrt{3} \times 38 = 65.8(A)$$

例 4-8 对称三相负载作三角形连接于线电压 $U_L = 100\sqrt{3}\,V$ 的三相电源上,每相负载阻抗为 $Z = 10\,\underline{/60°}\,\Omega$,求电流。

解:当负载为三角形连接时,相电压等于线电压,设 $\dot{U}_{UV} = 100\sqrt{3}\,\underline{/0°}\,V$。相电流为:

$$\dot{I}_{UV} = \frac{\dot{U}_{UV}}{Z} = \frac{100\sqrt{3}\,\underline{/0°}}{10\,\underline{/60°}} = 10\sqrt{3}\,\underline{/-60°}(A)$$

$$\dot{I}_{VW} = \frac{\dot{U}_{VW}}{Z} = \frac{100\sqrt{3}\,\underline{/-120°}}{10\,\underline{/60°}} = 10\sqrt{3}\,\underline{/-180°}(A)$$

$$\dot{I}_{WU} = \frac{\dot{U}_{WU}}{Z} = \frac{100\sqrt{3}\,\underline{/120°}}{10\,\underline{/60°}} = 10\sqrt{3}\,\underline{/60°}(A)$$

线电流为:

$$\dot{I}_U = \sqrt{3}\,\dot{I}_{UV}\,\underline{/-30°} = 30\,\underline{/-90°}(A)$$

$$\dot{I}_V = \sqrt{3}\,\dot{I}_{VW}\,\underline{/-30°} = 30\,\underline{/-120°} = 30\,\underline{/150°}(A)$$

$$\dot{I}_W = \sqrt{3}\,\dot{I}_{WU}\,\underline{/-30°} = 30\,\underline{/-30°}(A)$$

总结:对称负载三角形连接三相电路的分析和计算要点如下。

(1)各负载的相电压 = 电源线电压(线路阻抗忽略不计),即 $U_{\triangle P} = U_L$。

(2)各线电流 = 相应负载相电流的 $\sqrt{3}$ 倍且滞后 30°。

(3)只需计算其中一相,另两相根据对称性直接写出(大小相等、频率相同、相位互差 120°)。

例 4-9 如图 4-43 所示,三相对称负载作三角形连接,假设 $U_L = 220\,V$,各负载阻抗

为 22 Ω,试求:

(1)当 S_1、S_2 均闭合时,各电流表的读数;

(2)S_1 闭合、S_2 断开时,各电流表读数;

(3)S_1 断开、S_2 闭合时,各电流表读数。

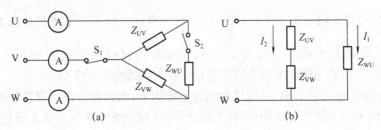

图 4-43 例 4-9 的图

解:(1)负载相电流为:

$$I_{\triangle P} = \frac{U_L}{|Z_P|} = \frac{220}{22} = 10(A)$$

因为电路对称,所以线电流为:

$$I_{\triangle L} = \sqrt{3} I_{\triangle P} = \sqrt{3} \times 10 = 17.32(A)$$

当 S_1、S_2 均闭合时,各电流表的读数均为 17.32 A。

(2)当 S_1 闭合、S_2 断开时,Z_{UV} 和 Z_{VW} 直接接在电源的两根相线之间,此时流过 U、W 相线上的电流变为相电流,流过 V 相线上的电流仍为线电流。所以此时 U、W 相线上的电流表读数为 10 A,V 相线上的电流表读数为 17.32 A。

(3)当 S_1 断开、S_2 闭合时,变为单相电路,此时,V 相线上的电流表读数为 0,$I_2 = \frac{1}{2} I_{\triangle P} = 5$ A,$I_1 = 10$ A,所以 U、W 相线上的电流表读数为 15 A。

在负载三角形连接时,相电压对称。若某一相负载断开,并不影响其他两相的工作。如上例中 UW 相负载断开时,UV 和 VW 相负载承受的电压仍为线电压,接在该两相上的单相负载仍正常工作。

例 4-10 三相对称负载,每相负载的电阻 $R = 60$ Ω、电抗 $X = 80$ Ω,电源线电压为 380 V,试比较两种接法下的线电流、相电流,并说明负载若错接将会产生什么样的后果。

解:负载的每相阻抗为:

$$|Z_P| = \sqrt{R^2 + X^2} = \sqrt{60^2 + 80^2} = 100(\Omega)$$

电源的相电压为:

$$U_P = \frac{\sqrt{3}}{3} U_L = 220(V)$$

(1)当负载采用星形连接时:

$$I_{YL} = I_{YP} = \frac{U_{YP}}{|Z_P|} = \frac{220}{100} = 2.2(A)$$

(2)当负载按三角形连接时:

$$I_{\triangle P} = \frac{U_L}{|Z_P|} = \frac{380}{100} = 3.8(A)$$

$$I_{\triangle L} = \sqrt{3} I_{\triangle P} = \sqrt{3} \times 3.8 = 6.6(A)$$

从以上计算结果可知,同一个三相对称负载,星形连接时相电流为2.2 A,三角形连接时相电流为3.8 A,其比值为$2.2/3.8 = \frac{\sqrt{3}}{3}$倍,即三角形连接时的相电流是星形连接时的相电流的$\sqrt{3}$倍。星形连接时的线电流为2.2 A,三角形连接时的线电流为6.6 A,其比值为$6.6/2.2 = 3$,即三角形连接时的线电流是星形连接时的线电流的3倍。

通过以上分析还可以看出,在同样电源电压作用下,如果将应该星形连接的负载错接成三角形,负载会因为3倍的过载而烧毁;反之,错将应该三角形连接的负载错接成星形,负载会应电压不足而无法正常工作。

综上所述,三相负载既可以成星形连接,也可以成三角形连接,具体如何连接,应根据负载的额定电压和电源电压的数值而定。其遵循的原则为应使加于每相负载上的电压等于其额定电压,而与电源的连接方式无关。具体方法如下:

(1)负载的额定电压等于电源的线电压时应作三角形连接。

(2)负载的额定电压等于$\frac{\sqrt{3}}{3}$电源线电压时应作星形连接。

例如,对线电压为380 V的三相电源来说,当每相负载的额定电压为220 V时,负载应连接成星形;当每相负载的额定电压为380 V时,则应连接成三角形。

【应用测试】

知识训练:

一、判断题(正确的打√,错误的打×)

1. 三相对称负载作三角形连接时,线电流超前相电流30°。( )
2. 用Y-△变换方法启动电动机时,星形连接的线电流值是三角形连接时的线电流的3倍。( )
3. 任何三相电路星形连接时有 $U_L = \sqrt{3} U_P, I_L = I_P$。( )
4. 任何三相电路三角形连接时有 $U_L = U_P, I_L = \sqrt{3} I_P$。( )
5. 三相负载三角形连接时,测出各线电流都相等,则各相负载必然对称。( )
6. 在同一电源作用下,负载作星形连接时的线电压等于作三角形连接时的线电压。( )
7. 对线电压为380 V的三相电源来说,当每相负载的额定电压为220 V时,负载应连接成星形;当每相负载的额定电压为380 V时,则应连接成三角形。( )
8. 同一个三相对称负载,三角形连接时的相电流是星形连接时相电流的$\sqrt{3}$倍。( )
9. 同一个三相对称负载,三角形连接时的线电流是星形连接时线电流的3倍。( )
10. 三相负载既可以成星形连接,也可以成三角形连接,具体如何连接,与电源的连接方式有关。( )

二、选择题

1. 对称三相负载采用三角形连接时线电压与相电压、线电流与相电流的关系为( )。

A. $U_L = U_P, I_L = \sqrt{3} I_P$ B. $U_L = \sqrt{3} U_P, I_L = I_P$
C. $U_L = U_P, I_L = I_P$ D. 不确定

2. 三相对称电源绕组相电压为 220 V,若有一个三相对称负载额定相电压为 380 V,电源与负载应按(　　)连接。

　　A. 星形,三角形　　　　　　　　B. 三角形,三角形
　　C. 星形,星形　　　　　　　　　D. 三角形,星形

3. 对线电压为 380 V 的三相电源来说,当每相负载的额定电压为 220 V 时,负载应连接成(　　)。

　　A. 星形　　　　　　　　　　　　B. 三角形
　　C. 既可以星形,也可以三角形　　D. 由电源连接方式决定

4. 如果三相对称负载连接成星形,已知连接在每相负载电路中的电流表的读数为 10 A,则线电流用电流表测定,其读数为(　　)。

　　A. 10 A　　B. 14.1 A　　C. 17.3 A　　D. 7 A

5. 已知三相对称负载连接成三角形,电路线电压为 380 V,则相电压为(　　)。

　　A. 380 V　　B. 220 V　　C. $380\sqrt{3}$ V　　D. $380\sqrt{2}$ V

6. 额定电压为 220 V 的三相对称负载,接到线电压为 380 V 的三相电源上,最佳接法是(　　)。

　　A. 三角形连接　　　　　　　　B. 星形连接无中性线
　　C. 星形连接有中性线　　　　　D. 都行

7. 在相同的电源线电压作用下,同一台三相异步电动机作星形连接时的线电流是作三角形连接时线电流的(　　)倍。

　　A. 1　　B. 2　　C. $\sqrt{3}$　　D. 3

三、填空题

1. 在相同对称三相电源作用下,同一个对称三相负载作三角形连接的相电流是作星形连接时相电流的_____倍。

2. 在相同对称三相电源作用下,同一个对称三相负载作三角形连接的线电流是作星形连接时线电流的_____倍。

3. 对称三相负载星形连接时,负载相电压是电源线电压的_____倍,当其作三角形连接时,负载相电压是电源线电压的_____倍。

4. 三相电路中,负载的连接方法总体来说有_____和_____两种。

5. 对线电压为 380 V 的三相电源来说,当每相负载的额定电压为 220 V 时,负载应作_____连接。

6. 对线电压为 380 V 的三相电源来说,当每相负载的额定电压为 380 V 时,负载应作_____连接。

7. 对称三相负载星形连接时线电流为 2 A,现改为三角形连接,接到同一个对称三相电源上,则线电流为_____A。

8. 三相照明线路必须采用____制电路形式。

四、计算题

1. 设三相电源的线电压为 380 V,对称负载为星形连接,未接中性线。如果某相导线突

然断掉,试计算其余两相负载的电压。

2. 对称三相电源线电压为 380 V,有一对称三相负载,每组负载为电阻 30 Ω、感抗 40 Ω,三角形连接在该电源上,试求相电流和线电流。

3. 有一三相负载,每相负载 $Z = 10\underline{/60°}$ Ω,三角形连接于对称三相电源上,设 $\dot{U}_{UV} = 100\sqrt{3}\underline{/0°}$ V。试求负载中的电流。

4. 三角形接法的对称三相负载,各相负载的复阻抗 $Z = (60 + j80)$ Ω,外加线电压 $U_L = 380$ V,试求正常工作时负载的相电流和线电流大小。

技能训练:

任务:三相负载的三角形连接

一、技能训练目标

正确完成三相负载的三角形连接及测量。

二、技能训练目的

(1) 学习三相电路中对称负载的三角形连接方法。

(2) 通过实验验证对称负载成三角形连接时的线电压 U_L 和相电压 U_P、线电流 I_L 和相电流 I_P 间的关系。

三、实训器材

通用电学实验台、三相调压器、白炽灯组、万用表、500 mA 交流电流表及导线。

四、内容与步骤

(1) 选取白炽灯组,按图 4-44 将负载接成实验电路。

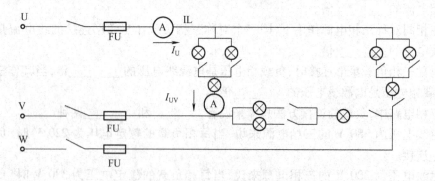

图 4-44 负载的三角形连接电路图

(2) 每相均开 3 盏灯(对称负载),测量各线电压、线电流、相电压及相电流,将所测得数据填入表 4-2 中。

(3) 将三相负载分别开 1 盏灯、2 盏灯和 3 盏灯(不对称负载),再分别测量各线电压、线电流、相电压及中性线电流,将所测得的数据填入表 4-2 中。

表 4-2 负载三角形连接的测量数据

负载情况	线电压/V			相电压/V			线电流/mA			相电流/mA		
	U_{L1}	U_{L2}	U_{L3}	U_{P1}	U_{P2}	U_{P3}	I_{L1}	I_{L2}	I_{L3}	I_{P1}	I_{P2}	I_{P3}
对称												
不对称												

五、注意事项

每次实验完毕,均需将三相调压器旋钮调回零位,如改变接线时应切断三相电源,待教师检查无误后重新接通电源,以确保人身安全。

六、思考题

用实验数据具体说明对称负载三角形连接时线电压和相电压、线电流和相电流间的关系,并画出它们的相量图。

【知识拓展】

三相交流异步电动机的Y-△降压启动

三相交流异步电动机的定子绕组可以看成三相对称负载,在实际应用中定子绕组可以根据情况接成星形或三角形。Y-△降压启动就是把正常工作时定子绕组为三角形连接的电动机,在启动时接成星形,等电动机达到一定转速后再改接成三角形连接。因为在三角形连接方式下正常运行的较大功率的电动机(输出功率大于 10 kW 以上),电动机启动的瞬间电流特别大,为正常工作电流的 4~7 倍,这对电网的冲击非常大,影响电动机的使用寿命及其他负载的正常工作。所以为了减小启动电流,就经常采用Y-△降压启动的方法。Y-△降压启动的特点是启动电压是原电压的 $1/\sqrt{3}$ 倍,启动电流是原启动电流的 1/3,启动力矩是原力矩的 1/3,所以简单有效,成本低。Y-△降压启动方法虽然简单有效,但只能将启动电流和启动转矩降到 1/3,启动转矩既小又不可调,仅适用于正常运行时为△接法的电动机作空载或轻载启动,且电动机功率也有限制,一般为 132 kW 以下。采用Y-△降压启动的有关规定如下:

(1)由公用低压网络供电时,容量在 10 kW 及以上者,应采用降压启动。

(2)由小区配电室供电者,经常启动的容量在 10 kW,不经常启动的在 14 kW 以上的应采用降压启动。

(3)由专用变压器供电者,电压损失值超过 10%(经常启动的电动机)或 15%(不经常启动的电动机)的,应采用降压启动。

4.4 三相电路的功率

4.4.1 三相电路的功率关系

在三相电路中,无论负载是否对称,也不管负载采用星形连接,还是三角形连接,三相电路的有功功率、无功功率和视在功率都是各相功率的总和。

1. 三相功率的一般关系

1）有功功率

三相电路总的有功功率等于各相有功功率之和：

$$P = P_U + P_V + P_W$$
$$= U_U I_U \cos\varphi_U + U_V I_V \cos\varphi_V + U_W I_W \cos\varphi_W \quad (4-26)$$
$$= I_U^2 R_U + I_V^2 R_V + I_W^2 R_W$$

式中，φ_U、φ_V、φ_W 分别是 U 相、V 相、W 相的功率因数角，数值上等于各相负载的阻抗角，即等于各相电压与电流的相位差角。

2）无功功率

三相电路总的无功功率等于各相无功功率之和：

$$Q = Q_U + Q_V + Q_W$$
$$= U_U I_U \sin\varphi_U + U_V I_V \sin\varphi_V + U_W I_W \sin\varphi_W \quad (4-27)$$
$$= I_U^2 X_U + I_V^2 X_V + I_W^2 X_W$$

式中，φ_U、φ_V、φ_W 分别是 U 相、V 相、W 相的功率因数角，数值上等于各相负载的阻抗角或者等于各相电压与电流的相位差角。

3）视在功率

三相电路总的视在功率与总有功功率和总无功功率的关系为：

$$S = \sqrt{P^2 + Q^2} \quad (4-28)$$

可见，一般情况下三相电路总的视在功率并不等于各相视在功率之和，即：

$$S \neq S_U + S_V + S_W$$

以上功率计算与负载的连接方式无关。

2. 对称三相电路的功率关系

每一相的有功功率都为：

$$P_P = U_P I_P \cos\varphi_P$$

则三相总有功功率为：

$$P = 3 U_P I_P \cos\varphi_P \quad (4-29)$$

式中，φ_P 是相电压与相电流的相位差，由负载的阻抗角决定，即 $\varphi_P = \arctan\dfrac{X_P}{R_P}$；$U_P$、$I_P$ 为每相负载上的相电压和相电流。

当负载为星形（Y）连接时：

$$U_P = \frac{\sqrt{3}}{3} U_L$$

$$I_P = I_L$$

则：

$$P = 3 U_P I_P \cos\varphi_P = 3 \times \frac{\sqrt{3}}{3} U_L I_L \cos\varphi_P = \sqrt{3} U_L I_L \cos\varphi_P$$

当负载为三角形（△）连接时：

$$U_P = U_L$$
$$I_P = \frac{\sqrt{3}}{3}I_L$$

则：
$$P = 3U_P I_P \cos\varphi_P = 3U_L \times \frac{\sqrt{3}}{3} I_L \cos\varphi_P = \sqrt{3} U_L I_L \cos\varphi_P$$

由此可见，当三相负载对称时，无论采用星形连接还是三角形连接，三相电路的有功功率在形式上可以统一写成：

$$P = \sqrt{3} U_L I_L \cos\varphi_P \tag{4-30}$$

同理可以得到当三相负载对称时，三相电路的无功功率、视在功率的计算公式：

$$Q = 3U_P I_P \sin\varphi_P = \sqrt{3} U_L I_L \sin\varphi_P \tag{4-31}$$
$$S = 3U_P I_P = \sqrt{3} U_L I_L \tag{4-32}$$

虽然当三相负载对称时，三相电路的功率计算公式在形式上是统一的，但实质上是不一样的，因为同样线电压作用下，同一三相负载采用星形连接和三角形连接时的线电流是不一样的，因此两种情况下电路的功率并不相同。这一点，在计算三相电路的功率时必须注意。

例 4-11 有一三相对称负载，每相的电阻 $R = 30\ \Omega$，感抗 $X_L = 40\ \Omega$，电源线电压 $U_L = 380\ V$，试求三相负载星形连接和三角形连接两种情况下电路的有功功率，并比较所得的结果。

解：
$$|Z_P| = \sqrt{R^2 + X_L^2} = \sqrt{30^2 + 40^2} = 50(\Omega)$$
$$U_P = \frac{\sqrt{3}}{3} U_L = 380 \times \frac{\sqrt{3}}{3} = 220(V)$$
$$\cos\varphi_P = \frac{R}{|Z_P|} = \frac{30}{50} = 0.6$$

(1) 三相负载星形连接时：
$$I_{YL} = I_{YP} = \frac{U_P}{|Z_P|} = \frac{220}{50} = 4.4(A)$$
$$P_Y = \sqrt{3} U_L I_{YL} \cos\varphi_P$$
$$= \sqrt{3} \times 380\ V \times 4.4\ A \times 0.6$$
$$= 1.742\ 4(kW)$$

(2) 当三相负载三角形连接时：
$$I_{\triangle L} = \sqrt{3} I_{\triangle P} = \sqrt{3} \frac{U_L}{|Z_P|} = \sqrt{3} \times \frac{380}{50} = 13.2(A)$$
$$P_\triangle = \sqrt{3} U_L I_{\triangle L} \cos\varphi_P$$
$$= \sqrt{3} \times 380 \times 13.2 \times 0.6$$
$$= 5.227\ 2(kW)$$

比较(1)、(2)的结果：

$$\frac{P_\triangle}{P_Y} = 3$$

可见，同样的负载，接成三角形时的有功功率是接成星形时的有功功率的3倍。无功功率和视在功率也都是这样。

通过上述计算可知：虽然当三相负载对称时，三相电路的功率计算公式在形式上是统一的，但在同样电源电压作用下，同一三相负载采用星形连接和三角形连接两种情况下电路的功率并不相同。这说明电路消耗的功率与负载连接方式有关，要使负载正常运行，必须正确地连接电路。

3. 三相电路的功率因数

三相电路的功率因数，在电路不对称时，各相功率因数不同，可以用一个等效功率因数来代替：即 $\lambda' = \cos\varphi' = \dfrac{P}{S}$，但其值没有实际意义。

若三相负载是对称的，则有 $\lambda' = \cos\varphi' = \dfrac{P}{S} = \dfrac{\sqrt{3}U_L I_L \cos\varphi_P}{\sqrt{3}U_L I_L} = \cos\varphi_P = \lambda$。此时三相电路的功率因数就是每相的功率因数。

4. 对称三相电路的瞬时功率

在三相对称电路中，假设 $u_U(t) = \sqrt{2}U_P\sin\omega t$，则 $i_U(t) = \sqrt{2}I_P\sin(\omega t - \varphi)$，各相的瞬时功率为：

$$\begin{aligned}
p_U(t) &= u_U(t)i_U(t) \\
&= \sqrt{2}U_P\sin\omega t \cdot \sqrt{2}I_P\sin(\omega t - \varphi) \\
&= 2U_P I_P\sin\omega t \cdot \sin(\omega t - \varphi) \\
&= U_P I_P[\cos\varphi - \cos(2\omega t - \varphi)] \\
&= U_P I_P\cos\varphi - U_P I_P\cos(2\omega t - \varphi)
\end{aligned}$$

$$\begin{aligned}
p_V(t) &= u_V(t)i_V(t) \\
&= \sqrt{2}U_P\sin(\omega t - 120°) \cdot \sqrt{2}I_P\sin(\omega t - 120° - \varphi) \\
&= 2U_P I_P\sin(\omega t - 120°) \cdot \sin(\omega t - 120° - \varphi) \\
&= U_P I_P[\cos\varphi - \cos(2\omega t - 240° - \varphi)] \\
&= U_P I_P\cos\varphi - U_P I_P\cos(2\omega t - 240° - \varphi)
\end{aligned}$$

$$\begin{aligned}
p_W(t) &= u_W(t)i_W(t) \\
&= \sqrt{2}U_P\sin(\omega t + 120°) \cdot \sqrt{2}I_P\sin(\omega t + 120° - \varphi) \\
&= 2U_P I_P\sin(\omega t + 120°) \cdot \sin(\omega t + 120° - \varphi) \\
&= U_P I_P[\cos\varphi - \cos(2\omega t + 240° - \varphi)] \\
&= U_P I_P\cos\varphi - U_P I_P\cos(2\omega t + 240° - \varphi)
\end{aligned}$$

可见，$p_U(t)$、$p_V(t)$、$p_W(t)$ 中都含有一个交变分量，它们的幅值相等、频率相同、相位互差120°，这三个交变分量相加的和为零，所以：

$$p_U(t) + p_V(t) + p_W(t) = 3U_P I_P\cos\varphi = P$$

这说明在对称三相电路中，虽然各相功率是随时间变化的，但三相瞬时总功率是不随时间变化的常数,就等于三相电路的平均功率。这种对称三相电路也称作平衡三相电路。所以作为三相对称负载的三相电动机的转矩是恒定不变的,运行平稳。而单相交流电路的瞬时功率是变化的,所以需要单相交流电供电的单相电动机的转矩不是恒定的,运行也就不稳定。这就是广泛使用三相电的主要原因。

4.4.2 三相功率的测量

测量电功率所用的功率表结构如图4-45所示,在它的内部有一个电流线圈和一个电压线圈。电压线圈并联在电路中,它的内阻高,通过它的电流小;电流线圈串联在电路中,它的内阻小,通过电流时电压降小。

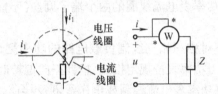

图4-45 功率表内部结构及接线原理图

1.三相四线制电路的功率测量(负载星形连接)

对于对称三相负载,可用一瓦特表法测量,即只用一个单相功率表测量其中某一相的功率,三相电路的总功率是功率表指示值的3倍。测量接线方法如图4-46所示。若功率表的读数为P_1,则三相功率$P=3P_1$。

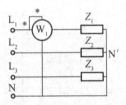

图4-46 三相四线制电路的功率测量

对于不对称三相负载,可用一瓦特表法分别测量,也可用三瓦特表法进行测量。三瓦特表法即用三个单相功率表测量,测量电路如图4-47所示,三个单相功率表的读数为P_1、P_2、P_3,则三相功率$P=P_1+P_2+P_3$。

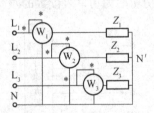

图4-47 三相四线制电路的功率测量

2.三相三线制供电电路的功率测量

三相三线制供电系统中,不论三相负载是否对称,也不论负载是星形连接还是三角形连接,都可用二瓦特表法测量三相负载的有功功率。测量电路如图4-48所示,若两个功率表的读数为P_1、P_2,则三相功率$P=P_1+P_2=U_1I_1\cos(30°-\varphi)+U_2I_2\cos(30°+\varphi)$。其中$\varphi$为负载的阻抗角(即功率因数角),两个功率表的读数与φ有下列关系:

171

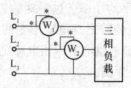

图 4-48 三相三线制供电电路的功率测量

(1) 当负载为纯电阻，$\cos\varphi=1,\varphi=0$，则 $P_1=P_2$，即两个功率表读数相等。

(2) 当负载功率因数 $\cos\varphi=0.5,\varphi=\pm60°$，将有一个功率表的读数为零。

(3) 当负载功率因数 $\cos\varphi<0.5,|\varphi|>60°$，则有一个功率表的读数为负值，该功率表指针将反方向偏转，这时应将功率表电流线圈的两个端子调换（不能调换电压线圈端子），而读数应记为负值。

二表法适用于对称或不对称三相三线制负载电路的功率测量，而不适用于三相四线制的负载不对称电路。注意，当功率表按规定接线，指针正向偏转时，读数记为正值；若指针反向偏转，应立即切断电源，将功率表电流线圈或电压线圈反接（注意不能二者都反接），如果功率表上有转换开关，只需将转换开关由"+"转至为"-"位置即可。该功率表指针会正向偏转，但这时表的读数记为负值。

三相三线制电路的功率测量还可以直接用三相功率表法进行，就是将三相功率表直接接在三相电路中，进行三相功率的测量，功率表中的读数即为三相功率。其接线方式如图 4-49 所示。

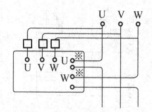

图 4-49 三相功率表法直接测功率

3. 测量三相对称负载的无功功率

对于三相三线制供电的三相对称负载，可用一瓦特表法测得三相负载的总无功功率 Q，测试电路如图 4-50 所示。总无功功率为功率表读数的 $\sqrt{3}$ 倍，即 $Q=\sqrt{3}P$。

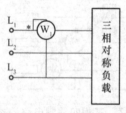

图 4-50 一表法测无功功率

【思考与练习】

一、判断题（正确的打√，错误的打×）

1. 在同一个三相电源作用下，同一个对称负载作三角形连接时的总功率是作星形连接

时的3倍。（ ）

2. 在同一个三相电源作用下,同一对称负载星形连接时的功率为三角形连接时的3倍。（ ）

3. 同一个对称三相负载,无论是星形连接还是三角形连接,在同一电源上取用的功率都相等。（ ）

4. 对称三相负载的总视在功率为一相负载视在功率的3倍。（ ）

5. 当三相负载对称时,无论采用星形连接还是三角形连接,三相电路的有功功率在形式上可以统一写成：$P = \sqrt{3} U_L I_L \cos\varphi_P$。（ ）

6. 当三相负载对称时,三相电路的功率计算公式在形式上是统一的,则在同样线电压作用下,同一个三相负载采用星形连接和三角形连接时电路的功率是相同的。（ ）

二、计算题

1. 有一对称三相负载,每相阻抗 $Z = 80 + j60\ \Omega$,电源线电压 $U_L = 380\ V$。求当三相负载分别连接成星形和三角形时电路的有功功率、无功功率和视在功率。

2. 已知电源线电压 $U_L = 380\ V$,对称三相负载作星形连接,每相电阻 $R = 30\ \Omega$,每相感抗 $X_L = 40\ \Omega$。试求相电流 I_P、线电流 I_L 及三相功率 P、Q、S。

3. 已知电源线电压 $U_L = 380\ V$,对称三相负载作三角形连接,每相电阻 $R = 30\ \Omega$,每相感抗 $X_L = 40\ \Omega$。试求相电流 I_P、线电流 I_L 及三相功率 P、Q、S。

4. 某三相异步电动机每相绕组的等值阻抗 $|Z| = 100\ \Omega$,功率因数 $\cos\varphi = 0.8$,正常运行时绕组作三角形连接,电源线电压为380 V。试求：

(1) 正常运行时相电流、线电流和电动机的输入功率；

(2) 为了减小启动电流,在启动时改接成星形,试求此时的相电流、线电流及电动机输入功率。

【本项目小结】

(1) 三相正弦交流电路,简称三相电路,由三相电源和三相负载组成。如果三相交流电源的最大值相等、频率相同、相位互差120°,则称为三相对称电源,作星形连接时,其线电压与相电压的关系为：

$$U_L = \sqrt{3}\, U_P$$

且各线电压在相位上比其对应的相电压超前30°；作三角形连接时,其线电压与相电压的关系为：

$$U_L = U_P$$

实际的三相发电机提供的都是对称三相电源。

(2) 三相负载的连接方式有两种：星形连接和三角形连接。对于任何一个电气设备,都要求每相负载所承受的电压等于它的额定电压。所以,当负载的额定电压为三相电源的线电压时,负载应采用三角形连接；而当负载的额定电压为三相电源的相电压时,负载应采用星形连接。三相负载采用星形连接时线电压与相电压、线电流与相电流之间的关系如下：

$$U_{YP} = \frac{\sqrt{3}}{3} U_L,\ I_{YP} = I_{YL}$$

三相负载采用三角形连接时线电压与相电压、线电流与相电流之间的关系如下：

$$U_{\triangle P} = U_L, I_{\triangle P} = \frac{\sqrt{3}}{3} I_{\triangle L}$$

(3)当三相负载对称时,则不论它是星形连接,还是三角形连接,负载的三相电流、电压均对称,所以,三相电路的计算可归结为单相电路的计算。

(4)在负载作星形连接时,若三相负载对称,则中性线电流为零,可再用三相三线制供电;若三相负载不对称,则中性线电流不等于零,只能采用三相四线制供电。这时要特别注意中性线上不能安装开关和熔断丝。如果中性线断开,将造成各相负载两端电压不对称,负载不能正常工作,甚至产生严重事故。同时在连接三相负载时,应尽量使其对称以减小中性线电流。

(5)三相对称电路的功率为:

$$P = \sqrt{3} U_L I_L \cos\varphi_P$$
$$Q = 3 U_P I_P \sin\varphi_P = \sqrt{3} U_L I_L \sin\varphi_P$$
$$S = 3 U_P I_P = \sqrt{3} U_L I_L$$

式中,每相负载的功率因数为 $\cos\varphi_P = \frac{R}{|Z_P|}$。

在相同的线电压下,负载作三角形连接的有功功率是星形连接的有功功率的3倍,这是因为三角形连接时的线电流是星形连接时的线电流的3倍。对于无功功率和视在功率也有同样的结论。

(6)三相电路的功率测量可根据具体情况采用功率表进行。

【应用测试】

知识训练:

一、判断题

1. 负载星形连接的三相正弦交流电路中,线电流与相电流大小相等。（　　）
2. 当负载作星形连接时,负载越对称,中性线电流越小。（　　）
3. 当负载作星形连接时,必须有中性线。（　　）
4. 对称三相负载作星形连接时,中性线电流为零。（　　）
5. 三相对称负载作三角形连接时,线电流超前相电流30°。（　　）
6. 同一台交流发电机的三相绕组,作星形连接时的线电压是作三角形连接时线电压的3倍。（　　）
7. 在同一电源作用下,负载作星形连接时的线电压等于作三角形连接时的线电压。（　　）
8. 某三相对称负载,无论其是星形连接还是三角形连接,在同一电源上取用的功率都相等。（　　）
9. 三相负载作星形连接时,无论负载对称与否,线电流必定等于负载的相电流。（　　）
10. 三相负载的相电流是指电源相线上的电流。（　　）
11. 在对称负载的三相交流电路中,中性线上的电流为零。（　　）
12. 三相负载作三角形连接时,无论负载对称与否,线电流必定是相电流的$\sqrt{3}$倍。（　　）

13. 三相电源的线电压与三相负载的连接方式无关,所以线电流也与三相负载的连接方式无关。（　　）

14. 三相对称负载连成三角形时,线电流的有效值是相电流的$\sqrt{3}$倍,且相位比对应的相电流超前30°。（　　）

15. 一台三相电动机,每个绕组的额定电压是220 V,现三相电源的线电压是380 V,则这台电动机的绕组应连成三角形。（　　）

16. 上题中,若三相电源的线电压是220 V,则电动机的绕组应连成星形。（　　）

17. 两根相线间的电压叫作相电压。（　　）

18. 只要在线路中安装熔断丝,不论其规格如何,电路都能正常工作。（　　）

19. 为保证机床操作者的安全,机床照明灯的电压应选择36 V以下。（　　）

20. 三相交流电源是由频率、有效值、相位都相同的三个单相交流电源按一定方式组合起来的。（　　）

二、填空题

1. 三相对称负载作星形连接时,$U_{YP} = $＿＿＿＿$U_{YL}$,且$I_{YP} = $＿＿＿＿$I_{YL}$,此时中性线电流为＿＿＿＿。

2. 三相对称负载作三角形连接时,$U_{\triangle P} = $＿＿＿＿$U_{\triangle L}$,且$I_{\triangle L} = $＿＿＿＿$I_{\triangle P}$,各线电流比相应的相电流＿＿＿＿度。

3. 工厂中一般动力电源电压为＿＿＿＿,照明电源电压为＿＿＿＿。＿＿＿＿以下的电压称为安全电压。

4. 触电对人体的伤害程度,与＿＿＿＿、＿＿＿＿、＿＿＿＿以及＿＿＿＿有关。

5. 有一对称三相负载接成星形,每相负载的阻抗为22 Ω,功率因数为0.8,测出负载中的电流为10 A,则三相电路的有功功率为＿＿＿＿。如果负载改为三角形连接,且仍保持负载中的电流为10 A,则三相电路的有功功率为＿＿＿＿。如果保持电源线电压不变,负载改为三角形连接,则三相电路的有功功率为＿＿＿＿。

6. 有一对称三相负载接成三角形,测出线电压为380 V,相电流为10 A,负载的功率因数为0.8,则三相负载的有功功率为＿＿＿＿。如果负载改接成星形,调节电源线电压,使相电流保持10 A不变,则三相负载的有功功率为＿＿＿＿。

三、计算题

1. 有一台三相电炉接入线电压为380 V的交流电路中,电炉每相电阻丝为5 Ω,试分别求出此电炉作星形和三角形连接时的线电流和功率,并加以比较。

2. 有一台三相异步电动机接在线电压为380 V对称电源上,已知此电动机的功率为4.5 kW,功率因数为0.85,求线电流。

3. 负载三角形连接的三相三线制电路,各相负载的复阻抗$Z = 6 + j8$ Ω,外加线电压为380 V,试求正常工作时负载的相电流和线电流。

4. 一台三相异步电动机,其绕组作三角形连接,接到线电压为380 V的电源上,从电源所取得的功率为11.4 kW,功率因数为0.87,试求电动机的相电流和线电流。

5. 三个190 Ω的电阻,将它们作三角形连接,接到线电压为380 V的对称三相电源上,试求线电压、相电压、线电流和相电流各为多少。

6. 三相电炉负载,各相电阻丝的阻值均为 10 Ω,其额定电压为 380 V。

(1)当电阻丝为三角形连接,接到线电压为 380 V 的电源上时,试求各相电流和线电流及负载取用的有功功率;

(2)把电阻丝改成星形连接,接在同一电源上,再求各相电流和线电流及负载取用的有功功率。

7. 有一个对称负载,每相的电阻 $R = 16$ Ω,感抗 $X_L = 12$ Ω,如果将负载连成星形接于线电压 $U_L = 380$ V 的对称三相电源上,试求相电流及有功功率;如果将负载连成三角形,接到同一电源上,试求相电流、线电流及有功功率。

8. 对称三相感性负载在线电压为 220 V 的对称三相电源作用下,通过的线电流为 20.8 A,输入有功功率为 5.5 kW,求负载的功率因数。

9. 三相对称负载作星形连接,每相电阻为 9 Ω,每相感抗为 12 Ω,电源线电压为 380 V。试求相电流、线电流及三相有功功率、无功功率和视在功率。

10. 有一对称三相负载连成星形,已知电源线电压为 380 V,线电流为 6.1 A,三相功率为 3.3 kW。求:每相负载的电阻和感抗。

11. 采用星形连接的对称三相电源向对称三相负载供电,若已知 L_1 相的相电压为 $u_1 = 220\sqrt{2}\sin 314t$ V,对应的相线上的线电流为 $i_1 = 5\sqrt{2}\sin(314t - 30°)$ A。

(1)写出另外两相相电压的解析式;

(2)写出三个线电压的解析式;

(3)写出另外两根相线中电流的解析式。

12. 某三相对称负载的每相电阻 $R = 8$ Ω,感抗 $X_L = 6$ Ω。如果负载接成三角形连接,接到线电压为 380 V 的三相电源上,试求相电压、相电流及线电流。

13. 一台三相异步电动机,其绕组为三角形连接,接到线电压为 380 V 的电源上,从电源所取得的功率为 8.5 kW,则该三相对称负载的功率因数为多少?

14. 对称三相负载星形连接在线电压为 380 V 的电源上,其线电流为 10 A,且分别与对应的各线电压同相位,求三相负载的功率及等效阻抗。

15. 有一台三相对称负载,已知每相负载的电阻为 $R = 60$ Ω,电感 $L = 255$ mH,将三相负载作星形连接后接于线电压为 380 V 的交流电路中,求相电流 I_P、负载消耗的总功率 P 和电路的功率因数 λ,并作出矢量图。

16. 三相电路如图 4-51 所示,已知 $R = 5$ Ω,$X_L = X_C = 5$ Ω,接在线电压为 380 V 的三相四线制电源上。求:

(1)各线电流及中性线电流;

(2)A 线断开时的各线电流及中性线电流;

(3)中性线及 A 线都断开时各线电流。

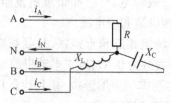

图 4-51 计算题 16 的图

技能训练:

任务一:三相负载的连接设计

一、技能训练目标
(1)画出符合要求的电路图。
(2)通过计算,分析解决相关问题。

二、技能训练内容
(1)有"220 V、110W"的灯66盏,应如何接在线电压为380 V的三相四线制电路中?负载对称时的线电流为多大?
(2)某工厂要用额定电流为12 A的镍铬电阻丝制作一个12 kW的三相电阻加热炉,已知电源线电压为380 V,它供给的最大电流为20 A,问这种材料作电阻丝时,有几种连接方法?不同的连接时,每相电阻值为多少?并说明哪种接法省材料。

任务二:三相电路的功率测量

一、技能训练目标
正确完成三相电路的功率测量。

二、技能训练目的
(1)学会用功率表测量三相电路功率的方法。
(2)掌握功率表的接线和使用方法。

三、器材
(1)交流电压表(0~500 V)、电流表(0~5 A)、单相功率表、万用表(MF47型)。
(2)三相调压输出电源。
(3)220 V/40W 白炽灯,9只。
(4)电容器 2 μF/500 V,3只。
(5)导线若干。

四、技能训练内容

1.测量三相四线制供电负载星形连接的三相功率

(1)用一瓦特表法测量三相对称负载的三相功率,实验电路如图4-52所示,电路中的电流表和电压表用以监视三相电流和电压,不要超过功率表电压和电流的量程。经指导教师检查后,接通三相电源开关,将调压器的输出由0调到380 V(线电压),按表4-3的要求进行测量及计算,将数据记入表中。
(2)用三瓦特表法测定三相不对称负载三相功率,实验电路如图4-53所示,步骤与(1)相同,将数据记入表4-3中。

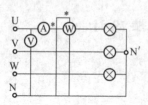

图4-52 对称负载的三相功率测量

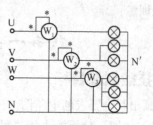

图4-53 不对称负载的三相功率测量

表4-3 三相四线制负载Y接的功率数据

负载情况(Y接)	开灯盏数			测量数据			计算值
	U相	V相	W相	P_1/W	P_2/W	P_3/W	P/W
对称负载	3	3	3				
不对称负载	1	2	3				

2. 测量三相三线制供电三相负载的功率

(1)用二瓦特表法测量负载Y接的三相功率,实验电路如图4-54(a)所示。

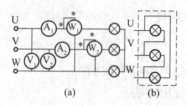

图4-54 三相三线制负载的功率测量

经指导教师检查后,接通三相电源,调节三相调压器的输出,使线电压为220 V,按表4-4的内容进行测量计算,并将数据记入表中。

(2)将三相灯组负载改成△接法,如图4-54(b)所示,重复(1)的测量步骤,将数据记入表4-4中。

表4-4 三相三线制三相负载的功率数据

负载情况	开灯盏数			测量数据		计算值
	U相	V相	W相	P_1/W	P_2/W	P_3/W
Y接对称负载	3	3	3			
Y接不对称负载	1	2	3			
△接不对称负载	1	2	3			
△接对称负载	3	3	3			

3. 测量三相对称负载的无功功率

(1)用一瓦特表法测定三相对称星形负载的无功功率,实验电路如图4-55(a)所示,图中"三相对称负载"见图4-55(b),每相负载由三个白炽灯组成,检查接线无误后,接通三相电源,将三相调压器的输出线电压调到380 V,将测量数据记入表4-5中。

(2)更换三相负载性质,图4-55(a)中的"三相对称负载"分别按图4-55(c)、图4-55(d)连接,按表4-5的内容进行测量、计算,并将数据记入表中。

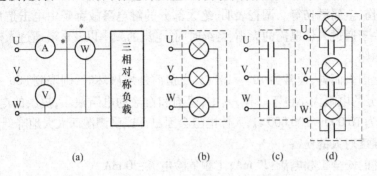

图4-55 三相对称负载的无功功率测量

表4-5 三相对称负载的无功功率数据

负载情况	测量值			计算值
	U/V	I/mA	P/W	$Q=\sqrt{3}P$
三相对称灯组(每相3盏)				
三相对称电容(每相2μF)				
灯组、电容并联负载				

五、注意事项

每次实验完毕,均需将三相调压器旋钮调回零位,如改变接线,均需断开三相电源,以确保人身安全。

六、思考题

(1)说明二瓦特表法测量三相电路有功功率的原理。
(2)说明一瓦特表法测量三相对称负载无功功率的原理。
(3)测量功率时为什么在线路中通常都接有电流表和电压表?
(4)为什么有的实验需将三相电源线电压调到380 V,而有的实验要调到220 V?
(5)总结、分析三相电路功率测量的方法。

【知识拓展】

安全用电

正确地利用电能可造福人类,但使用不当也会造成设备损坏及人身伤亡,对从事工程,技术人员来说,一定要懂得一些安全用电的常识和技术。在工作中,采取相应的安全措施,正确地使用电器,以防止人身伤害和设备损坏,避免造成不必要的损失。那么电流对人体的作用怎样呢?

一、电流对人体的作用

人体因接触带电体而引起死亡或局部受伤的现象称为触电。按人体受伤害的程度不同,触电可分为电击和电伤两种。电击是指电流通过人体,影响呼吸系统、心脏和神经系统,造成人体内部组织的破坏乃至死亡。电伤是指在电弧作用下或熔断丝熔断时,对人体外部的伤害,如烧伤、金属溅伤等。调查表明,绝大部分的触电事故都是由电击造成的。电击伤害的程度取决于通过人体电流的大小、持续时间、电流的频率以及电流通过人体的途径等。

1. 人体电阻

人体电阻因人而异,通常为 $10^4 \sim 10^5$ Ω,当角质外层破坏时,则降到 800~1 000 Ω。另外,人体各部分的电阻大小也不一样,其中,肌肉和血液的电阻最小,皮肤的电阻最大,干燥的皮肤,电阻为 10 000~100 000 Ω,人体电阻会因出汗或受潮湿而大大地降低其阻值。

2. 电流强度对人的伤害

人体允许的安全工频电流:30 mA;工频危险电流:50 mA。

3. 电流频率对人体的伤害

电流频率在 40~60 Hz 时对人体的伤害最大。实践证明,直流电对血液有分解作用,而高频电流不仅没有危害还可以用于医疗保健等。

4. 电流持续时间与路径对人体的伤害

电流通过人体的时间越长,则伤害越大。电流的路径通过心脏会导致精神失常、心跳停止、血液循环中断,危险性最大。其中电流的流经从右手到左脚的路径是最危险的。

5. 电压对人体的伤害

触电电压越高,通过人体的电流越大就越危险。因此,把 36 V 以下的电压定为安全电压。工厂进行设备检修使用的手灯及机床照明都采用安全电压。通过人体内的工频电流超过 50 mA(0.05 A)时,就使人难以独自摆脱电源,因而招致生命危险。由此可知,人体所触及的电压大小、时间的长短和触电时的人体情况是决定触电伤害程度的主要因素。一般人体的电阻可按 1 000 Ω 来估计,而通过人体的电流和持续时间的乘积为 50 mA·s(毫安秒)时是一个危险的极限,因此,一般情况下 65 V 以上的电压就是危险的,潮湿时 36 V 的电压就危险,因此,在潮湿环境里,以 24 V 或 12 V 为安全电压。

二、触电方式

1. 接触正常带电体

1)电源中性点接地的单相触电

这时人体处于相电压下,如图 4-56 所示,危险较大。通过人体电流:

$$I_b = \frac{U_P}{R_o + R_b} = 219 \text{ mA} > 50 \text{ mA}$$

式中　U_P——电源相电压,为 220 V;

R_o——接地电阻,≤4 Ω;

R_b——人体电阻,为 1 000 Ω。

2)电源中性点不接地系统的单相触电

人体接触某一相时,通过人体的电流取决于人体电阻 R_b 与输电线对地绝缘电阻 R' 的大小。若输电线绝缘良好,绝缘电阻 R' 较大,对人体的危害性就减小。但导线与地面间的绝缘可能不良(R' 较小),甚至有一相接地,这时人体中就有电流通过,如图 4-57 所示。

3)双相触电

这时人体处于线电压下,如图4-58所示,此时通过人体的电流更大,触电后果更为严重。

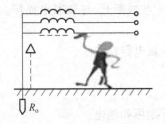

图4-56 中性点接地的单相触电

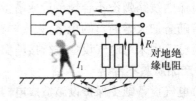

图4-57 中性点不接地的单相触电

2. 接触正常不带电的金属体

当电气设备内部绝缘损坏而与外壳接触时,将使其外壳带电。此时如果人体触及故障电气设备的外壳,可能会造成触电。这种触电方式称为间接接触触电。相当于单相触电。大多数触电事故属于这一种。电气设备和装置中能够触及的部分,正常情况下不带电,故障情况下可能带电。

3. 跨步电压触电

在高压输电线断线落地时,有强大的电流流入大地,在接地点周围产生电压降,如图4-59所示。当人体接近接地点时,两脚之间承受跨步电压,有可能使电流流过人体的重要器官,造成严重的触电事故。跨步电压的大小与人和接地点距离、两脚之间的跨距,接地电流大小与地面的绝缘性能等因素有关,一般在20 m之外,跨步电压就降为零。如果误入接地点附近,应双脚并拢或单脚跳出危险区。

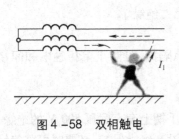

图4-58 双相触电

图4-59 跨步电压触电

除此之外,还有雷击电击、感应电压电击、静电电击和残余电荷电击等触电方式。

三、电气事故的原因

1. 违章操作

(1)违反"停电检修安全工作制度",因误合闸造成维修人员触电。

(2)违反"带电检修安全操作规程",使操作人员触及电器的带电部分。

(3)带电移动电器设备。

(4)用水冲洗或用湿布擦拭电气设备。

(5)违章救护他人触电,造成救护者一起触电。

(6)对有高压电容的线路检修时未进行放电处理导致触电。

2. 施工不规范

(1) 误将电源保护接地与零线相接,且插座火线、零线位置接反使机壳带电。
(2) 插头接线不合理,造成电源线外露,导致触电。
(3) 照明电路的中性线接触不良或安装保险,造成中性线断开,导致家电损坏。
(4) 照明线路敷设不合规范造成搭接物带电。
(5) 随意加大熔断丝的规格,失去短路保护作用,导致电器损坏。
(6) 施工中未对电气设备进行接地保护处理。

3. 产品质量不合格

(1) 电气设备缺少保护设施造成电器在正常情况下损坏和触电。
(2) 带电作业时,使用不合理的工具或绝缘设施造成维修人员触电。
(3) 产品使用劣质材料,使绝缘等级、抗老化能力很低,容易造成触电。
(4) 生产工艺粗制滥造。
(5) 电热器具使用塑料电源线。

4. 偶然情况

电力线突然断裂使行人触电;狂风吹断树枝将电线砸断;雨水进入家用电器使机壳漏电等偶然事件均会造成触电事故。

四、安全用电措施

1. 绝缘保护

绝缘保护是用绝缘体把可能形成的触电回路隔开,以防止触电事故的发生,常见的有外壳绝缘、场地绝缘和工具绝缘等方法。

1) 外壳绝缘

为了防止人体触及带电部位,电气设备的外壳常装有防护罩,有些电动工具和家用电器,除了工作电路有绝缘保护外,还用塑料外壳作为第二绝缘。

2) 场地绝缘

在人站立的地方用绝缘层垫起来,使人体与大地隔离,可防止单相触电和间接接触触电。常用的有绝缘台、绝缘地毯、绝缘胶鞋等。

3) 工具绝缘

电工使用的工具如钢丝钳、尖嘴钳、剥线钳等,在手柄上套有耐压500 V的绝缘套,可防止工作时触电。另外一些工具如电工刀、活络扳手则没有绝缘保护,必要时可戴绝缘手套操作,而冲击钻等电动工具使用时必须戴绝缘手套、穿绝缘鞋或站在绝缘板上操作。

2. 安全电压

一般人体的最小电阻可按800 Ω来估计,而通过人体的工频致命电流为45 mA左右,因此,一般情况下36 V以下的电压为安全电压,但在潮湿环境里,以24 V或12 V为安全电压。表4-6是我国国家标准规定的安全电压等级及选用举例。

3. 接地保护

为了人身安全和电力系统工作的需要,要求电气设备采取接地措施。按接地目的的不同,主要分为工作接地、保护接地和保护接零。工作接地和保护接地在前面已做过介绍,这里重点介绍保护接零。

表4-6 安全电压等级及选用举例

安全电压(交流有效值)		选用举例
额定值/V	空载上限值/V	
42	50	在有触电危险的场所使用的手持电动工具等
36	43	在矿井中多导电粉尘等场所使用的行灯等
24	29	可供某些人体可能偶然触及的带电设备选用
12	15	
6	8	

保护接零(用于 380 V/220 V 三相四线制系统)将电气设备的外壳可靠地接到零线上。如图4-60所示。当电气设备绝缘损坏造成一相碰壳,该相电源短路,其短路电流使保护设备动作,将故障设备从电源切除,防止人身触电。把电源碰壳,变成单相短路,使保护设备能迅速可靠地动作,切断电源。

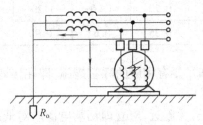

图4-60 保护接零

注意:
①中性点接地系统不允许采用保护接地,只能采用保护接零。
②中性点接地系统不准保护接地和保护接零同时使用。

如果保护接地和保护接零同时使用,当 A 相绝缘损坏碰壳时,如图4-61所示,由于保护接地电阻 R_o 小于 4 Ω,工作接地电阻 R_o 小于 4 Ω,此时保护接零电流不足以使大容量的保护装置动作,而使设备外壳长期带电,其对地电压为 110 V。

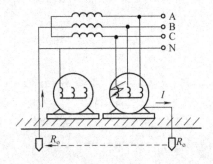

图4-61 保护接地和保护接零同时使用

4. 漏电保护

漏电保护是用来防止因设备漏电而造成人体触电危害的一种安全保护。该保护装置称为漏电保护器,也称为触电保护器,除用来防止因设备漏电而造成人体触电危害外,同时还能防止由漏电引起火灾和用于监测或切除各种一相碰地的故障,有的漏电保护器还兼有过载、过压或欠压及缺相等保护功能。

五、安全用电常识

为了保障人身、设备的安全,国家颁布了一系列规定和规程,工作人员应认真遵守这些规定和规程。为了避免发生触电事故,在工作中要特别重视以下几点:

(1)工作前必须检查工具、仪表和防护用具是否完好。

(2)任何电气设备未经证明无电时,一律视为有电,不准用手触及。

(3)更换熔丝时应先切断电源,切勿带电操作。如确实有必要带电操作,则应采取安全措施。例如,就站在橡胶板上或穿绝缘靴、戴绝缘手套等,操作时应有专人在场进行监督,以防发生事故。熔丝的更换不得擅自加粗,更不能用铜丝代替。

(4)在电气设备维修时要与设备带电部分保持安全距离,见表4-7。

表4-7　工作人员工作中正常活动范围与带电设备的安全距离

电压等级/kV		10及以下	20~35	22	60~110	220	330
安全距离/m	无遮拦	0.70	1.00	1.20	1.50	2.00	3.00
	有遮拦	0.35	0.6	0.9	1.5	2.00	3.00

(5)数人进行电工作业时,要有相应的呼答措施,即在接通电源前告知他人,并确定对方已经知道的情况下,才能送电。

(6)遇有人触电时,如在开关附近,应立即切断电源。对低压电路,如附近无开关,则应尽快地用干燥的木棍、竹竿等绝缘棒打断导线,或用绝缘棒把触电者拨开,切勿亲自用手去接触触电者。

(7)电气设备发生火灾,应先切断电源,并使用1211灭火器或二氧化碳灭火器灭火,严禁用水或泡沫灭火器。

项目五 磁路及变压器

【知识目标】

1. 理解磁场的基本物理量的意义;
2. 了解铁磁材料的基本知识及磁路的基本定律;
3. 掌握简单磁路的分析、计算方法;
4. 了解电磁铁的基本工作原理及应用,掌握简单电磁铁电路的分析、计算方法;
5. 了解变压器的基本结构、工作原理,理解变压器额定值的意义,掌握变压器绕组同名端的判断方法。

【技能目标】

1. 能够正确进行简单磁路的分析和计算;
2. 能够正确分析、计算简单电磁铁电路;
3. 能够正确进行变压器电压、电流和阻抗的变换计算及正确判断变压器绕组的同名端。

【相关知识】

电和磁是相互联系、密不可分的,变化的电流会产生(有电流就有磁场)磁场;而变化的磁场(或运动)又会产生感应电流(电动势)。实际应用的许多电气设备就是利用电与磁的相互转化进行工作的。如电机、电磁铁、变压器等(对于这些设备不仅需要电路的分析,同时也需要磁路的分析),不仅存在电路问题,同时也存在磁路问题。电路和磁路往往是相互关联的。

5.1 磁场的基本物理量

5.1.1 磁场的基本物理量

1. 磁感应强度

磁感应强度是定量描述磁场中各点磁场强弱和方向的物理量。实验表明,处于磁场中某点的一小段与磁场方向垂直的通电导体,如果通过它的电流为 I,其有效长度(即垂直磁力线的长度)为 L,则它所受到的电磁力 F 与 I 的比值是一个常数。当导体中的电流 I 或有效长度 L 变化时,此导体受到的电磁力 F 也要改变,但对磁场中确定的点来说,不论 I 和 L 如何变化,比值 $F/(IL)$ 始终保持不变。这个比值就称为磁感应强度。即:

$$B = \frac{F}{IL} \tag{5-1}$$

式中　B——磁感应强度,单位为 T(特斯拉);

　　　F——通电导体所受电磁力,单位为 N(牛顿);

　　　I——导体中的电流,单位为 A(安培);

　　　L——导体的长度,单位为 m(米)。

磁感应强度是矢量,它的方向与该点的磁场方向相同,即与放置于该点的可转动的小磁针静止时 N 极的指向一致。

磁场中通电导体受力的方向、磁场方向、导体中电流的方向三者之间的关系,可用左手定则来判断,如图 5-1 所示。

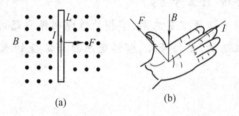

图 5-1　导体电流方向、受力方向、磁场方向的关系
(a)磁场中通电导体所受作用力;(b)左手定则

若磁场中各点的磁感应强度的大小、方向都相同,则称为匀强磁场。

2. 磁通量

在匀强磁场中,磁感应强度与垂直于它的某一面积的乘积,称为该面积的磁通,用 Φ 表示,即:

$$\Phi = BS \tag{5-2}$$

式中　Φ——磁通,单位为 Wb(韦伯);

　　　S——与磁场垂直的面积,单位为 m^2(平方米)。

当 $S = 1\ m^2$、$B = 1\ T$ 时,$\Phi = 1\ Wb$。式(5-2)只适用于磁场方向与面积垂直的均匀磁场。当磁场方向与面积不垂直时,则磁通为:

$$\Phi = BS\sin\theta \tag{5-3}$$

式中　θ——磁场方向与面积 S 的夹角。

3. 磁导率

磁场的强弱不仅与产生它的电流有关,还与磁场中的磁介质有关。例如,对结构一定的长螺线管来说,电流增大时,磁场中各点的磁感应强度也增强,铁芯线圈的磁场就比空心线圈的磁场强得多。就是说在磁场中放入不同的磁介质,磁场中各点的磁感应强度将受到影响。这是由于磁介质具有一定的磁性,产生了附加磁感应强度。在磁场中衡量物质导磁性能的物理量称为磁导率,用 μ 表示。磁导率是表征物质导磁能力的物理量,它表明了物质对磁场的影响程度。在电流大小以及导体的几何形状一定的情况下,磁导率越大,对磁感应强度的影响就越大。不同的介质的磁导率不同,为了比较各种物质的导磁性能,将任一物质的

磁导率与真空中的磁导率的比值称为该物质的相对磁导率,用 μ_r 表示,即:

$$\mu_r = \frac{\mu}{\mu_0} \tag{5-4}$$

式中　μ_0——真空磁导率,是一个常数,$\mu_0 = 4\pi \times 10^{-7}\text{H/m}$;
　　　μ——物质的磁导率。

任一物质的磁导率为:

$$\mu = \mu_0 \mu_r \tag{5-5}$$

相对磁导率是没有单位的,它随磁介质的种类不同而不同,其数值反映了磁介质磁化后对原磁场影响的程度,它是描述磁介质本身特性的物理量。用相对磁导率可以很方便、准确地衡量物质的导磁能力,并以此分为磁性材料和非磁性材料。自然界中大多数物质的导磁性能较差,如空气、木材、铜、铝等,其磁导率为 $\mu_r \approx 1$,称为非铁磁材料物质;只有铁、钴、镍及其合金等,其磁导率 $\mu_r \gg 1$,称为铁磁材料。这种物质中产生的磁场要比真空中产生的磁场强千倍甚至万倍以上。例如铸铁的 μ_r 为 200~4 000;铸钢的 μ_r 为 500~2 000;常用硅钢片的 μ_r 为 7 500 左右。通常把铁磁性物质称为强磁性物质,它在电工技术方面得到广泛应用。

4. 磁场强度

在分析计算各种磁性材料中的磁感应强度与电流的关系时,还要考虑磁介质的影响。为了区别导线电流与磁介质对磁场的影响以及计算上的方便,引入一个仅与导线中电流和载流导线的结构有关而与磁介质无关的辅助物理量来表示磁场的强弱,称为磁场强度,用 H 表示:

$$H = \frac{B}{\mu} \tag{5-6}$$

磁场强度的单位为 A/m,磁场强度是矢量,其方向与磁场中该点的磁感应强度的方向一致。

5.1.2　磁通连续性原理和全电流定律

1. 磁通连续性原理

磁场的磁力线总是连续而闭合的,这意味着对于磁场中任意的闭合曲面 S,穿进的磁通量必定等于穿出的磁通量,即通过任意闭合曲面 S 的净磁通量必定恒为零:

$$\oint_S B \cdot dS = 0 \tag{5-7}$$

式中　B——磁感应强度;
　　　S——任一闭合面。

这就是磁场的"高斯定理",它反映了磁通量的连续性,也被称为"磁通连续性原理",是表征磁场基本性质的一个定理。

2. 全电流定律

全电流定律也称安培环路定律,是计算磁场的基本定律。其定义为在磁场中,磁场强度矢量沿任意闭合回线(常取磁通路径作为闭合回线)的线积分等于穿过闭合回线所围面积的电流的代数和,即:

$$\oint_l H dl = \sum I \qquad (5-8)$$

式中　l——闭合回线的长度，单位为 m；

　　　I——闭合回线内包围的电流，单位为 A。

全电流定律中电流正负的规定：凡是电流方向与闭合回线围绕方向之间符合右手螺旋定则的电流作为正，反之为负。如图 5-2 所示，I_1 为正，I_2 为负，这里：

$$\sum I = I_1 - I_2$$

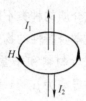

图 5-2　电流正负的规定

在均匀磁场中 $H_l = IN$，NI 为线圈匝数与电流的乘积，称为磁通势，用字母 F 表示，则有：

$$F = NI$$

磁通势的单位是安[培]，磁通由磁通势产生。安培环路定律将电流与磁场强度联系起来，在电工技术上，通常只应用最简单的全电流定律。

例 5-1　环形线圈如图 5-3 所示，线圈匝数为 N，电流为 I，其中媒质是均匀的，磁导率为 μ，试计算线圈内部各点的磁场强度。

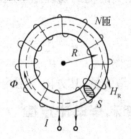

图 5-3　例 5-1 的图

解：取磁通作为闭合回线，以磁通的环绕方向作为回线的绕行方向（见图 5-3），环形线圈内某处的半径为 R，则有：

$$\oint_l H dl = H_R l_R = H_R \times 2\pi R$$

$$\sum I = NI$$

$$H_R \times 2\pi R = NI$$

则半径 R 处的磁场强度为：

$$H_R = \frac{NI}{2\pi R} = \frac{NI}{l_R}$$

式中　$l_R = 2\pi R$——半径为 R 的圆周长；

　　　NI——线圈匝数与电流的乘积。

例 5-2　有一均匀密绕在圆环上的线圈，如图 5-4（a）所示。设线圈的外半径 $R_1 = $

162.5 mm,内半径 $R_2 = 137.5$ mm,线圈匝数 $N = 1\,500$ 匝,电流 $I = 0.45$ A。求圆环内为非铁磁材料时的磁通 Φ。

解:由于线圈几何形状的对称性,在圆环内的磁力线都是同心圆且同一磁力线上各点的磁场强度 H 都相等,并与磁力线的切线方向一致。以半径为 R 的磁力线作为闭合回线,根据全电流定律,磁场强度 H 与闭合磁力线的长度 l 的乘积应等于半径为 R 的磁力线内所包围的电流的总和。由图 5-4(b)可知,电流总和为 IN,于是得:

$$H \times 2\pi R = IN$$

$$H = \frac{IN}{2\pi R}$$

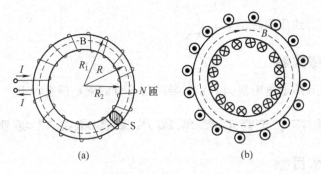

图 5-4 例 5-2 的图

由于环境为非铁磁材料,其磁导率为 $\mu \approx \mu_0 = 4\pi \times 10^{-7}$ H/m,则半径为 R 处的磁感应强度为:

$$B = \mu H \approx \mu_0 \frac{IN}{2\pi R}$$

在 $R = R_1$ 处(即圆环的最外圆),磁感应强度 B 最小,在 $R = R_2$ 处(即圆环的最内圆),磁感应强度 B 最大。在实用中常取圆环中心线上的磁感应强度作为平均值,因此螺线管圈内的平均值为:

$$\Phi = BS$$

$$B = \mu_0 \frac{IN}{2\pi \frac{(R_1 + R_2)}{2}} = 9 \times 10^{-4} \text{(T)}$$

$$S = \pi \left(\frac{R_1 - R_2}{2}\right)^2 = 3.14 \times \left(\frac{162.5 - 137.5}{2}\right)^2 = 491 \text{(mm)}^2$$

$$\Phi = BS = 9 \times 10^{-4} \times 4.91 \times 10^{-4} = 4.42 \times 10^{-7} \text{(Wb)}$$

【应用测试】

知识训练:

一、问答题

1. 磁场的基本物理量有哪些?它们各自的物理意义及相互关系怎样?
2. 试说明磁通连续性原理和全电流定律的内容及意义。

二、计算题

1. 有一导体,长 20 cm,通以 5 A 的电流,放在磁感应强度为 0.8 T 的匀强磁场中,求该导体所受的磁场力。

2. 有一长直导体,通以 3 A 的电流,试求距离导体 50 cm 处的磁感应强度 B 和磁场强度 H(介质为空气)。

3. 有一圆环螺管线圈,如图 5-4(a)所示。已知线圈匝数 $N = 1\,000$ 匝,电流 $I = 5$ A。外半径 $R_1 = 16$ cm,内半径 $R_2 = 10$ cm,试求距离圆环中心 R 为 8 cm、12 cm、18 cm 处的磁场强度 H。

技能训练:

任务一:分析通电长直导线周围的磁场情况

一、技能训练目标

证明通电长直导线周围磁场 $H = \dfrac{I}{2\pi R}$。

二、技能训练内容

已知通电长直导线通电电流为 I,距长导线为 R 处的磁场强度为 H。

任务二:分析环形线圈内部各点的磁场情况

一、技能训练目标

(1)试计算线圈内部各点的磁感应强度。
(2)分析磁场内某点的磁场强度 H 和磁感应强度 B 与磁场媒质的磁性(μ)的关系。

二、技能训练内容

已知环形线圈如图 5-5 所示,其中媒质是均匀的,磁导率为 μ。

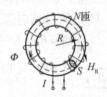

图 5-5 环形线圈

5.2 铁磁材料的性质

铁磁材料主要指铁、镍、钴及其合金等。由于铁磁材料的磁导率很大,具有铁芯的线圈,其磁场远比没有铁芯的线圈的磁场强,所以电动机变压器等电器设备都要采用铁芯作磁路。铁磁材料能被强烈地磁化,具有很强的磁性能。

5.2.1 铁磁材料的磁化

铁磁材料具有很强的被磁化特性。铁磁材料内部存在着许多小的自然磁化区,称为磁畴。这些磁畴犹如小的磁铁,在无外磁场作用时呈杂乱无章的排列,对外不显磁性,如图 5-6(a)所示。当有外磁场时,在磁场力作用下磁畴将按照外磁场方向顺序排列,产生一个很强的附加磁场,此时称铁磁材料被磁化。磁化后,附加磁场与外磁场相叠加,从而使铁磁材料内的磁场大大增强,如图5-6(b)所示。

材料的磁感应强度B和外加磁场强度H之间的对应关系曲线,称为磁化曲线。通过实验得出铁磁材料的磁化曲线如图5-7所示,横轴为外加磁场强度H,纵轴为铁磁材料的磁感应强度B,是一条非线性曲线。铁磁材料磁化曲线的特征是:

(1)Oa段:B与H几乎成正比地增加。

(2)ab段:B的增加缓慢下来。

(3)b点以后:B增加很少。

(4)c点时达到最大值B_m,以后不再增加,与真空或空气中一样,近于直线。

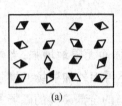
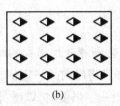
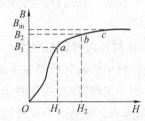

图5-6　铁磁材料磁畴示意图　　　　图5-7　铁磁材料磁化曲线
(a)磁化前;(b)磁化后

由磁化曲线可见,铁磁材料的B与H不成正比,这说明铁磁材料的磁感应强度与外加磁场强度是非线性的关系,所以铁磁材料的μ值不是常数,随磁场强度的变化而变化,不同的磁场强度,铁磁材料所对应的磁导率是不同的。铁磁材料的磁化曲线在磁路计算上极为重要。几种常见铁磁材料的磁化曲线如图5-8所示。

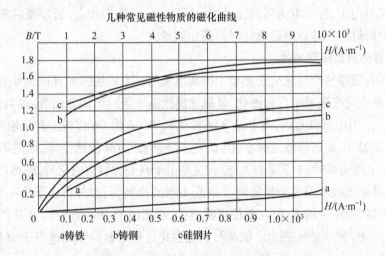

图5-8　常见铁磁材料的磁化曲线

5.2.2 铁磁材料的磁性能

1. 铁磁材料具有高导磁性

磁性材料的磁导率通常都很高，即 $\mu_r \gg 1$（如坡莫合金，其 μ_r 可达 2×10^5）。磁性材料能被强烈地磁化，具有很高的导磁性能。从铁磁材料的磁化曲线（见图5-7）可以看出：在磁化曲线的 Oa 段，当 H 由 0 向 H_1 增加时，铁磁材料内部磁畴的磁场按外磁场的方向顺序排列，使铁磁材料内的磁场大为加强，B 迅速增大，且 B 与 H 基本上呈线性关系。这一段曲线称为起始化磁化曲线。

磁性物质的高导磁性被广泛地应用于电工设备中，如电机、变压器及各种铁磁元件的线圈中都放有铁芯。在这种具有铁芯的线圈中通入不太大的电流，便可以产生较大的磁通和磁感应强度。

2. 铁磁材料具有磁饱和性

铁磁材料由于磁化所产生的磁化磁场不会随着外加磁场的增强而无限地增强，当外加磁场增大到一定程度时，磁化磁场的磁感应强度将趋向某一定值，不再随外加磁场的增强而增强，达到饱和。这是因为当外加磁场 H 达到一定强度时，铁磁材料的全部磁畴的磁场方向都转向与外部磁场方向一致。

由磁化曲线（见图5-7）可见，超过曲线的 b 点之后，外加磁场强度 H 的进一步增加不再使磁感应强度 B 有明显增加。到达 b 点时候，铁磁材料中的绝大多数磁畴已经转向外加磁场方向。外加磁场 H 的继续增加只能使磁感应强度 B 有少量的增加，因此膝点标志着磁饱和的开始。c 点时达到最大值 B_m，以后不再增加，与真空或空气中一样，其磁化曲线近于直线，达到完全饱和。达到饱和以后，磁化磁场的磁感应强度不再随外加磁场的增强而增强。实际工程应用中，称 a 点为附点，b 点为"膝"点，c 点为饱和点，通常要求磁性材料工作在曲线的膝点附近。在膝点附近磁导率 μ 值达到最大。

3. 铁磁材料具有磁滞特性

铁磁材料的磁滞特性是在交变磁化中体现出来的。当磁场强度 H 的大小和方向反复变化时，磁性材料在交变磁场中反复磁化，其磁化曲线是一条回形闭合曲线，称为磁滞回线，如图5-9所示。从图中可以看到，当 H 从 0 增加到 H_m 时，B 沿 Oa 曲线上升到饱和值 B_m，随后 H 值从 H_m 逐渐减小，B 值也随之减小，但 B 并不沿原来的 Oa 曲线下降，而是沿另一条曲线 ab 下降；当 H 下降为零时，B 下降到 B_r 值。这是由于铁磁材料被磁化后，磁畴已经按顺序排列，即使撤掉外磁场也不能完全恢复到其杂乱无章的排列，而对外仍显示出一定的磁性，这一特性称为剩磁，即图中的 B_r 值。要使剩磁消失，必须改变 H 的方向。当 H 向反方向达到 H_c 时剩磁消失，H_c 称为矫顽磁力。铁磁材料在磁化过程中 B 的变化落后于 H 的变化，这一现象称为磁滞。

当继续增加反向 H 值，铁磁材料被反方向磁化，当反向 H 值达到最大值 H_m 时，B 值也随之增加到反方向的饱和值——B_m。当 H 完成一个循环，铁磁材料的 B 值即沿闭合曲线 $abcdefa$ 变化，这个闭合曲线称为磁滞回线。铁磁材料在交变磁化过程中，由于磁畴在不断地改变方向，使铁磁材料内部分子振动加剧，温度升高，造成能量消耗。这种由于磁滞而引起的能量损耗,称为磁滞损耗。磁滞损耗程度与铁磁材料的性质有关,不同的铁磁材料其磁滞损耗不同,硅钢片的磁滞损耗比铸钢或铸铁的小。磁滞损耗对电机或变压器等电器设备的运行不利,是引起铁芯发热的原因之一。

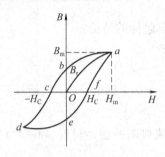

图 5-9　磁滞回线

5.2.3　磁性材料的分类

磁性材料在工程技术上应用很广,不同的磁性材料导磁性能不相同,其磁滞回线和磁化曲线也不同。根据磁滞回线的不同,可将磁性材料分为软磁性材料、硬磁性材料和矩磁性材料三类。

1. 软磁性材料

图 5-10(a)所示为软磁性材料的磁滞回线。这类材料的剩磁、矫顽力、磁滞损耗都较小,磁滞回线狭长,容易磁化,也容易退磁,适用于交变磁场,可用来制造变压器、继电器、电磁铁、电机以及各种高频电磁元件铁芯。常用的软磁性材料有铸钢、铸铁、硅钢片、坡莫合金和铁氧体等,其中硅钢片是制造变压器、交流电动机、接触器和交流电磁铁等电器设备的重要导磁材料;铸铁、铸钢一般用来制造电动机的机壳;而铁氧体是用来制造高频磁路的导磁材料。

2. 硬磁性材料

图 5-10(b)所示为硬磁性材料的磁滞回线。它的剩磁、矫顽力、磁滞损耗都较大,磁滞回线较宽,磁滞特性显著,磁化后,能得到很强的剩磁,而不易退磁,因此,这类材料适用于制造永久磁铁。广泛应用于各种磁电式测量仪表、扬声器、永磁发电机以及通信装置中。

常用的硬磁性材料有碳钢、钨钢、铝镍钴合金、钡铁氧体等。

3. 矩磁性材料

矩磁性材料的磁滞回线形状近似于矩形,如图 5-10(c)所示。它的剩磁很大,但矫顽力较小,易于翻转,在很小的外磁场作用下就能磁化,一经磁化便达到饱和值,去掉外磁场,磁性仍能保持在饱和值。矩磁性材料主要用来做记忆元件,如计算机存储器等。

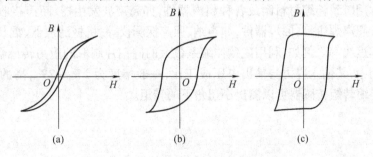

图 5-10　不同磁性材料的磁滞回线
(a)软磁性材料;(b)硬磁性材料;(c)矩磁性材料

【应用测试】

知识训练：
一、问答题
1. 铁磁材料的磁化曲线具有怎样的特征？
2. 铁磁材料的磁性能有哪些？

二、计算题
1. 已知铸铁的 $B_1=0.3\text{ T}$，$B_2=0.9\text{ T}$，$B_3=1.1\text{ T}$，请从图5-8中查出它们各自对应的磁场强度是多少。

思考题：如何根据磁滞回线来判断软磁性材料、硬磁性材料和矩磁性材料？它们有哪些实际应用？

【知识拓展】

磁致伸缩与磁致伸缩材料

1. 磁致伸缩

磁致伸缩是指铁磁体在被外磁场磁化时，由于其磁化状态的改变而引起它的线度和体积变化的现象。包括体磁致伸缩和线磁致伸缩。体磁致伸缩系数是指体积的相对变化 ΔV 与原体积 V 之比，其绝对值很小，约为 10^{-6}。线磁致伸缩系数是指沿铁磁体磁化方向的长度磁化状态改变前后的相对变化 Δl 与原有长度 l 之比，线磁致伸缩的变化量级为 $10^{-5}\sim 10^{-6}$。线磁致伸缩系数的大小是铁磁物质的属性，不同的铁磁材料，线磁致伸缩系数可以相差很大。磁致伸缩引起的体积和长度变化虽是微小的，但其长度的变化比体积变化大得多，是人们研究应用的主要对象。磁致伸缩效应是焦耳在1842年发现的。

2. 磁致伸缩材料

具有磁致伸缩特性的材料，称为磁致伸缩材料。磁致伸缩材料根据其成分不同可分为金属磁致伸缩材料和铁氧体磁致伸缩材料。金属磁致伸缩材料电阻率低，饱和磁通密度高，磁致伸缩系数 λ 大（$\lambda=\Delta l/l$，l 为材料原来的长度，Δl 为在磁场 H 作用下的长度改变量），用于低频大功率换能器，可输出较大能量。铁氧体磁致伸缩材料电阻率高，适用于高频，但磁致伸缩系数和磁通密度均小于金属磁致伸缩材料。Ni-Zn-Co铁氧体磁致伸缩材料由于磁致伸缩系数 λ 的提高而得到普遍应用。

工程上常用磁致伸缩材料制成各种超声器件，如超声波发生器、超声接收器、超声探伤器、超声钻头、超声焊机等；回声器件，如声纳、回声探测仪等；机械滤波器、混频器、压力传感器以及超声延迟线等。例如，利用磁致伸缩系数大的硅钢片制取的应力传感器多用于1t以上重量的检测中，其输入应力与输出电压成正比，一般精度为1%～2%，高的可达0.3%～0.5%，磁致伸缩转矩传感器可以测出小扭角下的转矩。

5.3 磁路及磁路基本定律

5.3.1 磁路的概念

1. 主磁通和漏磁通

如图 5-11 所示,当线圈中通入电流时,大部分磁通经过铁芯、衔铁和工作气隙形成闭合回路,这部分磁通称为主磁通,还有一小部分磁通没有经过衔铁和工作气隙,而是经过空气自成回路,这部分磁通称为漏磁通。

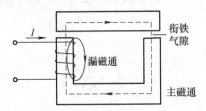

图 5-11 主磁通和漏磁通

2. 磁路

磁通的闭合路径称为磁路,分为有分支磁路和无分支磁路。在无分支磁路中,通过每一个横截面积的磁通都相等。在变压器、电动机等电气设备中,为了把磁通约束在一定的空间范围内,均采用高磁导率的硅钢片等铁磁材料制造铁芯,使绝大部分磁通经过铁芯形成闭合通路,图 5-12 所示为几种电气设备的磁路。图 5-12(a)为单相变压器的磁路,它由同一种铁磁材料构成;图 5-12(b)为直流电动机的磁路;图 5-12(c)为继电器的磁路。后两种磁路常由几种不同的材料构成,而且磁路中还有很短的空气隙。

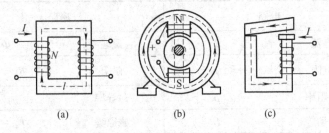

图 5-12 几种电气设备的磁路

5.3.2 磁路欧姆定律

线圈如图 5-13 所示,其中媒质是均匀的,磁导率为 μ,若在匝数为 N 的绕组中通以电流 I,试计算线圈内部的磁通 Φ。

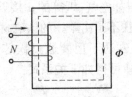

图 5-13 线圈磁路

设磁路的平均长度为 l,根据磁通的连续性原理,通过无分支的磁路中各段磁路的磁通都相等,如果各段磁路的横截面积都相等,则磁路平均长度 l 上各点的 B 和 H 值也应相等。由全电流定律可得:

$$H = \frac{IN}{l}$$

磁路平均长度上各点的磁感应强度为:

$$B = \mu H$$

磁路中的平均磁通为:

$$\Phi = BS = \frac{IN\mu S}{l} = \frac{IN}{\frac{l}{\mu S}}$$

令:

$$R_m = \frac{l}{\mu S} \qquad (5-9)$$

得:

$$\Phi = \frac{IN}{R_m} = \frac{F}{R_m} \qquad (5-10)$$

式(5-10)称为磁路的欧姆定律。式中 $F = IN$ 为磁通势,R_m 称为磁阻,即磁路中的磁通等于磁通势除以磁阻。磁路的欧姆定律是分析磁路的基本定律。磁路欧姆定律与电路欧姆定律形式相似,在一个无分支的电路中,回路中的电流等于电动势除以回路的总电阻 R;在一个无分支的磁路中,回路中的磁通等于磁通势 IN 除以回路中的总磁阻 R_m。

磁路与电路欧姆定律的对比见表 5-1。

表 5-1　磁路与电路欧姆定律的对比

电路		磁路	
电流	I	磁通	Φ
电阻	$R = \rho \frac{l}{S}$	磁阻	$R_m = \frac{l}{\mu S}$
电阻率	ρ	磁导率	μ
电动势	E	磁通势	$E_m = IN$
电路欧姆定律	$I = \frac{E}{R}$	磁路欧姆定律	$\Phi = \frac{E_m}{R_m}$

由式(5-9)可见,磁阻 R_m 的大小不但与磁路的长度 l 和横截面积 S 有关,还与磁路材料的磁导率 μ 有关。当 l 和 S 一定时,μ 越大,R_m 越小;μ 越小,R_m 越大。铁磁材料的 μ 一般很大,所以 R_m 很小。而非铁磁材料如空气、纸等的 μ 接近于 μ_0,所以它们的 R_m 很大。在实际应用中,许多电气设备的磁路往往不是由单一的铁磁材料组成的。图 5-14(a)为电磁铁的磁路,当衔铁还没有被吸住时,磁通不但要通过铁芯,还要通过空气隙,其等效磁路如图 5-14(b)所示。由磁路欧姆定律可得如下关系式:

$$\Phi = \frac{IN}{R_m} = \frac{IN}{R_{m1} + R_{m2} + R_{m0}}$$

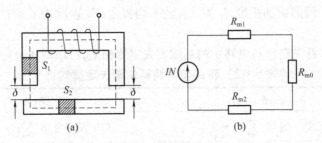

图 5-14 有空气隙的磁路和等效磁路
(a)电磁铁磁路；(b)电磁铁等效磁路

由于空气隙的磁阻 $R_{m0} \gg (R_{m1} + R_{m2})$，若要使磁路中获得一定的磁通值，磁路中有空气隙时所需要的磁通势要远远大于没有空气隙时的磁通势。所以当磁路的长度和横截面积已经确定时，为了减小磁通势（即减小励磁电流或线圈匝数），除了选择高磁导率的磁性材料外，还应当尽可能地缩短磁路中不必要的空气隙长度。

由于铁芯的磁导率不是常数，它随铁芯的磁化状况而变化，因此磁路欧姆定律通常不能用来进行磁路的计算，但在分析电气设备磁路的工作情况时，要用到磁路欧姆定律的概念。

5.3.3 磁路基尔霍夫定律

磁路基尔霍夫定律是计算带有分支的磁路的重要工具。

磁路基尔霍夫第一定律（KCL）表明，对于磁路中的任一节点，通过该节点的磁通代数和为零，或传入该节点的磁通代数和等于穿出该节点的磁通代数和，即：

$$\sum \Phi = 0 \quad 或 \quad \sum \Phi_入 = \sum \Phi_出 \tag{5-11}$$

它是磁通连续性的体现。

磁路基尔霍夫第二定律（KVL）表明，沿磁路中的任意回路，磁压降（Hl）的代数和等于磁通势（NI）的代数和，即：

$$\sum Hl = \sum NI \tag{5-12}$$

它说明了磁路的任意回路中，磁通势和磁压降的关系。当回路的绕行方向与电流参考方向符合安培定则时磁通势（NI）取正，否则取负；当回路的绕行方向与磁通方向一致时磁压降（Hl）取正，否则取负。

如图 5-15 所示为有分支的磁路，线圈匝数为 N，通以电流为 I，三条支路的磁通分别为 Φ_1、Φ_2 和 Φ_3，磁通与电流参考方向如图所示，它们的关系符合安培定则。对节点 A 则有：

$$\Phi_1 = \Phi_2 + \Phi_3$$

对回路 $BCDA$ 则有：

$$H_1 l_1 + H_3 l_3 = IN$$

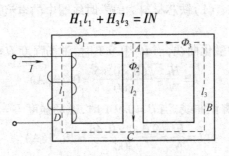

图 5-15 分支磁路

式中，H_1 表示 CDA 段的磁场强度，l_1 为该段的平均长度；H_3 表示 ABC 段的磁场强度，l_3 为该段的平均长度。

磁路中的基尔霍夫定律与电路中的基尔霍夫定律相似，可以对比着记忆，见表 5-2。

表 5-2 磁路与电路基尔霍夫定律对比

磁路	电路
KCL 第一定律 $\sum \Phi = 0$	KCL 第一定律 $\sum i = 0$
KVL 第二定律 $\sum F = \sum Hl = \sum \Phi R$	KVL 第二定律 $\sum e = \sum ll = \sum iR$

应该指出，磁路与电路只是数学公式形式上有许多相似之处，但它们的本质是不同的。

5.3.4 简单磁路的分析计算

计算磁路时，一般磁路各段的尺寸和材料的 $B-H$ 曲线都是已知的，主要任务是按照所定的磁通、磁路，求产生预定的磁通所需要的磁通势 $F = NI$，确定线圈匝数和励磁电流。磁路可分为无分支磁路和有分支磁路。我们只讨论恒定磁通无分支磁路的计算问题。

1. 基本公式

设磁路由不同材料或不同长度和横截面积的 n 段组成，则基本公式为：

$$NI = H_1 l_1 + H_2 l_2 + \cdots + H_n l_n$$

$$NI = \sum_{i=1}^{n} H_i l_i$$

2. 基本步骤

当漏磁通忽略不计时，磁路中的磁通在每个横截面上都相等，这样恒定磁通无分支磁路的计算可按以下步骤进行。

(1) 求各段磁感应强度 B_i，各段磁路横截面积不同，通过同一磁通，则有：

$$B_1 = \frac{\Phi}{S_1}, \quad B_2 = \frac{\Phi}{S_2}, \cdots, \quad B_n = \frac{\Phi}{S_n}$$

(2) 求各段磁场强度 H_i，根据各段磁路材料的磁化曲线求 $B_1, B_2, \cdots$ 相对应的 $H_1, H_2, \cdots$：

$$H_1 = \frac{B_1}{\mu_1}, \quad H_2 = \frac{B_2}{\mu_2}, \cdots, \quad H_n = \frac{B_n}{\mu_n}$$

(3) 计算各段磁路的磁压降 $(H_i l_i)$。

(4) 求出磁通势 $F = NI$。

例 5-3 一个闭合的均匀铁芯线圈，其匝数为 300，铁芯中的磁感应强度为 0.9 T，磁路的平均长度为 45 cm，试求：(1) 铁芯材料为铸铁时线圈中的电流；(2) 铁芯材料为硅钢片时线圈中的电流。

解：(1) 查铸铁材料的磁化曲线，当 $B = 0.9$ T 时，磁场强度 $H = 9\,000$ A/m，则：

$$I = \frac{Hl}{N} = \frac{260 \times 0.45}{300} = 0.39(\text{A})$$

(2) 查硅钢片材料的磁化曲线，当 $B = 0.9$ T 时，磁场强度 $H = 260$ A/m，则：

$$I = \frac{Hl}{N} = \frac{9\,000 \times 0.45}{300} = 13.5(\text{A})$$

由此可知，如果要得到相等的磁感应强度，采用磁导率高的铁芯材料，可以降低线圈电流,减少用铜量。

例 5-4 有一环形铁芯线圈,其内径为 10 cm,外径为 15 cm,铁芯材料为铸钢。磁路中含有一空气隙,其长度等于 0.2 cm。设线圈中通有 1 A 的电流,如要得到 0.9 T 的磁感应强度,试求线圈匝数。

解:空气隙的磁场强度为:

$$H_0 = \frac{B_0}{\mu_0} = \frac{0.9}{4\pi \times 10^{-7}} = 7.2 \times 10^5 (\text{A/m})$$

铸钢铁芯的磁场强度:通过查铸钢的磁化曲线,$B = 0.9$ T 时,磁场强度 $H_1 = 500$ A/m。

磁路的平均总长度为:

$$l = \frac{10 + 15}{2}\pi = 39.2 (\text{cm})$$

铁芯的平均长度为:

$$l_1 = l - \delta = 39.2 - 0.2 = 39 (\text{cm})$$

对各段有:

$$H_0 \delta = 7.2 \times 10^5 \times 0.2 \times 10^{-2} = 1\,440 (\text{A})$$

$$H_1 l_1 = 500 \times 39 \times 10^{-2} = 195 (\text{A})$$

总磁通势为:

$$NI = H_0 \delta + H_1 l_1 = 1\,440 + 195 = 1\,635 (\text{A})$$

线圈匝数为:

$$N = \frac{NI}{I} = \frac{1\,635}{1} = 1\,635 (\text{匝})$$

可见,磁路中含有空气隙时,由于其磁阻较大,磁通势几乎都降在空气隙上面。所以线圈匝数一定,磁路中含有空气隙时,由于其磁阻较大,要得到相等的磁感应强度,必须增大励磁电流。

【应用测试】

知识训练:

一、问答题

1. 什么是磁路?分哪几种类型?
2. 磁路中的空气隙很小,为什么磁阻却很大?

二、计算题

1. 某磁路存在一个长 2 mm、横截面积为 30 cm² 的气隙,试求该气隙的磁阻。
2. 有一 40 匝的均匀密绕的环形空心线圈,其平均直径为 40 cm,试求要在线圈中心产生 1.25 T 的磁感应强度,线圈中应通以多大的电流。
3. 有一环形铁芯线圈,其内径为 10 cm,外径为 20 cm,铁芯材料为铸钢。经查铸钢的磁化曲线,$B = 0.9$ T 时,磁场强度 $H_1 = 500$ A/m,磁路中含有一空气隙,其长度等于 0.2 cm。试求当线圈中通有 2 A 的电流,如要得到 0.9 T 的磁感应强度时线圈的匝数。

技能训练:

任务:分析增加线圈电感有哪些途径

一、技能训练目标

用磁路欧姆定律证明 $L = \dfrac{N^2 \mu A}{l}$,并由此分析增加线圈电感有哪些途径。

二、技能训练内容

已知线圈几何形状及电感 $L = \dfrac{N\Phi}{l}$。

【知识拓展】

磁性记录器件

磁性记录器件中,主要有磁头和磁带。

1. 磁头

磁头由三个基本部分构成:环形铁芯、绕在铁芯两侧的线圈和工作气隙。磁头装在一个坡莫合金的外壳中,金属外壳可起磁屏蔽作用。

环形铁芯是由具有良性磁性能的软磁性材料制成的。这种铁芯的导磁率高,饱和磁感应强度大,能在线圈电流磁场的磁化下产生很强的磁感应强度,磁带损耗和涡流损耗小。

磁头从工作性质上分有录音磁头、放音磁头和抹音磁头。在一般简单磁性记录系统中,录音磁头和放音磁头合为一个,叫录放磁头。抹音磁头是为了在录音前消除磁带原来记录的信号。在放音过程中,抹音磁头不起作用。抹音方式分交流抹音和直流抹音两种。

2. 磁带

磁带是用聚酯塑料作为基带,上面涂以硬的强磁性粉制成,这层磁性材料称为磁性层。磁带背面涂有一层润滑剂,这种润滑剂通常用石墨原料制成。

根据所用磁粉和制造工艺的不同,磁带可分为普通带、铁铬带和金属带。按上述顺序,性能一个比一个好。根据用途,磁带又分为单声道磁带和立体声磁带。

3. 磁带录音原理

硬磁性材料被磁化以后,还留有剩磁,剩磁的强弱和方向随磁化时磁性的强弱和方向而定。录音磁带是由带基、黏合剂和磁粉层组成。带基一般采用聚碳酸酯或氯乙烯等制成。磁粉是用剩磁强的 $Cr - Fe_2O_3$ 或 CrO_2 细粉。录音时,是把与声音变化相对应的电流,经过放大后,送到录音磁头的线圈内,使磁头铁芯的缝隙中产生集中的磁场。随着线圈电流的变化,磁场的方向和强度也做相应的变化。当磁带匀速地通过磁头缝隙时,磁场就穿过磁带并使它磁化。由于磁带离开磁头后留有相应的剩磁,其极性和强度与原来的声音相对应。磁带由精密的伺服机械以稳定和均匀的速度运动,由于磁带紧贴磁头纵向运动,所以,通过磁头缝隙的磁带就被磁化,电信号因此被记录下来,声音也就不断地被记录在磁带上。

要使记录信号重现时,可将磁带以同样速度通过录音磁头,磁带的剩余磁感应强度在放音磁头中产生变化的磁通,使放音磁头的线圈中产生感应电流,把大小变化的感应电流放大送给扬声器,就可得重现信号。

5.4 电磁铁

电磁铁是工程技术中常用的电气设备,是利用通电的铁芯线圈吸引衔铁而工作的电器。电磁铁由于用途不同,其形式各异,但基本结构相同,都是由励磁线圈、静铁芯和衔铁(动铁芯)三个主要部分组成。电磁铁根据使用电源不同,分为直流电磁铁和交流电磁铁两种。如果按照用途来划分电磁铁,主要可分成以下五种:

(1)牵引电磁铁——主要用来牵引机械装置、开启或关闭各种阀门,以执行自动控制任务。

(2)起重电磁铁——用作起重装置来吊运钢锭、钢材、铁砂等铁磁性材料。

(3)制动电磁铁——主要用于对电动机进行制动以达到准确停车的目的。

(4)自动电器的电磁系统——如电磁继电器和接触器的电磁系统、自动开关的电磁脱扣器及操作电磁铁等。

(5)其他用途的电磁铁——如磨床的电磁吸盘以及电磁振动器等。

5.4.1 直流电磁铁

图5-16所示为直流电磁铁的结构示意图。当电磁铁的励磁线圈中通入励磁电流时,铁芯对衔铁产生吸力。衔铁受到的吸力与两磁极间的磁感应强度 B 成正比,在 B 为一定值的情况下,吸力的大小还与磁极的面积成正比,即 $F \propto B^2 S$。经过计算,作用在衔铁上的吸力用公式表示为:

$$F = \frac{10^7}{8\pi} B^2 S \tag{5-13}$$

式中 F——电磁吸力,单位为 N;

B——空气隙中的磁感应强度,单位为 T;

S——铁芯的横截面积,单位为 m^2。在图5-16中,$S = 2S'$。

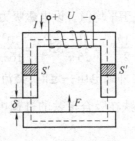

图5-16 电磁铁

直流电磁铁的吸力 F 与空气隙的关系,即 $F = f_1(\delta)$;电磁铁的励磁电流 I 与空气隙的关系,即 $I = f_2(\delta)$,称为电磁铁的工作特性,可由实验得出,其特性曲线如图5-17所示。

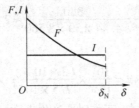

图5-17 直流电磁铁的工作特性

从图 5-17 中可见，直流电磁铁的励磁电流 I 的大小与衔铁的运动过程无关，只取决于电源电压和线圈的直流电阻，而作用在衔铁上的吸力则与衔铁的位置有关。当电磁铁起动时，衔铁与铁芯之间的空气隙最大，磁阻最大，因磁动势不变，磁通最小，磁感应强度亦最小，吸力最小。当衔铁吸合后，$\delta=0$，磁阻最小，吸力最大。

例 5-5 直流电磁铁如图 5-16 所示。已知磁路中磁通 $\Phi=2\times10^{-4}$ Wb，$S'=2$ cm^2，试求电磁铁的电磁吸力。

解：

$$S=2S'=2\times2=4(\text{cm})^2。$$

$$B=\frac{\Phi}{S'}$$

$$F=\frac{10^7}{8\pi}B^2S=\frac{10^7\times1^2\times4\times10^{-4}}{8\pi}=159(\text{N})$$

5.4.2 交流电磁铁

交流电磁铁与直流电磁铁在原理上并无区别，只是交流电磁铁的励磁线圈上加的是交流电压，电磁铁中的磁场是交变的。设电磁铁中磁感应强度 B 按正弦规律变化，即：

$$B=B_m\sin\omega t$$

代入式(5-13)，得电磁吸力的瞬时值为：

$$F=\frac{10^7}{8\pi}B^2S=\frac{10^7}{8\pi}SB_m^2\sin^2\omega t \tag{5-14}$$

$$=\frac{10^7}{8\pi}SB_m^2\left(\frac{1-\cos2\omega t}{2}\right)$$

$$=\frac{1}{2}F_m-\frac{1}{2}F_m\cos2\omega t$$

式中，$F_m=\frac{10^7}{8\pi}SB_m^2$ 为电磁吸力的最大值。从式中可见，电磁吸力是脉动的，在零和最大值之间变动。但实际上吸力的大小取决于平均值。设电磁吸力的平均值为 F_0，则有：

$$F_0=\frac{1}{2}F_m=\frac{10^7}{16\pi}SB_m^2=\frac{10^7}{16\pi}\frac{\Phi_m^2}{S} \tag{5-15}$$

式中，$\Phi_m=B_mS$ 为磁通的最大值，在外加电压一定时，交流磁路中磁通的最大值基本保持不变 $\left(\Phi_m\approx\frac{U}{4.44Nf}\right)$。因此，交流电磁铁在吸合衔铁的过程中，电磁吸力的平均值也基本保持不变。

例 5-6 如图 5-16 所示为一交流电磁铁，铁芯面积 $S=2.5$ cm^2，励磁线圈的额定电压 $U=380$ V，频率 $f=50$ Hz，匝数 $N=8\,650$ 匝。试求电磁铁的平均电磁吸力。

解： 主磁通的最大值为：

$$\Phi_m\approx\frac{U}{4.44Nf}=\frac{380}{4.44\times50\times8\,560}\approx2\times10^{-4}(\text{Wb})$$

电磁铁的平均电磁吸力为：

$$F_0=\frac{10^7}{16\pi}\frac{\Phi_m^2}{S}\times2=\frac{10^7}{16\pi}\times\frac{(2\times10^{-4})^2}{2.5\times10^{-4}}\times2\approx62.4(\text{N})$$

由于交流电磁铁的吸力是脉动的，工作时要产生振动，从而产生噪声和机械磨损。为了减小衔铁的振动,可在磁极的部分端面上嵌装一个铜制的短路环,如图 5-18 所示。当总的交变磁通 Φ 的一部分 $Φ_1$ 穿过短路环时,环内产生感应电流,阻止磁通 $Φ_1$ 变化,从而造成环内磁通 $Φ_1$ 与环外磁通 $Φ_2$ 产生相位差,于是这两部分磁通产生的吸力不会同时为零,使振动减弱。需要指出的是,交流电磁铁的线圈电流在刚吸合时要比工作时大几到十几倍。由于吸合时间很短,吸合后电流立即降为正常值,因此对线圈没有大的影响。如果由于某种意外原因电磁铁的衔铁被卡住,或因为工作电压低落不能吸合,则线圈会因为长时间过流而烧毁。

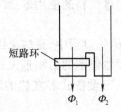

图 5-18 短路环

电磁铁的用途极为广泛,如图 5-19 所示工业生产中使用的起重电磁铁,电气设备中的接触器、继电器、制动器,液压电磁阀等。

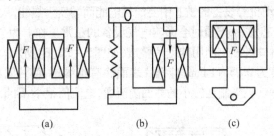

图 5-19 几种电磁铁
(a)起重电磁铁;(b)继电器;(c)液压电磁阀

应用实例:图 5-20 所示为应用电磁铁实现制动机床或起重机电动机的基本结构,其中电动机和制动轮同轴。原理如下:

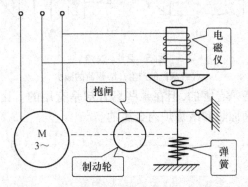

图 5-20 应用电磁铁实现制动的装置

当接通电源,电动机通电运行时,电磁铁的励磁线圈同时通电,衔铁被吸合并拉紧弹簧,抱闸被提起,装置在电动机转轴上的制动轮被松开,使电动机能够自由转动;当断开电源时,电磁铁的励磁线圈会同时断电,电磁吸力就会立即消失,弹簧复位,致使抱闸受弹簧的拉力作用而压住制动轮,使电动机迅速被制动。这种断电制动型电磁抱闸装置用于起重机械中,还能避免由于工作过程中突然停电而出现重物跌落的事故。

5.4.3 铁芯中的功率损耗

直流励磁的铁芯线圈和交流励磁的铁芯线圈有着不同的工作特性。首先表现在功率损耗方面,直流铁芯线圈的功率损耗主要是线圈内阻的损耗,称为铜损,用 ΔP_{Cu} 表示($\Delta P_{Cu} = I^2 R$);而在交流铁芯线圈中,由于磁通是交变的,除了线圈内阻的功率损耗外,还存在着铁芯中的磁滞损耗和涡流损耗,涡流损耗和磁滞损耗合称为铁损耗,简称为铁损,用 ΔP_{Fe} 表示。铁损将使铁芯发热,从而影响设备绝缘材料的使用寿命。

1. 磁滞损耗

磁滞损耗是因铁磁物质在反复磁化过程中,磁畴来回翻转,克服彼此间的阻力而产生的发热损耗。理论与实践证明,磁滞回线包围的面积越大,磁滞损耗也越大。

磁滞损耗是变压器、电动机等电工设备铁芯发热的原因之一,为了减少磁滞损耗,交流铁芯都选用软磁性材料,如硅钢等。

2. 涡流损耗

如图 5-21(a)所示当铁芯线圈中通有交流电流时,它所产生的交变磁通穿过铁芯,铁芯内就会产生感应电动势和感应电流,这种感应电流在垂直于磁力线方向的截面内形成环流,故称为涡流。涡流在变压器和电动机等设备的铁芯中要消耗电能而转变为热能,从而形成涡流损耗。

涡流损耗会造成铁芯发热,严重时会影响电气设备的正常工作。为了减少涡流损耗,电气设备的铁芯一般都不用整体的铁芯,而用硅钢片叠成,如图 5-21(b)所示。硅钢片可由含硅 2.5%的硅钢轧制而成,其厚度为 0.35~1 mm,硅钢片表面涂有绝缘层,使片间相互绝缘。由于硅钢片具有较高的电阻率,且涡流被限制在较小的截面内流通,电流值很小,因此大大减少了损耗。

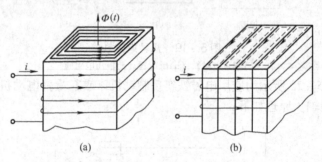

图 5-21 涡流
(a)涡流的产生;(b)涡流的减少

涡流对许多电气设备是有害的,但在某些场合却是有用的。比如工业用高频感应电炉就是利用涡流的热效应来加热和冶炼炉内金属的。

【应用测试】

知识训练:

一、问答题

1. 电磁铁的结构及工作原理是什么?有几种类型?
2. 如果把直流电磁铁接到电压相同的交流电源上会有什么后果?相反地,如果把交流电磁铁接到电压相同的直流电源上又会有什么后果?
3. 交流电磁铁通电后,如果衔铁被长时间卡住不能吸合,会有什么后果?为什么?

二、计算题

1. 有一直流电磁铁,如图 5-16 所示,已知磁路中磁通 $\Phi = 4 \times 10^{-4}$ Wb,$S' = 4$ cm²,试求电磁铁的电磁吸力。

2. 如图 5-16 所示为交流电磁铁,已知磁路中磁通 $\Phi = 4 \times 10^{-4}$ Wb,$S' = 4$ cm²,试求电磁铁的平均电磁吸力。

技能训练:

任务:"电磁铁磁性强弱"的实验研究

一、内容和步骤

如图 5-22 所示,是某学习小组同学设计的研究"电磁铁磁性强弱"的实验电路图。

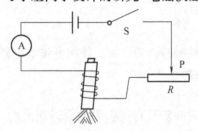

图 5-22 电磁铁磁性强弱的实验电路图

(1)要改变电磁铁线圈中的电流大小,可通过_____来实现;要判断电磁铁的磁性强弱,可通过观察_____来确定。

(2)表 5-3 是该组同学所做实验的记录。

表 5-3 电磁铁磁性强弱实验数据

电磁铁(线圈)	50 匝			100 匝		
实验次数	1	2	3	4	5	6
电流/A	0.8	1.2	1.5	0.8	1.2	1.5
吸引铁钉的最多数目	5	8	10	7	11	14

①比较实验中的 1、2、3(或 4、5、6),可得出的结论是:电磁铁的匝数一定时,通过电磁铁线圈中的电流_____;

②比较实验中的 1 和 4(或 2 和 5,或 3 和 6),可得出的结论是:电磁铁线圈中的电流一定时,线圈匝数_____。

(3)在与同学们交流讨论时,另一组的一个同学提出一个问题:"当线圈中的电流和匝数一定时,电磁铁的磁性强弱会不会还与线圈内的铁芯大小有关?"

①你对此猜想是:_____。

②现有大小不同的两根铁芯,利用本题电路说出你验证猜想的方法:_____。

二、结果分析

分析完成上述实验中的问题。

【知识拓展】

电磁铁的应用举例

电磁铁因具有磁性的有无、磁性的强弱、磁极的方向可以通过电流或线圈的匝数来进行控制等优点,在实际中的应用极为广泛。

一、工业企业中的应用

1. 电磁起重机

为工业用的强力电磁铁,通上大电流,可用以吊运钢板、货柜、废铁等。把电磁铁安装在吊车上,通电后吸起大量钢铁,移动到另一位置后切断电流,把钢铁放下。大型电磁起重机一次可以吊起几吨钢材。

2. 电磁继电器

电磁继电器是由电磁铁控制的自动开关。使用电磁继电器可用低电压和弱电流来控制高电压和强电流,实现远距离操作。

3. 电磁选矿机

电磁选矿机是根据磁体对铁矿石有吸引力的原理制成的。当电磁选矿机工作时,铁矿将落入 B 箱。矿石在下落过程中,经过电磁铁时,非铁矿石不能被电磁铁吸引,由于重力的作用直接落入 A 箱;而铁矿石能被电磁铁吸引,吸附在滚筒上并随滚筒一起转动,到 B 箱上方时电磁铁对矿石的吸引力已非常微小,所以矿石由于重力的作用而落入 B 箱。

二、交通车辆中的应用

1. 磁悬浮列车

磁悬浮列车是一种采用无接触的电磁悬浮、导向和驱动系统的磁悬浮高速列车系统。它的时速可达到 500 千米以上,是当今世界最快的地面客运交通工具,有速度快、爬坡能力强、能耗低、运行时噪声小、安全舒适、不燃油、污染少等优点。磁悬浮技术利用电磁力将整个列车车厢托起,摆脱了讨厌的摩擦力和令人不快的锵锵声,实现与地面无接触、无燃料的快速"飞行"。

2. 磁储氢汽车

目前尚处于研究和试验中的磁储氢汽车是另一类具有优势的磁交通设备。因为目前使用的汽车所用的燃料汽油在燃烧时产生的废气会造成环境污染,而且汽油的来源——石油在地球上是有限的,因此研究和应用在汽车上既无污染、来源又丰富的新的汽车燃料便成为当前的一个重要问题。利用磁储氢材料作汽车燃料就是一个重要的解决途径。从科学研究知道,氢是一种无污染或严格说污染极微小的燃料,可供燃烧的单位质量的能量密度很高。但是要在汽车中使用氢的化学能,却不能简单地使用纯气态氢或纯液态氢作燃料。这是因为纯气态氢的体积太大,而且纯气态氢和纯液态氢都有易燃烧爆炸的安全问题。如果使用固态储氢材料,即将氢以固态化合物的组元形态存储在固态材料中,然后在一定的条件下释放出气态氢用作汽车燃料。在固态储氢材料中,磁性材料和含强磁性元素的化合物的磁储氢材料占有重要的地位。例如常用的储氢材料就有镍-镁-氢化物($NiMgH_4$)、铁-钛-氢化物($FeTiH_{1.95}$)和镧-镍-氢化物($LaNi_5H_7$)等。目前已经进行过在汽车中应用磁储氢器的许多试验。这些磁储氢器在使用一定时间后,又需要在一定条件下进行再充氢气。这就像蓄电池在使用一定时间后需要进行再充电一样。不过目前的磁储氢器的不足之处是磁储氢材料的重量还较大,还需要进一步减轻磁储氢材料的重量。

三、日常生活中的应用

家里的一些电器,如电冰箱、吸尘器上都有电磁铁,全自动洗衣机的进水、排水阀门也都是由电磁铁控制的。

1. 扬声器

扬声器是把电信号转换成声信号的一种装置,主要由固定的永久磁体、线圈和锥形纸盆构成。当声音以音频电流的形式通过扬声器中的线圈时,扬声器上的磁铁产生的磁场对线圈将产生力的作用,线圈便会因电流强弱的变化产生不同频率的振动,进而带动纸盆发出不同频率和强弱的声音。纸盆将振动通过空气传播出去,于是就产生了我们听到的声音。

2. 电视机

磁在电视机中的应用也是相当多的。电视机的音像及色彩是通过应用数量多、种类和功能繁多的磁性材料和磁性器件来实现的。具体来说,电视机除了使用收音机所使用的多种磁变压器和永磁电声喇叭外,还要使用磁聚焦器、磁扫描器和磁偏转器。

四、农业上的应用

说来很有趣,磁铁还有一种用途,能在农业上帮助农民除掉作物种子里的杂草种子。杂草种子上有绒毛,能够粘在旁边走过的动物的毛上,因此它们就能散布到离母本植物很远的地方。杂草的这种在几百万年的生存斗争中获得的特点,却被农业技术利用来除掉它的种子。农业技术家利用磁铁,把杂草的粗糙种子从作物的种子里挑选出来。如果在混有杂草种子的作物种子里撒上一些铁屑,铁屑就会紧紧地粘在杂草种子上,而不会粘在光滑的作物种子上。然后拿一个力量足够强大的电磁铁去对它们作用,于是混合着的种子就会自动分开,分成作物种子和杂草种子两部分,电磁铁从混合物里把所有粘有铁屑的种子都捞了出来。

此外,电磁铁广泛应用在医疗器械、仪器仪表、军工、航天等领域。

5.5 变压器

变压器是一种常用的电气设备,具有变压、变流、变阻抗和隔离的作用。变压器的种类,按冷却方式有干式(自冷)变压器、油浸(自冷)变压器、氟化物(蒸发冷却)变压器;按防潮方式有开放式变压器、灌封式变压器、密封式变压器;按铁芯或线圈结构有心式变压器、壳式变压器、环形变压器、金属箔变压器;按电源相数有单相变压器、三相变压器;按用途有电力变压器、仪用变压器和整流变压器等。

变压器的应用十分广泛。例如,在输电方面,为减小线路损耗,减小导线截面积,采用变压器来提高输送电压;在配电方面,如应用较广的三相异步电动机的额定电压一般为 380 V 或 220 V,一般照明电压为 220 V,还有在电子设备中也需要各种不同的用电电压,为保证用电安全,满足不同用电设备对电压的要求,利用变压器把输电线路传送的高电压降低,供用户使用;在电气测量和电子线路中,变压器常用于实现信号的传递、隔离、阻抗匹配等。

变压器虽然种类繁多,用途各异,但其基本结构和工作原理是相同的。

5.5.1 变压器的基本结构和工作原理

1. 变压器的基本结构

变压器主要是由铁芯和绕组两部分组成。图 5-23(a)为单相变压器的基本结构，图 5-23(b)为其表示符号。

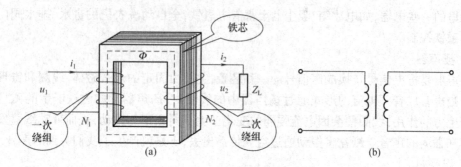

图 5-23 变压器结构示意图及表示符号
(a)结构示意图；(b)符号

铁芯是变压器的磁路部分，一般采用 0.35 mm 或 0.5 mm 的硅钢片叠成，并且每层硅钢片的两面都涂有绝缘漆。按铁芯的形式，变压器可分为心式和壳式两种。心式变压器的绕组环绕铁芯，多用于容量较大的变压器，如图 5-24(a)所示。壳式变压器则是铁芯包围着绕组，多用于小容量变压器，如图 5-24(b)所示。一般电力变压器多采用心式结构。

绕组也叫线圈，是变压器的电路部分，用纱包线或高强度漆包的铜线或铝线绕制而成。通常变压器具有两种绕组，工作时与电源相连的绕组称为原绕组(或一次绕组)；与负载相连的绕组称为副绕组(或二次绕组)。

除了铁芯和绕组以外，较大容量的变压器还有冷却系统、保护装置以及绝缘装置等。

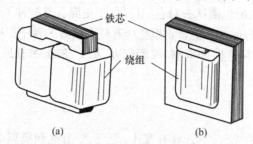

图 5-24 变压器的结构形式
(a)心式变压器；(b)壳式变压器

2. 变压器的工作原理

变压器的工作状态包括空载运行和负载运行。变压器的空载运行是指变压器的一次绕组接至交流电源、二次绕组开路的运行状态。变压器的负载运行是指变压器的一次绕组接额定电压的交流电源，二次绕组接负载情况下的运行状态。

下面以单相变压器为例，根据理想情况来分析变压器的工作原理，即假设变压器的绕组电阻和漏磁通均忽略不计，不计铜损耗和铁损耗，设原绕组匝数为 N_1，副绕组匝数为 N_2。

1)电压变换原理

将变压器的原绕组接上交流电源，且副边处于空载状态，如图 5-25 所示，则会在原绕组中产生交变电流,此电流又在铁芯中产生交变磁通,交变磁通同时穿过原、副两个绕组,分别在其中产生感应电动势 e_1 和 e_2,即:

$$e_1 = N_1 \frac{d\Phi}{dt}, \quad e_2 = N_2 \frac{d\Phi}{dt}$$

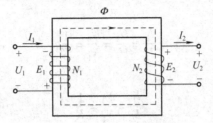

图5-25 变压器工作原理图
(a)心式变压器;(b)壳式变压器

主磁通按正弦规律变化,设为:

$$\Phi = \Phi_m \sin\omega t$$

则有:

$$\begin{aligned} e_1 &= -N_1 \frac{d\Phi}{dt} = -N_1 \frac{d}{dt}(\Phi_m \sin\omega t) \\ &= -N_1 \omega \Phi_m \cos\omega t \\ &= E_{1m} \sin(\omega t - 90°) \end{aligned}$$

有效值为:

$$E_1 = \frac{E_{1m}}{\sqrt{2}} = \frac{2\pi f N_1 \Phi_m}{\sqrt{2}}$$

$$E_1 = 4.44 f \Phi_m N_1$$

同理:

$$e_2 = E_{2m}\sin(\omega t - 90°)$$

$$E_2 = 4.44 f \Phi_m N_2$$

由此可得:

$$\frac{E_1}{E_2} = \frac{N_1}{N_2} \tag{5-16}$$

因为变压器的绕组电阻和漏磁通均忽略不计,则原、副绕组中电动势的有效值近似等于原、副绕组上电压的有效值。

所以可得:

$$\frac{U_1}{U_2} \approx \frac{E_1}{E_2} = \frac{N_1}{N_2} = K \tag{5-17}$$

式中,K 称为变压器的变压比。

由此可知,变压器原、副边电压之比等于原、副绕组的匝数比。如果 $N_2 > N_1$,则 $U_2 > U_1$,这种变压器称为升压变压器;如果 $N_2 < N_1$,则 $U_2 < U_1$,这种变压器称为降压变压器。

2)电流变换原理

当变压器的副边接负载时,如图5-23(a)所示,原、副边绕组中的电流有效值分别为 I_1

和 I_2。变压器从电网上吸收能量并通过电磁感应,以另一个电压等级把能量输送给负载。在这个过程中,变压器只起到能量的传递作用。根据能量守恒定律,当忽略变压器的一切损耗时,变压器输入、输出的视在功率相等,即:

$$S_1 = U_1 I_1 = S_2 = U_2 I_2$$

则有:

$$\frac{I_1}{I_2} = \frac{U_2}{U_1} = \frac{N_2}{N_1} = \frac{1}{K}$$

即:

$$\frac{I_1}{I_2} = \frac{N_2}{N_1} = \frac{1}{K} \tag{5-18}$$

这说明变压器工作时,在改变电压的同时,电流也会随之改变,且原、副绕组中的电流之比与原、副绕组的匝数成反比。一般变压器的高压绕组匝数多而通过的电流小,可用较细的导线绕制;低压绕组的匝数少而通过的电流大,应用较粗的导线绕制。

3)阻抗变换原理

在电子线路中常用变压器进行变换阻抗,实现"阻抗匹配",从而使负载获得最大功率。

当变压器的副边接负载时,副边的阻抗 $Z_2 = \dfrac{U_2}{I_2}$,则原边的阻抗 Z_1 可用下式求出:

$$Z_1 = \frac{U_1}{I_1} = \frac{KU_2}{I_2/K} = K^2 \frac{U_2}{I_2} = K^2 Z_2$$

即:

$$\frac{Z_1}{Z_2} = K^2 \tag{5-19}$$

上式表明,当变压器副绕组电路接入阻抗 Z_2 时,就相当于在原绕组电路的电源两端接入阻抗 $K^2 Z_2$,因此只需改变变压器的原、副绕组的匝数比,就可以把负载阻抗变换为所需要的数值。

例 5-7 有一单相变压器的原边电压为 $U_1 = 220$ V,副边电压 $U_2 = 20$ V,副边绕组匝数为 $N_2 = 100$ 匝,试求该变压器的变压比和原边绕组的匝数。

解:由式(5-17)可知变压比为:

$$K = \frac{U_1}{U_2} = \frac{220}{20} = 11$$

原边绕组的匝数为:

$$N_1 = N_2 K = 100 \times 11 = 1\,100(匝)$$

例 5-8 有一理想单相变压器原边绕组的匝数 $N_1 = 800$ 匝,副边绕组匝数为 $N_2 = 200$ 匝,原边电压为 $U_1 = 220$ V,接入纯电阻性负载后副边电流 $I_2 = 8$ A。求变压器的副边电压 U_2、原边电流 I_1 和变压器的输入、输出功率。

解:由式(5-17)可知变压比为:

$$K = \frac{N_1}{N_2} = \frac{800}{200} = 4$$

则副边电压为:

$$U_2 = \frac{U_1}{K} = \frac{220}{4} = 55 \text{ (V)}$$

原边电流为:

$$I_1 = \frac{I_2}{K} = \frac{8}{4} = 2 \text{ (A)}$$

由于负载为纯电阻性,功率因数 $\lambda = 1$,所以
输入功率为:

$$P_1 = U_1 I_1 = 220 \times 2 = 440 \text{ (W)}$$

输出功率为:

$$P_2 = U_2 I_2 = 55 \times 8 = 440 \text{ (W)}$$

例 5-9 已知某交流信号源电压 $U = 80$ V,内阻 $R_0 = 800$ Ω,负载 $R_L = 8$ Ω,试求:
(1)将负载直接接到信号源,负载获得多大功率?
(2)需用多大电压比的变压器才能实现阻抗匹配?
(3)不计变压器的损耗,当实现阻抗匹配时,负载获得最大功率是多少?

解:(1)负载直接接信号源时,获得的功率为:

$$P_L = I^2 R_L = \left(\frac{U}{R_0 + R_L}\right)^2 R_L = \left(\frac{80}{800 + 8}\right)^2 \times 8 = 0.0784 \text{ (W)}$$

(2)要实现阻抗匹配,负载折算到原绕组电源两端的电阻为 $R'_L = R_0$。根据式(5-19),变压器的电压比应为:

$$K = \sqrt{\frac{R'_L}{R_L}} = \sqrt{\frac{R_0}{R_L}} = \sqrt{\frac{800}{8}} = 10$$

(3)实现阻抗匹配时,负载获得最大功率是:

$$P_{max} = I^2 R_L = \left(\frac{80}{800 + 800}\right)^2 \times 800 = 2 \text{ (W)}$$

5.5.2 变压器的铭牌和技术数据

为了使变压器能够长时间安全可靠地运行,在变压器外壳上都附有铭牌,铭牌上标明了正确使用变压器的技术数据。

1. 变压器的型号

变压器的型号表示变压器的结构和规格,包括变压器结构性能特点的基本代号、额定容量和高压侧额定电压等级(kV)等。例如变压器型号 SJL—1000/10 的具体意义如下:

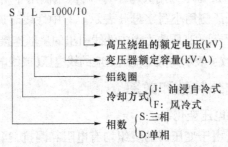

所以 SJL—1000/10 型变压器表示的是三相油浸自冷式铝线变压器,其容量为 1 000 kV·A,高压绕组的额定电压为 10 kV。

2. 变压器的铭牌数据

1) 额定电压 U_{1N}、U_{2N}

额定电压 U_{1N} 为原边绕组的额定电压,是指变压器正常工作时原边绕组应加的电压值。它是根据变压器的绝缘强度和允许发热条件规定的；U_{2N} 为副边绕组的额定电压,是指变压器空载且原边绕组加额定电压时,副边绕组两端的电压值。

在三相变压器中原、副边绕组的额定电压均指线电压。

2) 额定电流 I_{1N} 和 I_{2N}

额定电流 I_{1N} 和 I_{2N} 是变压器满载运行时,根据变压器容许发热的条件而规定的原、副边绕组通过的最大电流值。

在三相变压器中原、副边绕组的额定电流也均指线电流。

3) 额定容量 S_N

额定容量 S_N 是指变压器副边绕组的额定视在功率,等于变压器副边绕组的额定电压与额定电流的乘积,单位常用千伏安(kV·A)表示。

单相变压器的额定容量为：

$$S_N = \frac{U_{2N}I_{2N}}{1\,000}\ (kV·A)$$

三相变压器的额定容量为：

$$S_N = \frac{\sqrt{3}\,U_{2N}I_{2N}}{1\,000}(kV·A)$$

额定容量反映了变压器传送电功率的能力,实际上是变压器长期运行时允许输出的最大功率,但变压器实际的输出功率是由接在副边的负载决定的,它能输出的最大有功功率还与负载的功率因数有关。

4) 额定频率 f_N

额定频率 f_N 是指变压器原绕组应接的电源电压的频率。我国电力系统规定的标准频率为 50 Hz。

5) 相数

表示变压器绕组的相数是单相还是三相。

6) 连接组标号

表示变压器高、低压绕组的连接方式及高、低压侧对应的线电动势(或线电压)的相位关系的一组符号。星形连接时,高压侧用大写字母 Y,低压侧用小写字母 y 表示。三角形连接时高压侧用大写字母 D,低压侧用小写字母 d 表示。有中性线时加 n。

例如,Y,yn0 表示该变压器的高压侧为无中性线引出的星形连接,低压侧为有中性线引出的星形连接,标号的最后一个数字表示高低压绕组对应的线电压(或线电动势)的相位差为零。

5.5.3 变压器的外特性和效率

1. 变压器的外特性和电压变化率

变压器带负载运行时,由于变压器的绕组均有电阻和漏抗,当电流流过一、二次绕组时,必然产生阻抗压降,使二次侧的端电压随负载电流的变化而变化。这种变化关系可以用外特性来表明。因为变压器传递的是交流性质的电能,所以对外特性进行描述时,需要规定负载的功率因数。因此,变压器的外特性是指一次侧的电压为定值和负载功率因数为常数时,二次侧端电压随负载电流变化的关系,其外特性曲线如图5-26所示。

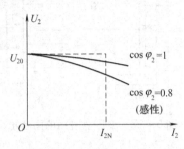

图5-26 变压器的外特性曲线

由变压器的外特性曲线可知,在纯电阻负载和感性负载时,二次侧输出电压随负载电流的增大而下降,在相同的负载电流下,感性负载时输出电压的下降比纯电阻负载时大;而在容性负载时,二次侧输出电压随负载电流的增大而升高。这表明,变压器的外特性不仅取决于变压器本身的阻抗,还与负载的功率因数有关。

变压器带负载运行时,二次侧输出电压随负载电流变化的程度用电压变化率来表示,即:

$$\Delta U(\%) = \frac{U_{20} - U_2}{U_{20}} \times 100\% \qquad (5-20)$$

电压变化率是变压器的主要性能指标之一,它反映了变压器二次侧供电电压的稳定性,即供电电压质量。通常变压器的负载多为感性负载,当负载发生变化时,输出电压也随之波动。对负载用电而言,希望变压器二次侧的输出电压稳定。我国电力技术规程规定,35 kV及以上电压允许偏差为±5%,10 kV及以下三相供电电压允许偏差为±7%,220 V单相供电电压为±5%~±10%。

2. 变压器的效率

变压器在传输功率的过程中,同时也存在功率损耗。变压器的输入功率和输出功率的差值即是变压器的功率损耗,包括铁耗和铜耗。

变压器输出的有功功率P_2和输入的有功功率P_1的比值称为变压器的效率,用η来表示:

$$\eta = \frac{P_2}{P_1} \times 100\% = \frac{P_2}{P_2 + P_{Cu} + P_{Fe}} \times 100\% \qquad (5-21)$$

与一般电气设备相比,变压器的效率是比较高的,供电变压器效率都在95%以上,大型变压器效率可高达99%。电子设备中的小容量变压器效率稍低些,一般在90%以下。同一台变压器在不同负载时的效率也不同,通常,电力变压器在负载为额定负载的40%~50%时其效率最高。

5.5.4 变压器绕组的同名端及其确定

1. 同名端的概念

同名端也称同极性端,是指变压器各绕组电位瞬时极性相同的端点。即当电流流入(或流出)两个绕组时,若产生的磁通方向相同,则两个流入(或流出)端称为同名端;或者说,当铁芯中磁通变化时,在两绕组中产生的感应电动势极性相同的两端为同名端,常用"·"或"*"符号标记,其余的两端称为异名端。同名端和绕组的绕向有关。如图5-27所示,(a)

图中1、3或2、4为同名端,而(b)图中1、4或2、3为同名端。

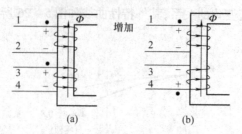

图5-27 变压器绕组的同名端

2. 同名端的确定

变压器在实际使用中有时需要把绕组串联起来以提高电压,或把绕组并联起来以增大电流。正确的串联是把两个绕组的一对异名端连在一起,如图5-28(a)中2、3端连在一起,那么在另一对异名端1、4两端得到的电压就是两个绕组电压之和,如果接错,则得到的输出电压就会削减。正确的并联是在两个绕组的电压相等的情况下,把两个绕组的两对同名端分别连在一起,如图5-28(b)中1、3端和2、4端分别连在一起,这样就可以向负载提供更大的电流,如果接错,就会造成绕组短路而烧毁变压器。因此在同名端不明确时,一定要先测定同名端,再进行连接,通电使用。那么怎样确定变压器绕组的同名端呢?

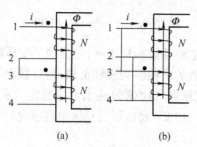

图5-28 变压器绕组的连接
(a)串联;(b)并联

当已知绕组的绕向及相对位置时,同名端很容易利用其概念进行判定。但对于已经制成的变压器,由于经过绝缘处理,从外观上无法确定绕组的具体绕向,因此同名端就很难直接判定出来。在生产实际中,常用实验的方法来确定绕组的同名端。常用的实验方法有直流法和交流法。

1)直流法

如图5-29所示,用一直流电源经开关S连接线圈1、2,在线圈3、4回路中接入一直流电表(电流表或电压表)。当开关S闭合瞬间,线圈1、2中的电流通过互感耦合将在线圈3、4回路中产生一互感电动势,并在线圈3、4回路中产生一感应电流,使线圈3、4上的直流电表指针偏转。

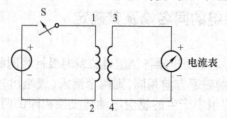

图5-29 直流法判定同名端

当直流电表正向偏转时,线圈1、2和电源正极相接的端点1与线圈3、4和直流电表正极相接的端点3是同名端;当直流电表反向偏转时,则线圈1、2的端点1与线圈3、4和直流电表负极相接的端点4为同名端。

2)交流法

如图5-30所示,将线圈1、2的一个端点2与线圈3、4的一个端点4用导线连接,在线圈1、2两端加以交流电压,用交流电压表分别测出1和3两端电压U_{13},1和2两端电压U_{12},如果$U_{13} > U_{12}$,那么1和4为同名端;如果$U_{13} < U_{12}$,那么1和3为同名端。

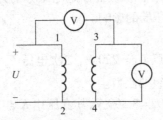

图5-30 交流法判定同名端

以上交流法判定同名端的方法原理,读者可自行思考分析。

【应用测试】

知识训练:

一、问答题

1. 变压器主要由哪些部分构成?各起什么作用?
2. 变压器的铁芯有哪两种形式?各有什么特点?
3. 变压器的铁芯为什么要用硅钢片叠装,而不用整块铁?
4. 判断变压器原、副边绕组同名端的方法有哪几种?如何操作?
5. 标出图5-31中绕组1与2的同名端。

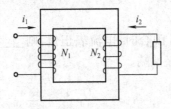

图5-31 习题5的图

6. 图5-32所示的变压器,共可获得多少组输出电压?其值各为多少?

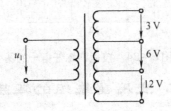

图5-32 习题6的图

7. 试确定图5-33中变压器的原绕组1-2和副绕组3-4、5-6的同极性端。

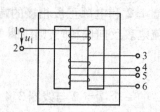

图 5-33　习题 7 的图

8. 一台单相变压器，一次侧和二次侧的额定电压分别为 220 V 和 110 V，如果将二次侧误接在 220 V 电源上，分析对变压器的影响。

二、计算题

1. 某单相变压器的一次电压 $U_1 = 220$ V，二次电压 $U_2 = 36$ V，二次绕组匝数 $N_2 = 225$ 匝，求变压器的变压比和一次绕组的匝数。

2. 单相变压器的原边电压 $U_1 = 3\,300$ V，其变压比 $K = 15$，求副边电压 U_2。当副边电流 $I_2 = 60$ A 时，求原边电流 I_1。

3. 扬声器的阻抗 $R_L = 8\,\Omega$，为了在输出变压器的一次侧得到 $256\,\Omega$ 的等效阻抗，求输出变压器的变压比。

4. 一台单相变压器原绕组的额定电压 $U_1 = 4.4$ kV，副绕组开路时的电压 $U_2 = 220$ V。当副绕组接入电阻性负载并达到满载时，副绕组电流 $I_2 = 40$ A，求变压器的变压比和变压器原绕组的电流。

技能训练：

任务一：变压器绕组的同名端判断实验

一、技能训练目标

正确用实验法判断变压器绕组的同名端。

二、技能训练内容

如图 5-34 所示，如果当 S 闭合时，电流表正偏，则_____为同极性端；如果当 S 闭合时，电流表反偏，则_____为同极性端。

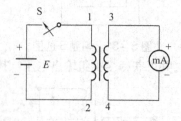

图 5-34　技能训练任务一的图

任务二：变压器绕组的连接实验

一、技能训练目标

正确连接使用变压器。

二、技能训练内容

如图 5-35 所示,变压器有两个相同的原绕组,其额定电压均为 110 V,它们的同名端如图所示。副绕组的额定电压为 6.3 V。

(1) 当电源电压为 220 V 时,原绕组应当如何连接才能接入这个电源?

(2) 如果电源电压为 110 V,原绕组并联使用接入电源,这时两个绕组又应当怎样连接?

(3) 设负载不变,在上述两种情况下副绕组的端电压和电流有无不同? 每个原绕组的电流有无不同?

(4) 如果两个绕组连接时接错,分别对串联使用和并联使用两种情况,说明将会产生什么后果,并阐述理由。

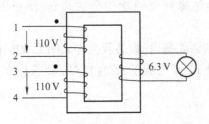

图 5-35 技能训练任务二的图

【知识拓展】

变压器铁芯、线圈的检修

(一)检修变压器铁芯、线圈时应遵守的规定

(1) 检修人员禁止携带与检修工作无关的任何物品(包括工作服口袋内的钥匙和其他物品),工作人员必须穿不带铁钉的软底鞋,并备用擦汗的毛巾。

(2) 使用的行灯电压必须是 36 V 以下。

(3) 检修人员只能沿木支架或铁构架上下,禁止手抓脚踩线圈引线上下,以防止损坏线圈绝缘。

(二)铁芯的检修

1. 铁芯可能发生的故障

(1) 夹件铁板距铁芯柱或铁轭的距离不够,变压器在运输或运行过程中受到冲击或振动,使铁芯或夹件产生位移后,两者相碰触,造成两点或多点接地。

(2) 铁芯表面硅钢片因波浪突起与夹件相碰,或穿芯螺栓的金属座套过长与夹件相碰(或穿芯螺杆绝缘管损坏,穿芯螺杆与金属座套相碰),引起铁芯多点接地。

(3) 夹件与油箱壁相碰造成铁芯多点接地。

(4) 电焊渣、杂物落在油箱及铁轭的绝缘中或落在铁芯柱与夹件之间,造成铁芯多点接地。

(5) 铁芯上落有异物,使硅钢片之间短路(即硅钢片之间的绝缘脱落,局部出现癣状斑点,绝缘碳化或变色)。

(6) 穿芯螺栓在铁轭中因绝缘破坏造成铁芯硅钢片局部短路,应更换穿芯螺栓上的绝缘管和绝缘衬垫。

2. 铁芯的检修

(1)逐个检查各部分的螺栓、螺帽,所有螺栓均应紧固,并有防松垫圈、垫片;检查螺栓是否损伤,防松绑扎应牢固。

(2)检查硅钢片的压紧程度,铁芯有无松动,铁轭与铁芯对缝处有无歪斜、变形等;漆膜是否完好,局部有无短路、变色、过热现象;接地应良好,且保证无多点接地现象。

(3)所有能触及的穿芯螺栓均应连接紧固;用 1 000~2 500 V 绝缘电阻表测量穿芯螺栓与铁芯和穿芯螺栓与铁轭压梁间的绝缘电阻,以及铁芯与铁轭压梁之间的绝缘电阻(卸开接地连片),其值均应大于 10 MΩ。

(4)检查铁芯穿芯螺栓绝缘外套两端的金属座套,防止因座套过长而与铁芯接触造成接地。

(5)铁芯表面应清洁,油路能畅通;铁芯及夹件之间无放电痕迹。

(6)铁芯通过套管引出的接地线应接地良好,套管应加护罩,护罩应牢固,以防打碎套管。

(三)线圈的检修

线圈可能发生的故障主要有匝间短路、绕组接地、相间短路、断线及接头开焊等。产生这些故障的原因有以下几点:

(1)在制造或检修时,局部绝缘受到损害,遗留下缺陷。

(2)在运行中因散热不良或长期过载,绕组内有杂物落入,使温度过高,绝缘老化。

(3)制造工艺不良,压制不紧,机械强度不能经受短路冲击,使绕组变形,绝缘损坏。

(4)绕组受潮,绝缘膨胀堵塞油道,引起局部过热。

(5)绝缘油内混入水分而劣化,或与空气接触面积过大,使油的酸价过高,绝缘水平下降,或油面太低,部分绕组露在空气中未能及时处理。

线圈检修包括以下内容:

(1)线圈所有的绝缘垫片、衬垫、胶木螺栓无松动、损坏;线圈与铁轭及相间的绝缘纸板应完整,无破裂,无放电及过热痕迹,牢固无移位。

(2)各组绕组排列整齐,间隙均匀,线圈无变形,线圈径向应无弹出和凹陷,轴向无弯曲。

(3)绕组的压紧顶丝顶紧护环,止回螺母应拧紧,防止螺帽和座套松动掉下,造成铁芯短路。

(4)线圈表面无油泥,油路应通畅。

(5)线圈绝缘层应完整,高、低压线圈无移位。

(6)发现线圈有金属末或粒子时,应查明原因。

(7)对于承受出口短路和异常运行的变压器,特别是铝线变压器,应根据具体情况进行必要的试验和检查,防止缺陷扩大。

(8)引出线绝缘良好,包扎紧固,无破裂现象;引出线固定牢靠,接触良好,排线正确,其电气距离符合要求。

(9)套管下面的绝缘筒围屏应无放电痕迹,若有放电痕迹,说明引线与围屏距离不够,或电极形状、尺寸不合理,有局部放电现象。

【本项目小结】

(1)磁场的基本物理量:磁感应强度 B、磁通 $\varPhi$、磁场强度 H、磁导率 μ。

磁感应强度 B 和磁场强度 H 都是描述磁场中某点的磁场强弱和方向的物理量;磁通 $\varPhi$ 是描述磁场中某一面积的磁场情况;磁导率是衡量物质导磁性能的物理量,非铁磁材料的磁导率 $\mu_0 = 4\pi \times 10^{-7}$ H/m,铁磁材料的磁导率 $\mu = \mu_r \mu_0$,$B = \dfrac{\varPhi}{S}$,$B = \mu H$。

(2)铁磁材料的特性:磁饱和性、剩磁性、高导磁性、磁滞性。

(3)磁通连续性原理: $\oint_S B \cdot \mathrm{d}S = 0$,是表征磁场基本性质的一个定理。

(4)全电流定律:也称安培环路定律,$\oint_l H\mathrm{d}l = \sum I$,是计算磁场的基本定律,规定:凡是电流方向与闭合回线围绕方向之间符合右螺旋定则的电流作为正,反之为负。

(5)磁性材料的分类:软磁性材料、硬磁性材料、矩磁性材料。常用的软磁性材料有铸钢、铸铁、硅钢片、坡莫合金和铁氧体等;常用的硬磁性材料有钨钢、铝镍合金等,适用于制造永久磁铁;矩磁性材料主要用来做记忆元件,如计算机存储器等。

(6)磁路及磁路基本定律:磁路是磁通通过的路径,铁磁材料具有比空气大得多的磁导率,为此电气设备中常用铁芯构成磁路。磁路欧姆定律:$\varPhi = \dfrac{IN}{R_m}$,其中磁阻 $R_m = \dfrac{l}{\mu S}$;

磁路基尔霍夫第一定律:$\sum \varPhi = 0$ 或 $\sum \varPhi_\lambda = \sum \varPhi_{出}$。

磁路基尔霍夫第二定律:$\sum Hl = \sum NI$。

(7)电磁铁是由励磁线圈、静铁芯和衔铁(动铁芯)三个主要部分组成。电磁铁根据使用电源不同,分为直流电磁铁和交流电磁铁两种。

(8)变压器的原理:是根据电磁感应原理、利用磁场来实现能量变换的一种静止装置,主要由铁芯和绕组构成,具有变压、变流、变阻抗和隔离的作用,常用公式有:

$$\dfrac{U_1}{U_2} = \dfrac{N_1}{N_2} = K$$

$$\dfrac{I_1}{I_2} \approx \dfrac{N_2}{N_1} = \dfrac{1}{K}$$

$$Z_1 = K^2 Z_2$$

(9)变压器铭牌及外特性。

铭牌是安全、正确使用变压器的依据,铭牌主要数据有额定容量、额定电压、额定电流、额定频率、使用条件、冷却方式、允许温升、绕组连接方式等。

变压器外特性反映了变压器在实际工作时,输出电压会随着输出电流增大而降低,一般从空载到满载,电压下降3%~5%。

变压器输出的有功功率 P_2 和输入的有功功率 P_1 的比值称为变压器的效率,即:

$$\eta = \dfrac{P_2}{P_1} \times 100\%$$

功率损耗会使变压器效率降低,但一般仍可在90%以上。40%~50%额定负载时效率最高,此后又略低。

(10) 变压器绕组的同名端:也称同极性端,是指变压器各绕组电位瞬时极性相同的端点。同名端的判断通常采用交流法或直流法。

【思考与练习】

一、判断题(正确的打√,错误的打×)

1. 两个完全相同的环形螺线管,一个用硬纸板作管中介质,一个用铁芯作管中介质。当两个线圈通以相同的电流时,两线圈中的 B、Φ、H 值相等。( )
2. 磁感应强度 B 总是与磁场强度 H 成正比。( )
3. 线圈产生的磁通势大小与其通过的电流成正比。( )
4. 磁导率是用来表示各种不同材料导磁能力强弱的物理量。( )
5. 铁磁性材料的磁导率很大且为常数。( )
6. 软磁性材料适合制造电器的铁芯,而硬磁性材料适合制造永久磁铁。( )
7. 磁路采用表面绝缘的硅钢片制造,唯一目的是为了减小磁路的磁阻。( )
8. 磁路中有一点空气隙不会增加磁路的磁阻。( )
9. 直流电磁铁若由于某种原因将衔铁卡住不能吸合时,则线圈将被烧毁。( )
10. 交流电磁铁若由于某种原因将衔铁卡住不能吸合时,则线圈将被烧毁。( )
11. 额定电压均为 220 V 的电磁铁,直流电磁铁错接到交流电源上则不能工作;而交流电磁铁错接到直流电源上则会将线圈烧毁。( )
12. 变压器的变压比 $K=2$,当在一次绕组接入 1.5 V 干电池时,二次绕组的感应电压为 0.75 V。( )
13. 变压器的一次绕组电流大小由电源决定,二次绕组电流大小由负载决定。( )
14. 变压器不能改变直流电压。( )
15. 220/110 V 的变压器一次绕组加 440 V 交流电压,二次绕组可得到 220 V 交流电压。( )

二、选择题

1. 定量描述磁场中各点磁场强弱和方向的物理量是( )。
   A. 磁通量   B. 磁感应强度   C. 磁场强度   D. 磁导率
2. ( )是用来表示各种不同材料导磁能力强弱的物理量。
   A. 磁通量   B. 磁感应强度   C. 磁场强度   D. 磁导率
3. 铁磁材料的磁性能主要表现在( )。
   A. 低磁导率、磁饱和性   B. 磁滞性、高导磁性、磁饱和性
   C. 磁饱和性、具有涡流   D. 不具有涡流、高磁导率
4. 磁化现象的正确解释是( )。
   A. 磁畴在外磁场的作用下转向形成附加磁场
   B. 磁化过程是磁畴回到原始杂乱无章的状态
   C. 磁畴存在与否与磁化现象无关

D. 各种材料的磁畴数目基本相同,只是有的不易于转向形成附加磁场

5. 为减小剩磁,电器的铁芯应采用(　　)。

 A. 硬磁材料   B. 软磁材料   C. 矩磁材料   D. 非磁材料

6. 磁路计算时通常不直接应用磁路欧姆定律,其主要原因是(　　)。

 A. 磁阻计算较繁   B. 闭合磁路电压之和不为零

 C. 磁阻不是常数   D. 磁路中有较多漏磁

7. 当铁芯变压器原绕组外接电压及频率不变时,接通负载时的铁芯磁通密度一般比空载时(　　)。

 A. 增加   B. 减少   C. 不变   D. 以上都不对

8. 空心线圈被插入铁芯后(　　)。

 A. 磁性将大大增强   B. 磁性基本不变

 C. 磁性将减弱   D. 铁芯与磁性无关

9. 50 Hz、220 V 的变压器可使用的电源是(　　)。

 A. 220 V 直流电源   B. 100 Hz、220 V 交流电源

 C. 25 Hz、110 V 交流电源   D. 50 Hz、330 V 交流电源

10. 在 220/110 V 的变压器一次绕组加 220 V 直流电压,空载时二次绕组电流是(　　)。

 A. 0   B. 空载电流   C. 额定电流   D. 短路电流

三、填空题

1. 磁路的基本物理量有_____、_____、_____、_____。
2. 铁磁材料分为_____、_____和_____三大类。铁磁材料具有_____、_____、_____和_____的磁性能。
3. 铁磁材料在磁化过程中_____的变化落后于_____的变化,这一现象称为_____。
4. 变压器具有_____、_____、_____和_____的作用。
5. 判断变压器同名端常用的实验方法有_____和_____。
6. 在变化磁通的作用下,感应电动势极性_____的端点叫同名端,感应电动势极性相反的端点叫异名端。
7. 各种变压器的构造基本是相同的,主要由_____和_____两部分组成。
8. 变压器工作时与电源连接的绕组叫_____绕组,与负载连接的绕组叫_____绕组。
9. 变压器是根据_____原理制成的电气设备。
10. 变压器在电子电路中应用除可以进行信号的传递外,还可以起_____作用。
11. 变压器的_____是选用变压器的依据。

四、计算题

1. 有一线圈匝数为 1 500 匝,套在铸钢制成的闭合铁芯上,铁芯的横截面积为 10 cm^2,长度为 75 cm,线圈中通入电流 2.5 A,求铁芯中的磁通多大。

2. 有一交流铁芯线圈接在 200 V、50 Hz 的正弦交流电源上,线圈的匝数为 1 000 匝,铁芯横截面积为 20 cm^2,求铁芯中的磁通最大值和磁感应强度的最大值各为多少。

3. 一直流电磁铁的结构如图 5-36 所示,已知中间磁极的磁通为 4×10^{-4} Wb,中间磁极的横截面积为 4 cm^2,两边磁极的横截面积各为 2 cm^2。试求电磁铁的吸力。

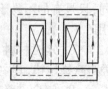

图 5-36 计算题 3 的图

4. 如图 5-37 所示,已知信号源的电压 $U_S = 12$ V,内阻 $R_0 = 1$ kΩ,负载电阻 $R_L = 8$ Ω,变压器的变压比 $K = 10$,求负载上的电压 U_S。

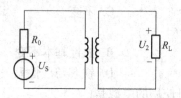

图 5-37 计算题 4 的图

5. 某收音机,原配置 4 Ω 的扬声器,现改接 8 Ω 的扬声器。已知输出变压器原绕组匝数为 $N_1 = 250$ 匝,副绕组匝数 $N_2 = 60$ 匝,若原绕组匝数不变,问副绕组匝数如何变动,才能实现阻抗匹配。

6. 已知某单相变压器额定容量为 500 V·A,额定电压为 200 V/50 V,试求原、副绕组的额定电流各为多少。

7. 已知某单相变压器的一次绕组电压为 3 000 V,二次绕组电压为 220 V,负载是一台 220 V、25 kW 的电炉,试求一、二次绕组的电流各为多少。

8. 容量为 $S_N = 2$ kV·A 的单相变压器中,原边额定电压是 220 V,副边额定电压是 110 V,试求原、副边的额定电流。

9. 某单相变压器的一次电压为 220 V,二次电压为 36 V,二次绕组匝数为 225 匝,求变压器的变压比和一次绕组的匝数。

10. 有一降压变压器 380 V/36 V,在接有电阻性负载时,测得 $I_2 = 3$ A。若变压器效率为 95%,试求该变压器的损耗、二次侧功率和一次绕组中的电流 I_1。

11. 某台单相变压器,一次侧额定电压为 220 V,额定电流为 4.55 A,二次侧额定电压为 36 V,试求二次侧可接 36 V、60 W 的白炽灯多少盏。

12. 某单相变压器原绕组匝数为 440 匝,额定电压为 220 V,有两个副绕组,其额定电压分别为 110 V 和 44 V,设在 110 V 的副绕组接有 110 V、60 W 的白炽灯 11 盏,44 V 的副绕组接有 44 V、40 W 的白炽灯 11 盏,试求:

(1) 两个副绕组的匝数各为多少?

(2) 两个副绕组的电流及原绕组的电流各为多少?

技能训练：

任务：单相变压器的测量

一、技能训练目的

(1) 学习单相变压器直流电阻、绝缘电阻及高、低压绕组的测定方法。
(2) 学习单相变压器同名端的测定方法。
(3) 学习单相变压器变压比的测定方法。
(4) 学习变压器的外特性测试方法。

二、预习内容

(1) 巩固变压器的结构、工作原理及外特性。
(2) 巩固变压器绕组同名端的概念及判断方法
(3) 在图5-38中，已知一次绕组的极性和二次绕组的绕向，用"·"标出二次绕组的同名端。

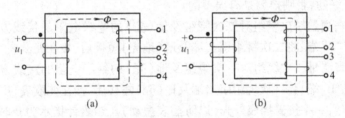

图5-38 已知绕向判断同名端

(a)绕法1；(b)绕法2

(4) 如图5-39所示，用箭头标出开关S闭合瞬间，一、二次绕组回路中感应电动势和电流的瞬时实际方向，判断二次绕组直流毫安表将如何偏转。

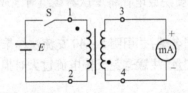

图5-39 直流法测同名端

(5) 图5-40所示是用交流法测定变压器绕组同名端的电路。设用交流电压表测得$U_{12}=12\text{ V}$，$U_{34}=6\text{ V}$，$U_{24}=6\text{ V}$，试确定两个绕组的同名端。

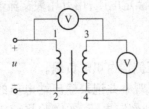

图5-40 交流法测同名端

三、器材

单相试验变压器(220 V/36 V、50 VA)、指针式万用表(MF47 型)、兆欧表(500 V)、直流电桥、调压器、白炽灯(220 V、15 W)。

四、技能训练内容及步骤

1. 直流电阻的测量

用电桥法测出给定变压器两边绕组的电阻值,并指出哪端是高压侧,哪端是低压侧。说明降压变压器原边绕组的直流电阻一定_____(大于/小于/等于)副边绕组的直流电阻。

2. 绝缘电阻的测量

(1)测量绝缘电阻以前,应切断被测设备的电源,并进行短路放电,放电的目的是为了保障人身和设备的安全,并使测量结果准确。

(2)摇表(即兆欧表)的连线应是绝缘良好的两条分开的单根线(最好是两色),两根连线不要缠绞在一起,最好不使连线与地面接触,以免因连线绝缘不良而引起误差。

(3)测量前先将摇表进行一次开路和短路试验,检查摇表是否良好,若将两连接线开路摇动手柄,指针应指在∞(无穷大)处,这时如把两连线头瞬间短接一下,指针应指在 0 处,此时说明摇表是良好的,否则摇表是有误差的。

(4)使用摇表测量一次绕组对二次绕组及地(壳)的绝缘电阻的接线方法:将一次绕组引出端接兆欧表"L"端;将二次绕组引出端及地(地壳)短路后,接在兆欧表"E"端。

(5)使用摇表测量二次绕组对一次绕组及地(壳)的绝缘电阻的接线方法:将二次绕组引出端接兆欧表"L"端;将一次绕组引出端及地(壳)短路后,接在兆欧表"E"端。

(6)在测量时,一手按着摇表外壳(以防摇表振动)。当表针指示为 0 时,应立即停止摇动,以免烧表。

(7)测量时,应将摇表置于水平位置,以每分钟大约 120 转的速度转动发电机的摇把,在 15 s 时读取一数,在 60 s 时再读一数,记录摇表测量的数据。

(8)待表针基本稳定后读取数值,先撤出"L"侧线后再停摇兆欧表。

(9)使用摇表测量前后均要用放电棒将变压器绕组对地放电。

3. 变压器同名端的测量

按图 5-39 直流法来测同名端,并用图 5-40 交流法结果加以验证。注意:

①用万用表直流毫安挡测量,注意避免反偏电流过大时损坏指针,故最好先选用直流毫安最大挡,再逐步减小。

②观察开关闭合瞬间指针偏转情况,因为在开关闭合以后,直流电产生恒定磁通,副绕组没有感应电动势产生,也就没有感应电流通过毫安表。

4. 变压比的测量

将给定变压器的一次绕组接额定电压,用万用表交流电压挡测量二次侧绕组的电压,并计算变压器的变压比。

5. 外特性测试

(1)低压侧接额定电压,高压侧接白炽灯负载。

(2)高压侧由空载逐渐加载,观察并记录输出端电压的变化和电流的变化,绘制外特性曲线。注意:为使白炽灯负载达到额定电压,本实验将变压器作为升压变压器使用,应防止被测变压器输出电压过高而损坏设备,并注意安全,避免触电。

【知识拓展】

仪用变压器

一、自耦变压器

自耦变压器是利用一个绕组抽头的办法来实现改变电压的一种变压器。自耦变压器的结构特点是一、二次绕组共用一个绕组,因此,一、二次绕组之间既有磁的联系,又有电的联系。自耦变压器无论是升压还是降压,其基本原理都是相同的。图 5-41 所示为单相自耦变压器,它一般可将 220 V 电压调到 0~250 V。

图 5-41 自耦变压器

在输出容量相同的条件下,自耦变压器比普通变压器省材料、尺寸小、制造成本低。但是,由于自耦变压器的一、二次绕组有电的直接联系,因此当过电压波侵入一次侧时,二次侧将出现高压,所以自耦变压器的二次侧必须装设过电压保护,防止高压侵入损坏低压侧的电气设备,其内部绝缘也需要加强。

自耦变压器可用作电力变压器,也可作为实验室的调压设备以及异步电动机启动器的重要部件。

二、互感器

在电力系统和科学实验的电气测量中,经常需要对交流电路中的高电压和大电流进行测量,如果直接使用电压表和电流表测量,仪表的绝缘和载流量需要大大加强,这给仪表的制造带来困难,同时对操作人员也不安全。因此,利用变压器可以变压和变流的作用,制造了可供测量电压和电流用的变压器,称为互感器。

互感器的作用:与测量仪表配合,对线路的电压、电流、电能进行测量;与继电保护装置配合,对电力系统和设备进行过电压、过电流、过负载和接地等保护;使测量仪表、继电保护装置与线路的高电压隔开,保证操作人员和设备的安全;将电压和电流变换成统一的标准值,以利于仪表和继电器的标准化。因此,互感器的应用十分广泛。

1. 电流互感器

电流互感器类似于一个升压变压器,它的一次绕组匝数很少,一般只有一匝或几匝,而二次绕组的匝数却很多。使用时,一次绕组串联在被测线路中,流过被测电流,二次侧串接电流表或功率表及其他装置的电流线圈,如图 5-42 所示,实现了用低量程的电流表测量大电流,被测电流 = 电流表读数 × N_2/N_1。电流互感器工作时,由于二次侧所接仪表的阻抗都很小,二次侧电流很大,因此相当于二次侧短路运行的升压变压器。电流互感器的二次侧额定电流一般都设计为 5 A。

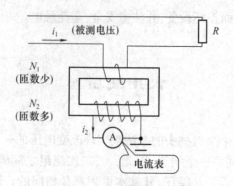

图 5-42 电流互感器的使用

使用时应注意：
①二次侧不能开路，以防产生高电压。
②铁芯、低压绕组的一端应接地，以防在绝缘损坏时，在二次侧出现过压。

2. 电压互感器

电压互感器实质上是一台小容量的降压变压器。它的一次绕组匝数多，二次绕组匝数少。使用时，一次绕组直接并接在被测线路，二次绕组接电压表或其他仪表及装置的电压线圈，如图 5-43 所示，实现用低量程的电压表测量高电压，被测电压 = 电压表读数 $\times N_1/N_2$。

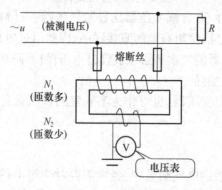

图 5-43 电压互感器的使用

电压互感器在工作时，由于二次侧所接仪表的阻抗都很高，二次侧电流很小，因此相当于二次侧空载运行的降压变压器。通常电压互感器不论其额定电压是多少，其二次侧额定电压一般都设计为 100 V。

使用电压互感器时须注意以下几点：
①铁芯和二次绕组的一端必须可靠接地。以防止一次绕组绝缘损坏时，铁芯和二次绕组带高电压而发生触电和损坏设备。
②二次侧不允许短路，否则将产生很大的短路电流，把互感器烧坏。为此须在二次侧回路串接熔断器进行保护。
③电压互感器的额定容量有限，二次侧不宜接过多的仪表，否则会影响准确度。

项目六

动态电路的暂态分析

【知识目标】

1. 掌握换路定律及初始值的确定;
2. 掌握 RC、RL 电路的零输入响应、零状态响应和全响应;
3. 掌握一阶线性电路暂态分析的三要素法;
4. 了解微分电路和积分电路。

【技能目标】

1. 熟悉一阶线性电路暂态过程;
2. 了解微分电路和积分电路。

【相关知识】

6.1 一阶电路的基本概念

在前面章节的学习中,分析和讨论了电路的稳定状态,简称稳态。所谓稳态,就是电路的状态是稳定的,在直流电路中,电路各部分电流、电压都是恒定不变的;在正弦交流电路中,虽然电压、电流都随时间变化,但振幅、频率都是恒定的,即它们按正弦规律稳定地变化,所以仍然是稳态。

在现实生活中存在这样一种电路:最初处于一种稳定的状态,当条件发生变化后,经过一定时间又会过渡到一种新的稳定状态。而从一种稳定状态到另一种稳定状态的转变往往不是突变的,需要经历一个被称作暂态的过程。例如,电路中由于电容元件的存在,电源接通后对电容充电而使其电压逐渐提高,这一过程就是一个过渡过程;电感由于电磁感应作用而使电流不能立即达到稳定值,这也是一个渐变的过渡过程。电路过渡过程所经历的时间往往较为短暂,所以过渡过程又被称为瞬态,还称为暂态。电路的暂态过程虽然在很短的时间内就会结束,但会给电路带来比稳态大得多的过电流和过电压。电路中出现的这种短暂的过电流和过电压,一方面可用来产生所需要的波形或电源,但另一方面它又可能会使电气设备工作失效,甚至造成严重的事故。因此有必要对电路的暂态过程进行分析,以掌握其规律,为电路分析和设计服务。

研究暂态过程,就是要认识和掌握暂态过程的规律。分析暂态电路的基本方法主要有数学分析法和实验分析法。数学分析法的理论依据是欧姆定律及基尔霍夫定律;实验分析法是将在实验课程中综合应用示波器或仿真软件等来观测暂态过程中各物理量随时间变化的规律。

6.1.1 暂态过程

在某一时刻 t，如果能用一条 $u_C - q$ 曲线来表示二端元件所存储的电荷量 $q(t)$ 与其两端的电压 $u_C(t)$ 间的关系，那么这样的二端元件被称为电容元件。电容器可以用来存储电荷和电能，如果 $u_C - q$ 曲线是 $u_C - q$ 平面上的一条通过原点的直线，这样的电容元件就称为线性时不变电容元件，本书只讨论如图 6-1 所示的线性电容元件。

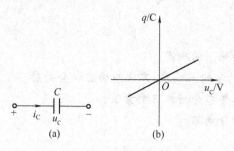

图 6-1 电容元件及其特性曲线

设电容上的电压 $u_C(t)$、电流 $i_C(t)$ 为关联参考方向，如图 6-1 所示，则：

$$i_C = \frac{dq}{dt} = C\frac{du_C}{dt} \tag{6-1}$$

或：

$$du_C(t) = \frac{1}{C} i_C(t) dt \tag{6-2}$$

对 t 在 $(-\infty, +\infty)$ 区间上进行变上限积分得：

$$u_C(t) = \frac{1}{C} \int_{-\infty}^{t} i_C(t) dt \tag{6-3}$$

对式(6-1)、式(6-2)和式(6-3)分析可得：

(1) 电容元件具有通交流隔直流的作用。即在任何时刻，通过电容器的电流与此时刻的电压变化率成正比。若电容器两端加交流电时，有电流 i_C 通过；如果电容器两端加一直流电时，电流 $i_C = 0$，相当于电容器处于开路状态。

(2) 电容器上的电压不能突变。通过电容的电流 i_C 为有限值，电容两端的电压是时间 t 的连续函数，不能突变。电容器两端的电压 $u_C(t)$ 与 t 时刻以前的电流有关，即电容器具有"记忆"电流的功能。

(3) 电容器上消耗的功率。电容器两端的电压 $u_C(t)$、电流 $i_C(t)$ 参考方向如图 6-1 所示，电容器的功率 $p(t)$ 为：

$$p(t) = u_C(t) i_C(t) = C u_C(t) \frac{du_C(t)}{dt} \tag{6-4}$$

(4) 电容器上存储的能量。设 $w(t)$ 为电容器在 t 时刻存储的电能，则有：

$$p(t) = \frac{dw(t)}{dt} \tag{6-5}$$

对式(6-5)两边乘 dt 后，再积分，并利用式(6-4)关系，得：

$$w(t) = \int_{-\infty}^{t} p(t)dt$$
$$= \int_{-\infty}^{t} Cu_C(t)du_C(t) \quad (6-6)$$
$$= \frac{1}{2}Cu_C^2(t) - \frac{1}{2}Cu_C^2(-\infty)$$

在大多数应用中,式(6-6)中 $u_C(-\infty) = 0$,此时 $w(t) = \frac{1}{2}Cu_C^2(t)$。

例 6-1 在现有的一个 4.75 μF 理想电容器上,加上频率为 50 Hz、$u(t) = 10\sqrt{2}\sin\omega t$ V 的电压,求通过电容的电流 $i(t)$、功率 $p(t)$ 和电能 $w(t)$。

解:(1)由式(6-1)有:
$$i(t) = C\frac{du_C}{dt}$$
$$= 10\sqrt{2}C\sin(\omega t + 90°)$$
$$= 10\sqrt{2} \times 4.75 \times 10^{-6} \times 314 \times \sin(314t + 90°)$$
$$= 0.015\sqrt{2}\sin(314t + 90°) \text{ A}$$

(2)由式(6-4)有:
$$p(t) = u_C(t)i_C(t)$$
$$= 10\sqrt{2}\sin314t\text{V} \times 0.015\sqrt{2}\sin(314t + 90°)\text{A}$$
$$= 0.15\sin628t\text{W}$$

(3)由式(6-6)有:
$$w(t) = \frac{1}{2}Cu_C^2(t)$$
$$= \frac{1}{2} \times 4.75 \times 10^{-6} \times [10\sqrt{2}\sin314t]^2$$
$$= 0.00024 \times [1 - \sin(628t + 90°)] \text{ J}$$

电感是存储磁场能量的元件,和电容元件类似,并不消耗能量。在任一时刻,通过二端元件的电流 $i_L(t)$ 与其磁链 $\psi(t)$ 呈曲线关系,此二端元件称为电感元件。若此曲线为通过 $i_L(t) - \psi(t)$ 平面原点的直线(见图 6-2(b)),则此电感被称为线性时不变电感元件,其符号如图 6-2(a)所示。

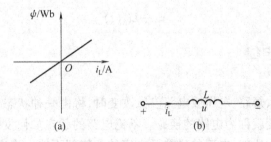

图 6-2 电感元件及其特性

设电感线圈中通以电流 $i_L(t)$,根据毕奥-萨伐尔定律,$i_L(t)$ 在空间所激发的磁感强度

$B(t)$ 与 $i_L(t)$ 成正比,而对同一线圈,其磁链数 $\psi(t)$ 又与 B 成正比,所以 $\psi(t)$ 与线圈中的电流 $i_L(t)$ 成正比,即:

$$\psi(t) = Li_L(t) \tag{6-7}$$

式(6-7)中的比例系数 L 称为电感线圈的自感系数,简称自感。

根据法拉第的电磁感应定律:线圈中的感应电压与磁链的变化率成正比,即

$$u_L(t) = \frac{d\psi}{dt} \tag{6-8}$$

根据式(6-7)和式(6-8),得:

$$u_L(t) = L\frac{di_L}{dt} \tag{6-9}$$

由上述三个公式可知:

(1)电感元件对直流电相当于短路。若通过电感线圈的电流不随时间而变化,即为直流电时,$u_L(t) = 0$,电感线圈相当于短路。

(2)电感元件是储能元件。因为电感上的电压 $u_L(t)$ 为有限值,所以电感中的电流 i_L 为时间的连续函数,不能产生突变。式(6-9)中的感应电流(感应电压)的方向由楞次定律确定。对式(6-9)两端积分,并设 $i_L(-\infty) = 0$,得:

$$i_L(t) = \frac{1}{L}\int_{-\infty}^{t} u(t)dt \tag{6-10}$$

由式(6-10)可知,t 时刻的电流 $i_L(t)$ 与 t 时刻以前的电压有关,所以电感元件具有"记忆"电压的作用。

(3)电感的功率。设电流 $i_L(t)$、电压 $u_L(t)$ 为关联参考方向(见图6-2),这样电感元件吸收的功率为:

$$\begin{aligned} p(t) &= u_L(t)i_L(t) \\ &= Li_L(t)\frac{di_L(t)}{dt} \end{aligned} \tag{6-11}$$

(4)电感存储的磁能。对式(6-11)进行变上限积分,并取 $i_L(-\infty) = 0$,得:

$$\begin{aligned} w(t) &= \int_{-\infty}^{t} p(t)dt \\ &= L\int_{i_L(-\infty)}^{i_L(t)} i_L(t)di_L(t) \\ &= \frac{1}{2}Li_L^2(t) \end{aligned} \tag{6-12}$$

6.1.2 换路定律

1. 换路

电路在接通、断开、短路、电压或电路参数改变时,将由一种状态变换为另外一种状态,电路中的这种条件改变就称为电路的换路。不论电路的状态如何发生改变,电路中所具有的能量是不能突变的。比如,电感的磁能及电容的电能都不能发生突变。若要使电路的状态发生改变必须满足下列三个条件:

(1)电路中至少需要有一个动态元件。

(2)电路需要换路。

(3)换路后的瞬间,电容电压、电感电流值不等于新的稳态值。

2. 换路定律

根据电功率的公式 $p(t) = \dfrac{\mathrm{d}w(t)}{\mathrm{d}t}$,能量的积累和释放是需要一定时间的,即能量是不能突变的。例如,白炽灯在开关接通和断开时其温度升高或降低不能跃变,因为其存储的热能不能产生跃变的缘故。

如图6-3(a)和图6-3(b)所示,分别是由 RC 和 RL 组成的电路。开关接通或断开时,由于电源的输出功率是有限的,电路中的能量虽有改变,但电容器中的电能 $\dfrac{1}{2}CU_C^2$ 和线圈中的磁能 $\dfrac{1}{2}Li_L^2$ 是不能发生跃变的。

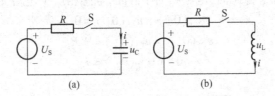

图6-3 RC 和 RL 的动态电路

设 $t=0$ 为换路的瞬间,$t=0_-$ 和 $t=0_+$ 为换路的前后极限时刻,对于线性电容,由式(6-3)得:

$$u_C(t) = \frac{1}{C}\int_{-\infty}^{0_-} i_C(t)\mathrm{d}t + \frac{1}{C}\int_{0_-}^{t} i_C(t)\mathrm{d}t$$

$$= u_C(0_-) + \frac{1}{C}\int_{0_-}^{t} i_C(t)\mathrm{d}t \tag{6-13}$$

当 $t=0_+$ 时,由式(6-13)得电容器上的电压为:

$$u_C(0_+) = u_C(0_-) + \frac{1}{C}\int_{0_-}^{0_+} i_C(t)\mathrm{d}t \tag{6-14}$$

在换路的瞬间,$i_C(t)$ 为一有限值,式(6-14)右边第2项的积分值为零,这样电容电压值为:

$$u_C(0_+) = u_C(0_-) \tag{6-15}$$

式(6-15)表明,电路换路瞬间,电容器两端的电压不发生跃变,即换路前后电压维持不变。

与电容类似,对线性电感,电路换路瞬间,电感两端的电压为有限值时,电感电流不产生跃变,即电流的初始值为:

$$i_L(0_+) = i_L(0_-) \tag{6-16}$$

式(6-15)、式(6-16)表述的规律称为换路定律:当电路中的电容电流和电感电压为有限值时,换路后一瞬间电容的电压和电感的电流保持换路前一瞬间的原有值,不能跃变。

6.1.3 初始值

换路定律只能确定换路瞬间的电容电压值和电感电流值,而电容电流、电感电压以及电路中的其他元件的电流、电压初值是可以发生跃变的。将 $u_C(0_+)$ 和 $i_L(0_+)$ 称为独立的初始条件,把除电容电压和电感电流外在 $t=0_+$ 时刻的其他响应值称为非独立初始值。独立的初始值和非独立的初始值统称为暂态电路的初始值,即 $t=0_+$ 时电路中电压、电流的瞬态值。

由换路定律确定了独立的初始值后,电路中非独立初始值可按下列原则确定:

(1)换路前的瞬间,将电路视为一稳态,即电容开路、电感短路。

(2)换路后瞬间,电容元件被看作恒压源。如果 $u_C(0_-)=0$,那么 $u_C(0_+)=0$,换路时,电容器相当于短路。

(3)换路后瞬间,电感元件可看作恒流源。如果当 $i_L(0_-)=0$ 时,$i_L(0_+)=0$,电感元件在换路瞬间相当于开路。

(4)运用直流电路分析方法,计算换路瞬间元件的电压、电流值。

例 6-2 确定图 6-4 所示电路在换路后各储能元件的电流与电压的初始值,设开关闭合前电路处于稳态。

解:(1)求独立的初始值 $u_C(0_+)$ 和 $i_L(0_+)$。

开关闭合前电路处于稳态时,电容相当于开路,电感相当于短路,由图 6-4(a)得:

$$u_{C1}(0_+) = u_{C1}(0_-) = 0$$
$$u_{C2}(0_+) = u_{C2}(0_-) = I_S R_2$$
$$i_L(0_+) = i_L(0_-) = I_S$$

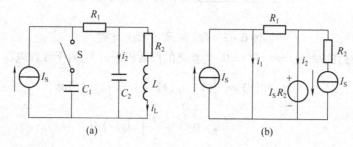

图 6-4 例 6-2 的图

(2)由换路后 0_+ 时的等效电路图 6-4(b)知,非独立初始值为:

$$u_L(0_+) = I_S R_2 - I_S R_2 = 0$$

$$i_1(0_+) = I_S + \frac{I_S R_2}{R_1}$$

$$i_2(0_+) = I_S - \frac{I_S R_2}{R_1}$$

例 6-3 电路如图 6-5(a)所示。开关闭合前,电路已处于稳定状态,且 $R_1=4\ \Omega$,$R_2=8\ \Omega$,当 $t=0$ 时开关闭合,求初始值 $i_1(0_+)$、$i_2(0_+)$、$i_C(0_+)$。

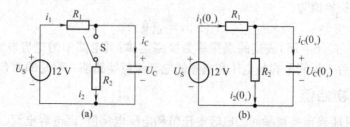

图 6-5 例 6-3 的图

解:

(1) 开关闭合前电路已处于稳定状态,所以 $i_C(0_-)=0, u_C(0_-)=12\text{ V}$。

(2) 换路瞬间,等效电路如图 6-5(b) 所示,根据换路定律, $u_C(0_+)=u_C(0_-)=12\text{ V}$。

$$i_1(0_+)=\frac{U_S-u_C(0_+)}{R_1}=0$$

$$i_2(0_+)=\frac{u_C(0_+)}{R_2}=1.5\text{ (A)}$$

$$i_C(0_+)=i_1(0_+)-i_2(0_+)=-1.5\text{ (A)}$$

6.2 一阶电路的零输入响应

6.2.1 一阶电路零输入响应的分析

当讨论由电阻元件和电源构成的电路,称为电阻电路,其电路特性一般由代数方程描述。如果电路中含有电容或电感元件,那么这样的电路称为动态电路,动态电路需要用微分方程加以描述。本书仅讨论由电容、电阻组成的 RC 一阶电路和由电感、电阻组成的 RL 一阶电路。

1. RC 一阶电路零输入响应

动态电路的响应分为零输入响应和零状态响应两部分。零输入响应是电路在无输入激励的情况下仅由初始条件引起的响应。RC 电路的零输入响应是指输入信号为零,即激励为零,由电容元件的初始状态 $u_C(0_+)$ 所产生的电流和电压。

如图 6-6(a) 所示的 RC 动态电路,开关处于位置 1 时,电路已处于稳定状态,$u_C(0_+)=U_S$。

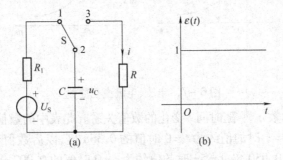

图 6-6 RC 零输入电路

当开关由 1 的位置扳到 3 的位置,即换路瞬间,根据换路定律,$u_C(0_+)=u_C(0_-)=U_S$,此时 $(t=0_+)$,电容通过电阻 R 放电,电容器储存的电能被逐渐释放出来,电容电压和电流逐渐减小,直到零为止。下面对这一电容器放电过程进行分析。

如图 6-6(a) 所示电路,由 KVL 定律得:

$$Ri(t)-u_C(t)=0 \qquad (6-17)$$

将 $i(t)=-C\dfrac{\mathrm{d}u_C(t)}{\mathrm{d}t}$ 代入式 (6-17),得:

$$RC\frac{\mathrm{d}u_C(t)}{\mathrm{d}t}+u_C(t)=0 \qquad (6-18)$$

式(6-18)的通解可写成

$$u_C(t) = Ae^{-\frac{1}{RC}t} \tag{6-19}$$

式(6-19)中 A 为积分常数,由初始条件决定。将 $u_C(0_+) = U_S$ 代入式(6-19)得:

$$A = U_S$$

所以式(6-17)满足初始条件的通解为:

$$u_C(t) = U_S \cdot e^{-\frac{1}{RC}t} \varepsilon(t) \tag{6-20}$$

式(6-20)中的 $\varepsilon(t)$ 为单位阶跃信号,其解析式为:

$$\varepsilon(t) = \begin{cases} 1 & t > 0 \\ 0 & t < 0 \end{cases} \tag{6-21}$$

式(6-21)对应的波形如图6-6(b)所示。

电路中电流变化规律为:

$$i(t) = -C\frac{du_C(t)}{dt} = \frac{U_S}{R} \cdot e^{-\frac{1}{RC}t} \varepsilon(t) \tag{6-22}$$

令 $\tau = RC$,τ 是具有时间的量纲,反映了 RC 电路中过渡过程进行的快慢程度,是描述过渡过程特性的一个重要物理量,其大小由电路本身的结构所决定,与外界的激励无关。τ 越大,过渡过程持续时间就越长,电流、电压衰减得就越慢;若 τ 越小,过渡过程持续时间就越短,电流、电压衰减得就越快。$u_C(t)$ 和 $i(t)$ 随时间变化的曲线如图6-7(a)、图6-7(b)所示。

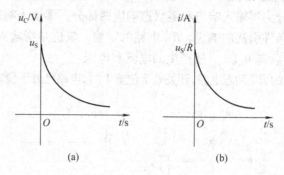

图6-7 电压、电流变化曲线

表6-1给出了指数 $e^{-\frac{1}{RC}t}$ 随时间 t 变化的数值关系。此表中的数值说明:在开始一段时间,数值下降得较快,$t = \tau$ 时的值约为 $t = 0$ 时值的0.368倍,以后数值衰减得较慢,$t = 3\tau$ 时的值约为 $t = 0$ 时值的0.050倍,$t = 5\tau$ 时的值约为 $t = 0$ 时值的0.007倍。在工程中,一般认为经过$(3\sim5)\tau$时间以后,衰减过程基本结束,电路已达到新的稳态。

表6-1 $e^{-\frac{t}{\tau}}$ 随时间 t 变化的规律

t	0	τ	2τ	3τ	4τ	5τ
$e^{-\frac{t}{\tau}}$	1	0.368	0.135	0.050	0.018	0.007

2. RL 一阶电路的零输入响应

在无电源激励,即输入信号为零时,由电感元件的初始状态 $i_L(0_+)$ 所引起的响应,称为 RL 的零输入响应。

如图 6-8 所示,开关 S_1 闭合、S_2 断开时,电路已处于稳定状态,$i_L(0_+) = i_L(0_-) = \dfrac{U_S}{R_1 + R_2}$,电路换路时,$S_1$ 断开、S_2 闭合,由基尔霍夫电压定律得:

$$u_{R2} + u_L = 0 \tag{6-23}$$

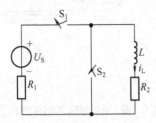

图 6-8 RL 零输入响应

根据电磁感应定律并经整理,式(6-23)变为:

$$\frac{di_L}{dt} + \frac{R_2}{L} i_L = 0 \tag{6-24}$$

解上式得 $i_L(t)$ 的零输入响应为:

$$i_L(t) = A \cdot e^{-\frac{1}{L/R_2} t} \tag{6-25}$$

将初始条件代入式(6-25),得:

$$i_L(t) = \frac{U_S}{R_1 + R_2} \cdot e^{-\frac{1}{L/R_2} t} \tag{6-26}$$

令上式中的 $\dfrac{U_S}{R_1 + R_2} = I_0$,$\dfrac{L}{R_2} = \tau$($\tau$ 为 RL 电路的时间常数,具有时间量纲,单位为秒(s)),式(6-26)简化为:

$$i_L(t) = I_0 \cdot e^{-\frac{1}{\tau} t} \tag{6-27}$$

电感电压为:

$$u_L = L \frac{di_L}{dt} = -I_0 \cdot R_2 \cdot e^{-\frac{1}{\tau} t} \tag{6-28}$$

将式(6-28)代入式(6-23)得电阻 R_2 上的电压为:

$$u_{R2}(t) = -u_L = I_0 \cdot R_2 \cdot e^{-\frac{1}{\tau} t} \tag{6-29}$$

式(6-27)、式(6-28)和式(6-29)的波形如图 6-9 所示。

由图 6-9 可知,在 RL 零输入响应电路中,电感初始时存储的磁能消耗在电阻中,理论上需要经过无穷长时间,电感中储存的磁能才能消耗完毕,暂态过程才算结束。工程应用过程中常取 $(3 \sim 5)\tau$ 时,认为电路已达到新的稳定状态。电路的时间常数 τ 决定了暂态过程进行的快慢,改变电路参数 R 和 L 可以控制 RL 电路暂态过程的进程。

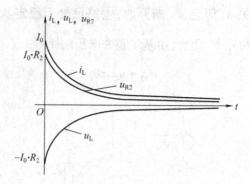

图 6-9 RL 零输入响应波形图

6.2.2 一阶电路零输入响应的应用

例 6-4 已知图 6-6(a)中的 $C=10~\mu\text{F}, R=5~\text{k}\Omega$,电容的初始电能为 2×10^{-3} J,求:(1)电路的零输入响应 $u_C(t)$ 和 $i_C(t)$;(2)电容电压衰减到 8 V 时所需时间;(3)要使电压在 4 s 时衰减到 2 V,电阻 R 取值为多少?

解:(1)由式(6-6)知: $w(t)=\dfrac{1}{2}Cu_C^2(0_+)$,所以

$$u_C(0_+)=\sqrt{\dfrac{2w_C(0_+)}{C}}=\sqrt{\dfrac{2\times 2\times 10^{-3}}{10\times 10^{-6}}}=20(\text{V})$$

$$\tau=RC=5\times 10^3 \times 10\times 10^{-6}=5\times 10^{-2}(\text{s})$$

$$i_C(0_+)=\dfrac{u_C(0_+)}{R}=\dfrac{20}{5\times 10^3}=4\times 10^{-3}(\text{A})$$

将 $u_C(0_+)$、$i_C(0_+)$ 和 代入式(6-20)、式(6-22)中,得:

$$u_C(t)=20\text{e}^{-20t}~\text{V}$$

$$i_C(t)=4\times 10^{-3}\text{e}^{-20t}~\text{A}$$

(2) $u_C(t)=8$ V 时,$20\text{e}^{-20t}=8$,解此式得:

$$\text{e}^{-20t}=0.4$$

查表得 $t \approx \tau = 0.046(\text{s})$

(3)由 $u_C(t)=20\cdot\text{e}^{-20t}$,得:

$$R=-\dfrac{t}{C\cdot\ln\dfrac{u_C(t)}{20}}$$

将 $u_C(t)=2$ V,$C=10~\mu\text{F}$,$t=4$ s 代入上式,计算得:

$$R=173.9(\text{k}\Omega)$$

例 6-5 如图 6-10 所示电路中,RL 串联由直流电源供电。S 开关在 $t=0$ 时断开,设 S 断开前,电路已处于稳定状态。已知 $U_S=200$ V,$R_0=10~\Omega$,$L=0.5$ H,$R=40~\Omega$,求换路后 i_L、u_L、u_R 的响应。

解:(1)计算 i_L:

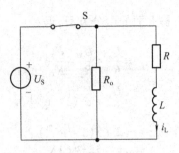

图 6-10 例 6-5 的图

S 断开前：
$$I_o = i(0_-) = \frac{U_S}{R} = \frac{200}{40} = 5(A)$$

S 断开后：
$$i_L = I_o \cdot e^{-\frac{t}{\tau}}$$

其中
$$\tau = \frac{L}{R + R_o} = 0.01(s)$$

所以：
$$i_L = 5e^{-\frac{t}{0.01}} = 5e^{-100t}(A)$$

(2) $u_L = L\dfrac{di_L}{dt} = 0.5 \times 5 \times (-100)e^{-100t} = -250e^{-100t}(V)$。

(3) $u_R = i_L R = 5e^{-100t} \times 40 = 200e^{-100t}(V)$。

例 6-6 如图 6-11 所示，换路前开关 S 断开且电路处于稳定状态，计算换路后的电流 i_L。

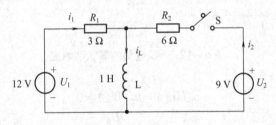

图 6-11 例 6-6 的图

解：在 $t > 0$ 时，S 闭合：
$$i_L = i_1 + i_2$$
$$= \frac{U_1 - u_L}{R_1} + \frac{U_2 - u_L}{R_2}$$
$$= \frac{U_1}{R_1} + \frac{U_2}{R_2} - \frac{R_1 + R_2}{R_1 R_2} u_L$$

将上式代入 $u_L = L\dfrac{di_L}{dt}$，得：
$$\frac{di_L}{dt} = -\frac{1}{L} \times \frac{R_1 R_2}{R_1 + R_2}\left(i_L - \frac{U_1}{R_1} - \frac{U_2}{R_2}\right)$$

令 $\tau = L \times \dfrac{R_1 + R_2}{R_1 R_2} = \dfrac{1}{2}(\text{s})$,解上面的微分方程,得:

$$i_L = \dfrac{U_1}{R_1} + \dfrac{U_2}{R_2} - \dfrac{U_2}{R_2}e^{-\frac{t}{\tau}}$$

$$= \dfrac{U_1}{R_1} + \dfrac{U_2}{R_2}(1 - e^{-\frac{t}{\frac{1}{2}}})$$

$$= 2 + 3(1 - e^{-2t})$$

$$= 5 - 3e^{-2t}(\text{A})$$

6.3 一阶电路的零状态响应

6.3.1 一阶电路零状态响应分析

1. RC 一阶电路零状态响应

如图 6-12(a)所示,在开关 S 未闭合时,RC 电路中电容电压 $u_C(0_-) = 0$,RC 动态电路初始状态为零时,由外加激励信号所引起的响应,称为电路的零状态响应。开关 S 闭合后,电源通过电阻 R 对电容器 C 进行充电,这样电容电压逐渐升高,充电电流逐渐减小,直到电容电压 u_C 等于电源电压 U_S,电路中电流为零时充电过程结束。下面分析这一充电过程。

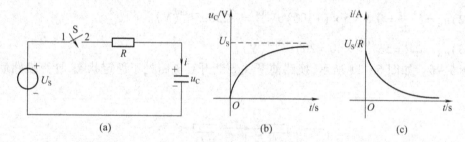

图 6-12 RC 电路的零状态响应

根据换路定律,有:

$$u_C(0_+) = u_C(0_-) = 0$$

$$i(0_+) = \dfrac{U_S}{R}$$

根据 KVL 定律,有:

$$R \cdot i(t) + u_C(t) = U_S \tag{6-30}$$

将 $i(t) = C\dfrac{du_C(t)}{dt}$ 代入式(6-30)得图 6-12(a)所示电路的一阶非齐次微分方程为:

$$RC\dfrac{du_C}{dt} + u_C(t) = U_S \tag{6-31}$$

式(6-31)的解可分为齐次方程的通解 $u_{Ch}(t)$ 和非齐次方程的特解 $u_{Cp}(t)$ 两部分之和,即:

$$u_C(t) = u_{Ch}(t) + u_{Cp}(t) \tag{6-32}$$

式(6-31)对应的齐次方程为:

$$\frac{du_C(t)}{dt} + \frac{1}{RC}u_C = 0 \tag{6-33}$$

其特征方程所对应的特征根为：

$$p = -\frac{1}{RC} = -\frac{1}{\tau} \tag{6-34}$$

故齐次方程的通解形式为：

$$u_{Ch}(t) = Ae^{-\frac{1}{RC}t} = Ae^{-\frac{1}{\tau}t} \tag{6-35}$$

当 $t \to +\infty$ 时，动态电路的暂态过程结束而进入新的稳定状态，使电容电压等于电源电压，这样式(6-31)的特解可表示为：

$$u_{Ch}(t) = u_C(+\infty) = U_S \tag{6-36}$$

由式(6-35)和式(6-36)得到式(6-31)的解为：

$$u_C(t) = Ae^{-\frac{1}{RC}t} + U_S \tag{6-37}$$

将 $u_C(0_+) = 0$ 代入式(6-37)，解得积分常数为：

$$A = -U_S \tag{6-38}$$

因此，RC 零状态电路的电压 $u_C(t)$ 响应式(6-37)变为：

$$u_C(t) = -U_S \cdot e^{-\frac{t}{\tau}} + U_S = U_S(1 - e^{-\frac{t}{\tau}}) \tag{6-39}$$

将式(6-39)代入式(6-30)，得电路的电流 $i(t)$ 响应为：

$$i(t) = \frac{U_S}{R}e^{-\frac{1}{RC}t} \tag{6-40}$$

根据式(6-39)和式(6-40)画出的 $u_C(t)$ 和 $i(t)$ 波形如图 6-12(b)和图 6-12(c)所示。

2. RL 一阶电路的零状态响应

如图 6-13 所示电路，开关 S 闭合前电路中的电流为零，即电路处于零状态。开关闭合后，电感元件中的电流从零逐渐增加到新的稳态值，电感中存储的磁能从无到有，也就是电感元件将电能转化为磁能的过程。

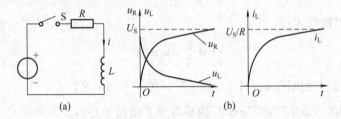

图 6-13 RL 零状态响应

i_L 和 u_L 取关联参考方向，换路瞬间，根据 KVL 定律和电磁感应定律可得：

$$\frac{di_L}{dt} + \frac{R}{L}i_L = \frac{U_S}{L} \tag{6-41}$$

由换路定律得：$i_L(0_+) = i_L(0_-) = 0$，当电路进入新的稳定状态时：

$$i_L(+\infty) = \frac{U_S}{R} \tag{6-42}$$

将 $i_L(0_+)$、$i_L(+\infty)$ 代入三要素公式中得 RL 零状态响应为：

$$i_L(t) = \frac{U_S}{R}(1 - e^{-\frac{t}{\tau}}) \quad (6-43)$$

$$u_L(t) = L\frac{di_L}{dt} = U_S \cdot e^{-\frac{t}{\tau}} \quad (6-44)$$

$$u_R(t) = i_L R = U_S(1 - e^{-\frac{t}{\tau}}) \quad (6-45)$$

其中时间常数为：

$$\tau = \frac{L}{R}$$

根据式(6-43)、式(6-44)和式(6-45)可画出图6-13所示的 i_L、u_L 和 u_R 随时间变化的曲线。由图6-13(b)可知：一阶 RL 电路的零状态响应，是由零值按指数规律向新的稳态值变化的过程，变化的快慢由电路的时间常数 τ 来决定。

6.3.2 一阶电路零状态响应的应用

例6-7 在图6-12(a)中，已知 $U_S = 12$ V。$R = 5$ kΩ，$C = 1\,000$ μF。开关S闭合前，电路处于零状态，$t = 0$ 时开关闭合，求闭合后的 u_C 和 i_C。

解：
(1) $\tau = RC = 5 \times 10^3 \times 1\,000 \times 10^{-6} = 5(s)$，$U_S = 12$ (V)

而 $u_C(t) = U_S(1 - e^{-\frac{t}{RC}})$，所以：

$$u_C(t) = 12(1 - e^{-\frac{t}{5}}) \text{ V}$$

(2) $i(t) = \frac{U_S}{R}e^{-\frac{t}{RC}} = \frac{12}{5\,000}e^{-\frac{t}{5}} = 0.002\,4e^{-\frac{t}{5}}$ A

例6-8 如图6-13(a)所示电路，已知 $U_S = 10$ V，$R = 10$ Ω，$L = 5$ H，当开关S闭合后，计算：(1) 电路到达新的稳定状态时的电流；(2) $t = 0$ s 和 $t = +\infty$ 时电感上的电压。

解：(1) 电路到达新的稳定状态时，电流也到达稳定，这样有：

$$I = \frac{U_S}{R} = \frac{10}{10} = 1(A)$$

(2) 电路时间常数为：

$$\tau = \frac{L}{R} = 0.5(s)$$

$t = 0$ s 时，电感上的电压 $u_L(t) = U_S \cdot e^{-\frac{t}{\tau}} = 10e^{-2t} = 10(V)$。

$t = +\infty$ 时，$u_L(t) = U_S \cdot e^{-\frac{t}{\tau}} = 0$ V，说明电感 L 相当于开路。

6.4 一阶电路的全响应

在非零状态的电路中，由外施激励和初始储能共同作用产生的响应称为全响应。

图6-14电路中，在开关S闭合前电容已被充电，即 $u_C(0_+) = u_C(0_-) = U_0$。$t = 0$ 时开关闭合，电路与直流电源接通。电路的响应由外施激励 U_S 和初始电压 U_0 共同作用产生，电路属于全响应。

项目六 动态电路的暂态分析

因为电路的激励有两种:一是外施激励;二是储能元件(电容或电感)的初始储能,根据线性电路的叠加性,即全响应=零输入响应+零状态响应。因此,图6-14电容中的全响应可分解为如图6-14(b)所示电路的零输入响应和图6-14(c)所示电路的零状态响应。

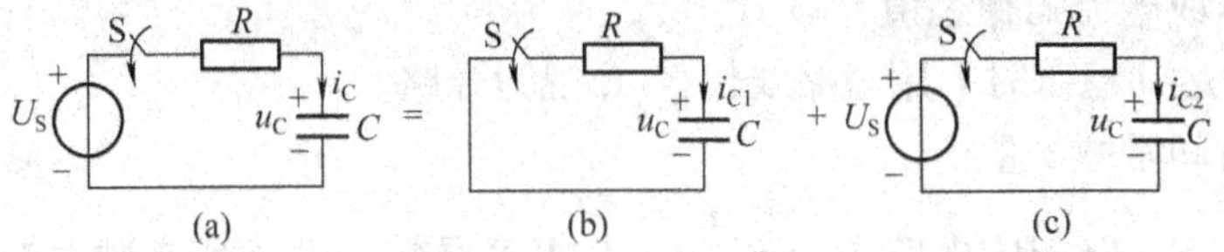

图6-14 全响应电路

电容两端的电压$u_C(t)$的全响应可表示为:

$$u_C(t) = u_{C1}(t) + u_{C2}(t) = U_0 e^{-\frac{t}{\tau}} + U_S(1 - e^{-\frac{t}{\tau}}) \quad (6-46)$$

可见,求解全响应,即求解电路的零输入响应和零状态响应之和。

将式(6-46)改写成另一种形式为:

$$u_C(t) = U_S + (U_0 - U_S)e^{-\frac{t}{\tau}} \quad (6-47)$$

上式中第一项是随时间的增长而稳定存在的分量,称为稳态响应;第二项是随时间增长最终衰减为零的分量,称为暂态响应。则:

全响应 = 稳态响应(强制分量) + 暂态响应(自由分量)

于是,全响应又可分为稳态响应和暂态响应。全响应无论怎样分解,这都是人为地为了分析方便而作的分解,电路的实质是,换路前的电路处于一种能量状态,换路后电路又处于另一种能量状态,过渡过程就是电路从一种能量状态向另一种能量状态的转换过程。

6.5 一阶电路的三要素法

一阶电路的全响应可分解为零输入响应和零状态响应之和,但这两种求解都比较麻烦,下面介绍一种求解一阶电路暂态过程的简便方法——三要素法。

由式(6-47),一阶电路的全响应为:

$$u_C(t) = U_S + (U_0 - U_S)e^{-\frac{t}{\tau}}$$

其一般形式为:

$$f(t) = f(\infty) + [f(0_+) - f(\infty)]e^{-\frac{t}{\tau}}$$

一阶线性电路的全响应由稳态值$f(\infty)$、初始值$f(0_+)$和时间常数τ三个特征值组成,这些特征值称为一阶电路的三要素。

1. 三要素法公式

对于任何一阶电路中任意处的电压或电流,均可用三要素法进行分析。三要法公式为:

$$f(t) = f(\infty) + [f(0_+) - f(\infty)]e^{-\frac{t}{\tau}}$$

式中 $f(t)$——电路中任意处的电压或电流;

$f(\infty)$——电压或电流的稳态值;

$f(0_+)$——换路后一瞬间电压或电流的初始值;

τ——电路的时间常数。

2. 三要素法解题步骤

(1) 确定电压或电流初始值 $f(0_+)$。

关键：利用 L、C 元件的换路定律，作出 $t=0_+$ 的等效电路。

(2) 求电压或电流的稳态值 $f(\infty)$。

关键：电路达到稳态时 L 用短路线代替，C 视为开路。

(3) 确定时间常数 τ 值。

RC 电路中，$\tau = RC$；RL 电路中，$\tau = \dfrac{L}{R}$。其中，R 是将电路中所有独立源置零后，从 C 或 L 两端看进去的等效电阻（即戴维南等效电路中的 R_0）。

3. 三要素法的应用

三要素法公式不仅适用于全响应，也适用于零输入响应或零状态响应，具有普遍适用性。

例 6-9 某供电局向距离 $l=20$ km 的一企业供电，供电电压为 10 kV，在切断电源瞬间，电网上遗留有 $10\sqrt{2}$ kV 的电压，已知电网对地绝缘电阻为 800 MΩ，电网的分布电容为 $C_o = 0.006$ μF/km。试求：(1) 拉闸 1 分钟后，电网对地的残余电压为多少？(2) 拉闸 10 分钟后，电网对地的残余电压又为多少？

解：电网拉闸后，储存在电网分布电容上的电能逐渐通过对地绝缘电阻放电，本题是一个 RC 串联电路的零输入响应问题。

电网总电容为：
$$C = C_o \times l = 0.006 \times 10^{-6} \times 20 = 1.2 \times 10^{-7} (\text{F})$$

放电电阻：
$$R = 800 (\text{MΩ}) = 8 \times 10^8 (\text{Ω})$$

时间常数：
$$\tau = R \times C = 8 \times 10^8 \times 1.2 \times 10^{-7} = 96 (\text{s})$$

电容的初始电压：
$$u_C(0_+) = 10\sqrt{2} \times 10^3 (\text{V})$$

电容的稳态值：
$$u_C(\infty) = 0$$

三要素法公式：
$$u_C(t) = u_C(\infty) + [u_C(0_+) - u_C(\infty)] e^{-\frac{t}{\tau}}$$

得：
$$u_C(t) = U_o e^{-\frac{t}{\tau}} = 10\sqrt{2} \times 10^3 \times e^{-\frac{t}{96}} (\text{V})$$

$t=60$ s 时：
$$u_C(60\text{s}) = 10\sqrt{2} \times 10^3 \times e^{-\frac{60}{96}} \approx 7.6 (\text{kV})$$

$t=600$ s 时：
$$u_C(600\text{s}) = 10\sqrt{2} \times 10^3 \times e^{-\frac{600}{96}} \approx 27.3 (\text{V})$$

例 6-10 在图 6-15(a) 中，已知电路原已处于稳态，$R_1 = R_3 = 10$ Ω，$R_2 = 40$ Ω，$L = 0.1$ H，$U_S = 180$ V。$t=0$ s 时开关 S 闭合，求开关闭合后电感中的电流 $i_L(t)$。

解:(1)求 $i_L(t)$ 的初始值,如图 6-15(b) 所示:

$$i_L(0_+) = i_L(0_-) = \frac{U_S}{R_1+R_2} = \frac{180}{(10+40)} = 3.6(A)$$

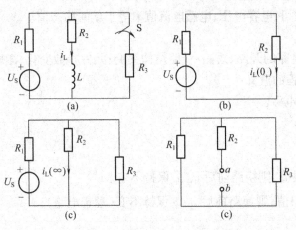

图 6-15 例 6-10 的图

(2)求 $i_L(t)$ 稳态值,如图 6-15(c) 所示,稳态时电感相当于短路,其电流等于流过 R_2 的电流。根据分流公式有:

$$i_L(\infty) = \frac{U_S}{R_1 + \frac{R_2 \times R_3}{R_2+R_3}} \times \frac{R_3}{R_2+R_3} = \frac{U_S R_3}{R_2 R_3 + R_1(R_2+R_3)}$$

$$= \frac{180 \times 10}{40 \times 10 + 10 \times (40+10)} = 2(A)$$

(3)求时间常数 τ。

先求 L 两端的等效电阻:电压源置零,从电感两端 a、b 看进去的等效电阻,如图 6-15(d) 所示,有:

$$R = R_{ab} = R_2 + (R_1 // R_3) = 45(\Omega)$$

则:

$$\tau = \frac{L}{R} = \frac{0.1}{45} = 0.0022(s)$$

(4)用三要素法公式求 $i_L(t)$:

$$i_L(t) = i_L(\infty) + [i_L(0_+) - i_L(\infty)]e^{-\frac{t}{\tau}}$$

$$= 2 + (3.6-2)e^{-\frac{t}{0.0022}}$$

$$= 2 + 1.6e^{-\frac{t}{0.0022}}(A)$$

【本项目小结】

一、电路的过渡过程

1. 过渡过程

电路由一个稳态过渡到另一个稳态需要经历的过程,过渡过程也称为暂态过程。

2. 过渡过程发生必须满足的条件

(1) 电路中至少需要有一个动态元件。
(2) 电路需要换路。
(3) 换路后的瞬间,电容电压、电感电流值不等于新的稳态值。

3. 换路

开关的断、合;电路的开路、短路;线路结构突变;元件参数变化;激励源改变等。

4. 研究过渡过程的意义

防止过电压、过电流。

二、换路定律

1. 内容

(1) 若 i_C 为有限值,则换路前后 u_C、q 保持不变。
(2) 若 u_L 为有限值,则换路前后 i_L、φ 保持不变(理想电路)。

2. 公式

(1) $u_C(0_+) = u_C(0_-)$； $i_L(0_+) = i_L(0_-)$。
(2) $q(0_+) = q(0_-)$； $\varphi(0_+) = \varphi(0_-)$。

3. 说明

$t=0$ 是换路时刻；$t=0_-$ 是指换路前最终时刻；$t=0_+$ 是指换路后最初时刻。

三、初始值的计算

(1) 先求独立初始值 $u_C(0_+)$ 和 $i_L(0_+)$ (据换路定律求解)。
(2) 画出 $t=0_+$ 时刻的等效电路,其中电容以电压源 $u_C(0_+)$ 代替,电感以电流源 $i_L(0_+)$ 代替。
(3) 在画出的等效电路中求相关的初始值。

四、一阶电路的零输入响应

(1) RC 电路的零输入响应为:

$$u_C(t) = u_C(0_+) e^{-\frac{1}{RC}t} \quad (t \geq 0)$$

式中,$u_C(0_+)$ 是电容电压初始值；$\tau_C = RC$ 是 RC 电路的时间常数。

(2) RL 电路的零输入响应为:

$$i_L(t) = i_L(0_+) e^{-\frac{t}{\tau_L}} \quad (t \geq 0)$$

式中,$i_L(0_+)$ 是电感电流初始值；$\tau_L = \dfrac{L}{R}$ 是 RL 电路的时间常数。

五、直流激励下一阶电路的零状态响应

(1) RC 电路的零状态响应为:

$$u_C(t) = u_C(\infty)(1 - e^{-\frac{t}{\tau_C}}) \quad (t \geq 0)$$

式中,$u_C(\infty)$ 是电容电压稳态值；$\tau_C = RC$ 是 RC 电路的时间常数。

(2) RL 电路的零状态响应为:

$$i_L(t) = i_L(\infty)(1 - e^{-\frac{t}{\tau_L}}) \quad (t \geq 0)$$

式中，$i_L(\infty)$ 是电感电流稳态值；$\tau_L = \dfrac{L}{R}$ 是 RL 电路的时间常数。

六、一阶电路的全响应

(1) 全响应可分解为零输入响应与零状态响应之和。因此，可先分别求出零输入响应及零状态响应，再利用叠加定理求得全响应。则：

①RC 电路的全响应为：

$$u_C(t) = u_C(0_+)e^{-\frac{t}{\tau_C}} + u_C(\infty)(1 - e^{-\frac{t}{\tau_C}}) \quad (t \geq 0)$$

②RL 电路的全响应为：

$$i_L(t) = i_L(0_+)e^{-\frac{t}{\tau_L}} + i_L(\infty)(1 - e^{-\frac{t}{\tau_L}}) \quad (t \geq 0)$$

(2) 全响应 = 稳态响应（强制分量）+ 暂态响应（自由分量），因此，可先分别求出一阶电路各响应的三要素，再利用三要素法求得全响应。

据一阶电路响应的三要素法公式：

$$f(t) = f(\infty) + [f(0_+) - f(\infty)]e^{-\frac{t}{\tau}} \quad (t > 0)$$

得：

①RC 电路的全响应为：

$$u_C(t) = [u_C(0_+) - u_C(\infty)]e^{-\frac{t}{\tau_C}} + u_C(\infty) \quad (t \geq 0)$$

②RL 电路的全响应为：

$$i_L(t) = [i_L(0_+) - i_L(\infty)]e^{-\frac{t}{\tau_L}} + i_L(\infty) \quad (t \geq 0)$$

(3) 说明：三要素法公式不仅适用于全响应，也适用于零输入响应和零状态响应，具有普遍适用性。

【思考与练习】

知识训练：

1. 电路如图 6-16 所示，已知 $U_S = 10\text{ V}, R_1 = R_2 = 4\text{ }\Omega, R_3 = 8\text{ }\Omega, L = 1\text{ H}, t < 0$ 时，$i_L(0_-) = 1\text{ A}$，当 $t = 0$ 时，开关闭合，当 $t \geq 0$ 时，求 $i_L(t)$ 的全响应。

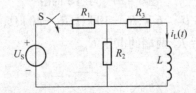

图 6-16 习题 1 的图

2. 如图 6-17 所示，已知 $U_S = 120\text{ V}, R_1 = 250\text{ }\Omega, R_2 = 500\text{ }\Omega, C = 10\text{ }\mu\text{F}$，电路原已稳定，开关 S 在 $t = 0$ 时断开，求 $u_C(t)$ 及 $i_C(t)$。

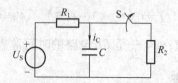

图6-17 习题2的图

3. 如图6-18所示电路,电路原已处于稳定,已知 $I_S = 6$ A,$R_1 = 2$ Ω,$R_2 = 4$ Ω,$L = 4$ H,开关S在 $t=0$ 时合上,用三要素法求换路后的 $i_1(t)$ 和 $i_L(t)$。

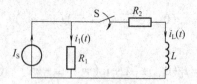

图6-18 习题3的图

4. 如图6-19所示电路中,已知 $U_S = 48$ V,$R_1 = 40$ Ω,$R_2 = 20$ Ω,$R_3 = 120$ Ω,$C = 0.02$ μF,开关S闭合前电路原已稳定。用三要素法求 $t=0$ 时开关S闭合后的 $u_C(t)$ 及 $i_C(t)$。

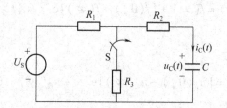

图6-19 习题4的图

5. 电路如图6-20所示,已知 $U_S = 10$ V,$R_1 = 2$ kΩ,$R_2 = R_3 = 4$ kΩ,$L = 200$ mH,开关S断开前电路已处于稳定,求开关断开后的 i_1、i_2、i_3 和 $u_L(t)$。

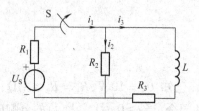

图6-20 习题5的图

6. 如图6-21所示,已知 $U_S = 6$ V,$R_1 = 10$ kΩ,$R_2 = 20$ kΩ,$C = 1\,000$ pF,且原先不储能,试用三要素法求开关S闭合后 R_2 两端的电压 U_{R2}。

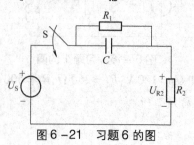

图6-21 习题6的图